スマリヤン 数理論理学講義
下巻
不完全性定理の先へ

著＝レイモンド・M・スマリヤン
監訳＝田中一之 訳＝川辺治之

Raymond M. Smullyan
Lectures on Mathematical Logic
Beyond the Incompleteness Theorems

日本評論社

A BEGINNER'S FURTHER GUIDE TO MATHEMATICAL LOGIC
by Raymond Smullyan

Japanese translation arranged with World Scientific Publishing Co. Pte. Ltd., Singapore through The English Agency (Japan) Ltd.

はじめに

本書は前著 *Beginner's Guide to Mathematical Logic* [36] の続編である．もともと，この2冊は1冊にするつもりであったが，自分の年齢（現在96歳）を考えると，いつこの世を去るか分からないので，少なくとも基本的な部分だけでも確実に世に出しておきたいと考えたのである．

前著は，命題論理と一階述語論理の構成要素を扱い，形式体系と再帰的関数論を少し含み，ゲーデルの有名な不完全性定理と関連する結果をあわせた章で終わる．

本書は，もう少し命題論理と一階述語論理を調べるところから始まり，「矯飾」とでも呼びたい第3章が続く．その章では，再帰的関数論，一階算術体系，そして私が「判定機械」と名づけたものにおけるいくつかの結果を同時に一般化する．それの後の第4章から第7章では，一般的設定の下での形式体系，再帰的関数論，メタ数学とのつながりを扱う．最後の五つの章では，コンビネータ論理という美しい理論を扱う．コンビネータ論理は，それ自体が興味深いだけでなく，計算機科学への重要な応用をもつ．とくにアルゴンヌ国立研究所が，このような応用に取り組んでいて，その研究員がコンビネータ論理での私の結果のいくつかの利用方法を見つけたことを光栄に思う．

本書は，集合論，モデル理論，証明論，そして再帰的関数論の最近の発展などの重要な話題を扱っていない．しかし，本書で学んだ読者は，これらの進んだ話題に取り組むのに十分な準備ができているはずだ．

本書は初心者向けに書かれているが，第3章と第8章は，専門家の興味もひくような章になっていると思う．

簡潔にするため，本書では，この2巻からなる数理論理学への入門のうち，前著を参照する場合は，「上巻」と書くことにする．

エルカパークにて

2016年11月

[目次]

[上巻目次]

［第I部］

命題論理と一階述語論理の進んだ話題

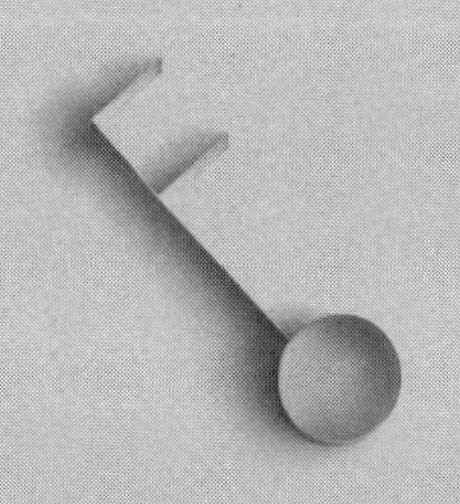

第 1 章

命題論理の進んだ話題

1. 命題論理と集合のブール代数

多くの読者は，論理結合子と集合のブール演算の間の類似性におそらく気づいているだろう．実際，任意の二つの集合 A, B と任意の元 x に対して，元 x が共通部分 $A \cap B$ に属するのは，x が A に属し，かつ，x が B に属するとき，そしてそのときに限る．すなわち，$x \in (A \cap B)$ となるのは，$(x \in A) \wedge (x \in B)$ であるとき，そしてそのときに限る．このようにして，論理結合子 $\wedge$（連言）は，ブール演算 $\cap$（共通集合）に対応する．同様にして，論理結合子 $\vee$（選言）は，ブール演算 $\cup$（和集合）に対応する．なぜなら，$x \in (A \cup B)$ となるのは，$(x \in A) \vee (x \in B)$ であるとき，そしてそのときに限るからである．また，$x \in \overline{A}$（x は A の補集合に属する）となるのは，$\sim(x \in A)$（x は A に属さない）であるとき，そしてそのときに限るので，否定の論理結合子は，補集合のブール演算に対応する．

注　上巻と同じように，ポール・ハルモスの有益な意見に従って，しばしば「……であるとき，そしてそのときに限り，……」を iff と略記する．

上巻第 1 章では，「番号づけ」と呼ぶ方法によってブール等式の恒真性を検証する方法を述べた．しかしながら，論理結合子と集合のブール演算の対応に従えば，真理値表によってブール等式の恒真性を検証することができる．次の例を見れば，その一般的な考え方が分かるだろう．ブール等式 $\overline{A \cap B} = \overline{A} \cup \overline{B}$ を考える．この等式が恒真となるのは，すべての元 x に対して，つぎの条件が成り立つとき，そしてそのときに限る：元 x が $\overline{A \cap B}$ に属するのは，x が $\overline{A} \cup \overline{B}$ に属するとき，そしてそのときに限る．したがって，等式 $\overline{A \cap B} = \overline{A} \cup \overline{B}$ は，すべての x に対して，次の条件が成り立つということである．

$$x \in \overline{A \cap B} \text{ iff } x \in \overline{A} \cup \overline{B}$$

これは，

$$x \in A \cap B \text{ iff } (x \in A) \wedge (x \in B)$$

であり，よって，

$$x \in \overline{A \cap B} \text{ iff } \sim((x \in A) \wedge (x \in B))$$

となる．同様にして，

$$x \in \overline{A} \cup \overline{B} \text{ iff } \sim(x \in A) \vee \sim(x \in B)$$

である．

したがって，命題 $x \in \overline{A \cap B}$ iff $x \in \overline{A} \cup \overline{B}$ は，

$$\sim((x \in A) \wedge (x \in B)) \equiv \sim(x \in A) \vee \sim(x \in B)$$

と同値である．そしてこの論理式はトートロジーである．なぜなら，$(x \in A)$ を p で置き換え，$(x \in B)$ を q で置き換えると分かるように，この論理式は $\sim(p \wedge q) \equiv \sim p \vee \sim q$ の代入例だからである．

同様にして，ブール等式 $A \cap (B \cup C) = (A \cap B) \cup (A \cap C)$ も成り立つ．なぜなら，$p \wedge (q \vee r) \equiv (p \wedge q) \vee (p \wedge r)$ はトートロジーだからである．

一般に，ブール等式が与えられたとき，それに**対応する論理式**を，$\cap$ を $\wedge$ で置き換え，$\cup$ を $\vee$ で置き換え，$\bar{t}$ を $\sim t$ で置き換え（ただし，t は任意の集合変数またはブール項とする)，$=$ を $\equiv$ で置き換え，集合変数 $A, B, C, \cdots$ を命題変数 $p, q, r, \cdots$ で置き換えた結果と定義する．たとえば，ブール等式 $\overline{A} \cup B = \overline{A \cap \overline{B}}$ に対応するのは，命題論理式 $\sim p \vee q \equiv \sim(p \wedge \sim q)$ である．

ここで，ブール等式が恒真となるのは，それに対応する論理式が命題論理のトートロジーであるとき，そしてそのときに限る．そして，論理式 $\sim p \vee q \equiv \sim(p \wedge \sim q)$ はトートロジーだと簡単に分かるので，ブール等式 $\overline{A} \cup B = \overline{A \cap \overline{B}}$ は恒真だと分かる．

このようにして，真理値表は，ブール等式の恒真性を判定するのに使うことができる．逆に，（前述の置き換えを逆に使って）命題論理の文に対応した適切なブール等式を作ると，上巻第 1 章で述べた「番号づけ」の方法はその命題論理の文を検証するのに使うことができる．

2.　代数的アプローチ

命題論理に対するこの代数的アプローチは，とても興味深く，**ブール環**として知られる研究対象へとつながる．

任意の二つの自然数 x, y に対して，x と y がともに偶数ならば，それらの積 $x \times y$ も偶数になる．したがって，偶数 $\times$ 偶数は偶数である．また，偶数 $\times$ 奇数は偶数である．そして，奇数 $\times$ 偶数も偶数であるが，奇数 $\times$ 奇数は奇数である．これを次のような表にまとめておこう．

x	y	$x \times y$
偶数	偶数	偶数
偶数	奇数	偶数
奇数	偶数	偶数
奇数	奇数	奇数

この表と選言の真理値表の類似性に注意しよう．実際，「偶数」を T で置き換え，「奇数」を F で置き換え，$\times$ を $\vee$ で置き換えると，選言の真理値表が得られる．

x	y	$x \vee y$
T	T	T
T	F	T
F	T	T
F	F	F

これは，とくに驚くことではない．なぜなら，$x \times y$ が偶数となるのは，x が偶数か，または，y が偶数であるとき，そしてそのときに限るからである．

しかしながら，（ずっと前に私が気づいたように）このことから次の事実に気づいただろうか．それは，与えられた論理式がトートロジーかどうかという問題を，自然数を変数とするある種の代数的式が（変数のいかなる値に対しても）常に偶数かどうかという問題に移しうるということである．それでは，命題論理の論理式から次の条件を満たす（自然数を変数とし，$+$ と $\times$ だけを使った）算術式への変換を定義してみよう．その条件とは，この命題論理式がトートロジーになるのは，この算術式の代入例（すなわち，その変数を自然数で置き換えた代入例）を計算した結果の値がすべて偶数であるとき，そしてそのときに限る，というものだ．

偶数に**真**を，**奇数**に**偽**を，そして，**掛け算**に**選言**を対応させ，$p, q, r, \cdots$ は，論理式に含まれる**命題**を表す変数としても，対応する算術式に含まれる**自然数**を表す変数としても用いる．すると，論理式 $p \vee q$ は，算術式 $p \times q$，あるいはもっと単純に，pq に移される．

否定についてはどのように扱うべきだろうか．否定は，真を偽に移し，偽を真に移すので，偶数を奇数に移し，奇数を偶数に移す演算が必要である．そのような自明な演算として，1を足すことを選ぶ．したがって，論理式 $\sim p$ には，算術式 $p+1$ を対応させる．

上巻第5章で見たように，$\vee$ と $\sim$ が得られれば，それらからほかの論理結合子をすべて得ることができる．$p \supset q$（含意）は，$\sim p \vee q$ と考えて，$(p+1)q$，すなわち $pq+q$ に移す．

連言はどうなるだろうか．$p \wedge q$ を $\sim(\sim p \vee \sim q)$ と考えて，算術式と解釈すると，$p \wedge q$ は $((p+1)(q+1))+1$，すなわち，$(pq+p+q+1)+1$，すなわち，$pq+p+q+2$ になる．しかし，2は偶数であり，任意の数 z に対して数 $z+2$ は z と同じ偶奇性をもつ（すなわち，$z+2$ が偶数となるのは，z が偶数であるとき，そしてそのときに限る）．したがって，最後に2を加えるのを取り除くことができ，$p \wedge q$ は $pq+p+q$ となる．

$p \equiv q$ は $(p \supset q) \wedge (q \supset p)$ と考えることもできるし，$p \equiv q$ を $((p \wedge q) \vee (\sim p \wedge \sim q))$ と考えることもできる．しかし，次のようにするともっと簡単になる．$p \equiv q$ が真となるのは，p と q がともに真であるか，ともに偽であるかのいずれかであるとき，そしてそのときに限る．したがって，これを算術式と解釈すると，数 $p \equiv q$ が偶数となるのは，p と q がともに偶数であるか，ともに奇数であるかのいずれかであるとき，そしてそのときに限るようになってほしい．そして，このように振る舞う簡単な演算に足し算がある．すなわち，$p \equiv q$ は $p+q$ となる．

$p \vee p$ は p と同値であり，したがって，$p \times p$ は p と同じ偶奇性をもつことに注意しよう．したがって，$p \times p$（すなわち pp）を p で置き換えることができる．また，任意の数 p に対して，$p+p$ はつねに真なので，$p+p$ を 0（これはつねに偶数である）で置き換えることができる．さらに，**足し算**に現れる任意の**偶数**を取り除くことができる．なぜなら，算術式に偶数を足してもその偶奇性は変わらないからである．すなわち，$p+0$ や $p+4$ は p と同じ偶奇性をもつので p で置き換えられるのである．

ここまでに記述した変換の下で，通常の命題論理の解釈において論理式がトートロジーとなるのは，それを算術式と解釈したときにつねに偶数になるとき，そしてそのときに限る．

トートロジー $(p \supset q) \equiv \sim(p \wedge \sim q)$ を考えてみよう．まず，$p \supset q$ は $pq+q$ に対応する．また，$p \wedge \sim q$ は $p(q+1)+p+(q+1)$ に移されるが，これは $pq+p+p+q+1$ と簡単にできる．この $p+p$ はつねに偶数なので取り除くことができ，したがって，$p \wedge \sim q$ は $pq+q+1$ に簡約される．そして，$\sim(p \wedge \sim q)$ は $pq+q+1+1$ に簡約されるが，$1+1$ は偶数なので取り除くことができ，したがって，$\sim(p \wedge \sim q)$ は $pq+q$ に簡約されるが，これは，$p \supset q$ と同じ結果である．したがって，$(p \supset q) \equiv \sim(p \wedge \sim q)$ は $(pq+q)+(pq+q)$ に簡約されるが，この式は 0 に簡約される．（なぜなら，すでに述べたように，二つの同じ数の和はつねに偶数だからである．）こうして，対応する算術式が常に偶数（この場合には 0）に簡約されることを示したので，$(p \supset q) \equiv \sim(p \wedge \sim q)$ がトートロジーであることを示せた．

注　現代の高度な代数に馴染みのある読者は，ブール環が，その任意の元 x に対して $x+x=0$ および $x^2=x$ であるという性質を追加した環であることをご存知だろう．

3.　完全性の別証明

それでは，まったく異なる特質をもつ，命題論理の完全性の証明に取り組もう．この証明には，とくに興味深い一階述語論理への拡張があり，それは次章で調べる．この証明は，極大無矛盾性の考え方に基づいている．

無定義結合子として $\sim, \wedge, \vee, \supset$ を用い，分離規則（X と $X \supset Y$ から Y

を推論する）を唯一の推論規則とする公理系を考えよう．論理式の集合 S は，任意の論理式 X, Y に対して次の4条件が成り立つとき，**ブール真理集合**ということにする．

（1）$(X \wedge Y) \in S$ となるのは，$X \in S$ かつ $Y \in S$ であるとき，そしてそのときに限る．

（2）$(X \vee Y) \in S$ となるのは，$X \in S$ または $Y \in S$ のいずれかであるとき，そしてそのときに限る．

（3）$(X \supset Y) \in S$ となるのは，$X \notin S$ または $Y \in S$ のいずれかであるとき，そしてそのときに限る．

（4）$(\sim X) \in S$ となるのは，$X \notin S$ であるとき，そしてそのときに限る．（すなわち，X と $\sim X$ のいずれか一方だけが S に属する．）

注

（a）誤読の可能性を避ける必要がある場合には，論理式 X と集合 S が与えられたときに，$\sim X$ が S に属するという文は，$\sim X \in S$ ではなく，$(\sim X) \in S$ と略記する．$\sim X \in S$ は，「X は S に属さない」と読めてしまうからである．同様にして，$\sim X$ が S に属さないことを表すときには，$\sim X \notin S$ ではなく $(\sim X) \notin S$ と書く．なぜなら，$\sim X \notin S$ は $\sim(X \notin S)$，すなわち，X が S に属さないということではないと読まれるかもしれないからである．読みやすさのために，論理式のもっとも外側の括弧をしばしば省略するが，できるだけ意味を明確にしたいときには省略しない．たとえば，（X と Y が文を表す変数で，S が文の集合を表す変数であるとき）$X \wedge Y \in S$ は2通りに読めてしまうので，$(X \wedge Y) \in S$ と $X \wedge (Y \in S)$ を区別するために括弧を用いる．

（b）読者は，「X となるのは，Y であるとき，そしてそのときに限る」という形式の任意の文は，その**否定形**「$\sim X$ となるのは，$\sim Y$ であるとき，そしてそのときに限る」と同値であると理解しておくべきである．これは，「……であるとき，そしてそのときに限り，……」という用語の意味にほかならないからである．したがって，

「$(\sim X) \in S$ iff $X \notin S$」は
「$(\sim X) \notin S$ iff $X \in S$」と同値になる．

証明や問題の解答における前提や条件を参照するときに，それと同値な「否定形」を考えてほしい場合は，その同値性が分かるようにする．

上巻第6章では，命題論理の標識なし論理式を次のような α–β 記法[訳注 1]に統一したことも思い出そう．

α	α_1	α_2
$X \wedge Y$	X	Y
$\sim(X \vee Y)$	$\sim X$	$\sim Y$
$\sim(X \supset Y)$	X	$\sim Y$
$\sim\sim X$	X	X

β	β_1	β_2
$\sim(X \wedge Y)$	$\sim X$	$\sim Y$
$X \vee Y$	X	Y
$X \supset Y$	$\sim X$	Y

問題1　S がブール真理集合となるのは，すべての α とすべての論理式 X に対して，次の2条件が成り立つとき，そしてそのときに限ることを示せ．

（1）$\alpha \in S$ となるのは，$\alpha_1 \in S$ かつ $\alpha_2 \in S$ であるとき，そしてそのときに限る．

（2）$X \in S$ または $(\sim X) \in S$ のいずれかが成り立つが，その両方が成り立つことはない．

練習問題1　S がブール真理集合となるのは，すべての β とすべての論理式 X に対して，次の2条件が成り立つとき，そしてそのときに限ることを示せ．

（1）$\beta \in S$ となるのは，$\beta_1 \in S$ または $\beta_2 \in S$ であるとき，そしてそのときに限る．

（2）$X \in S$ または $(\sim X) \in S$ のいずれかが成り立つが，その両方が成り立つことはない．

ここでのブール真理集合の定義は，上巻第6章（命題論理のタブロー）の真理集合として与えたものと同値であることが示せる．そこでは，命題論理式の集合 S は，命題変数のある解釈 I の下で S のすべての論理式が真になるとき，**真理集合**と呼んだ．また，この定義は，集合 S が次の3条件を満

[訳注 1]　任意の α が真となるのは，その構成要素 α_1 と α_2 がともに真であるとき，そしてそのときに限り，また，任意の β が真となるのは，その構成要素 β_1 と β_2 の少なくとも一方が真であるとき，そしてそのときに限るように．標識なし論理式の構成要素を定義する．

たすことと同値であることも示した．任意の標識付き論理式 X と任意の α, β に対して

T_0: X またはその共役 $\overline{X}$ が S に属するが，その両方が S に属することはない．

T_1: α が S に属するのは，α_1 および α_2 がともに S に属するとき，そしてそのときに限る．

T_2: β が S に属するのは，β_1 が S に属するか，または，β_2 が S に属するとき，そしてそのときに限る．

これらの事実を念頭におくと，これと上巻の（ブール）真理集合の定義が同値であることが容易に分かるだろう．いったんこの二つの定義の間の同値性が分かれば，命題論理のすべてのブール真理集合が充足可能であることは明らかである．（なぜなら，上巻において，真理集合の定義として充足可能になるように特徴づけたからである．）

実際，（非常によく似た概念の間の関連をもう少し明らかにするために）もう少しだけ話をすすめると，次のように**ブール付値**を定義することが多い．まず，（命題論理の文脈における）**付値**とは，すべての論理式に真理値 t または f を割り当てることを意味する．付値 v は，すべての論理式 X, Y に対して次の 4 条件が成り立つとき，**ブール付値**と呼ぶ．

B_1: v の下で $\sim X$ に値 t が割り当てられるのは，$v(X) = f$ である（すなわち，v の下で X は偽となる）とき，そしてそのときに限る．その結果として，$v(\sim X) = f$ となるのは，$v(X) = t$ であるとき，そしてそのときに限る．

B_2: v の下で $X \wedge Y$ に値 t が割り当てられるのは，$v(X) = v(Y) = t$ である（すなわち，v の下で X と Y がともに真になる）とき，そしてそのときに限る．

B_3: v の下で $X \vee Y$ に値 t が割り当てられるのは，$v(X) = t$ または $v(Y) = t$ である（すなわち，v の下で X が真であるか，または v の下で Y が真であるか，または v の下でその両方が真である）とき，そしてそのときに限る．

B_4: v の下で $X \supset Y$ に値 t が割り当てられるのは，$v(X) = f$ または

$v(Y) = t$ である（すなわち，v の下で X が偽であるか，または v の下で Y は真である）とき，そしてそのときに限る．

上巻で用いた**解釈**は，すべての論理式に対する真理値を得るために，命題変数に真理値を割り当てることから始めて，結合子の意味を用いて論理式の構造に沿ってすべての論理式に真理値を割り当てるというものであった．これは，ブール付値によって与えられる論理式の真理値と密接に関連している．実際，与えられたブール付値は，すべての論理式に対してそのブール付値と同じ真理値を生み出すような解釈を一意に定義する．すなわち，ブール付値が命題変数に割り当てる真理値を見ることによって，それが定義する解釈が得られる．そして，命題変数の解釈が与えられたならば，その解釈が，命題変数に割り当てられた真理値だけから始めてすべての論理式に真理値を割り当てる方法によって，論理式のブール付値を定義することは明らかである．

このブール付値と命題論理の解釈の間の密接な同値性によって，「付値」と「解釈」という用語は相互に交換可能である．（そして，同じように密接な関係の成り立つ一階述語論理においても，これらの用語は相互に交換可能である．これは，すでに上巻で論じたことである．）

◉帰結関係

論理式の集合 S と論理式 X の間の関係 $S \vdash X$ を考える．$S \vdash X$ は，「X は S の帰結である」，または，「S は X を生じる」と読む．

関係 $\vdash$ は，すべての集合 S, S_1, S_2 およびすべての論理式 X, Y に対して次の 4 条件が成り立つとき，**帰結関係**と呼ぶ．

C_1:　$X \in S$ ならば，$S \vdash X$

C_2:　$S_1 \vdash X$ かつ $S_1 \subseteq S_2$ ならば，$S_2 \vdash X$

C_3:　$S \vdash X$ かつ $S, X \vdash Y$ ならば，$S \vdash Y$

C_4:　$S \vdash X$ ならば，S のある有限部分集合 F に対して $F \vdash X$

以降では，$\vdash$ は帰結関係であると仮定する．$\vdash X$ と書いたときには，$\emptyset \vdash X$ を意味する．ただし，$\emptyset$ は空集合である．任意の n に対して，$X_1, \cdots, X_n \vdash Y$ と書いたときには，$\{X_1, \cdots, X_n\} \vdash Y$ を意味する．そして，任意の集合 S に対して，$S, X_1, \cdots, X_n$ と書いたときには，$S \cup \{X_1, \cdots, X_n\}$ を意味

する．

帰結関係の重要な例として次のものがある．任意の公理系 $\mathcal{A}$ に対して，$S \vdash X$ は，この公理系の推論規則によって，S の元と $\mathcal{A}$ の公理を合わせたものから X が導出可能であることを意味すると考える．言い換えると，$\mathcal{A}$ の公理に S の元を追加すると，この拡大した公理系において X は証明可能になる．この関係 $\vdash$ の下で，文 $\vdash X$ は，体系 $\mathcal{A}$ において X が証明可能であると言っているにすぎないことに注意せよ．この関係 $\vdash$ が条件 C_1, C_2, C_3 を満たすことは明らかである．C_4 が成り立つのは，X が S から導出可能ならば，任意の導出は S の元を有限個しか使わないからである．

それでは，一般の帰結関係に戻ろう．

問題 2　$S \vdash X$ かつ $S \vdash Y$ かつ $X, Y \vdash Z$ ならば，$S \vdash Z$ であることを証明せよ．

◉無矛盾性

以降では，「集合」は，論理式の集合を意味する．

集合 S は，すべての論理式 Z に対して $S \vdash Z$ ならば，（帰結関係 $\vdash$ に関して）**矛盾**と呼び，そうでなければ，S を**無矛盾**と呼ぶことにする．

問題 3　S が無矛盾で，$S \vdash X$ ならば，S, X は無矛盾であることを示せ．

問題 4　S を無矛盾と仮定する．このとき，次の(a)–(b)を示せ．

（a）　$S \vdash X$ かつ $X \vdash Y$ ならば，S, Y は無矛盾である．

（b）　$S \vdash X$ かつ $S \vdash Y$ かつ $X, Y \vdash Z$ ならば，S, Z は無矛盾である．

◉極大無矛盾性

無矛盾な集合 S を真部分集合とする集合で無矛盾なものがないならば，S は（$\vdash$ に関して）**極大無矛盾**であるという．（S を真部分集合とする集合とは，$S \subseteq S_0$ かつ S には属さない元を一つ以上含むような集合 S_0 を意味する．）

問題 5　M が極大無矛盾ならば，すべての論理式 X, Y, Z に対して，次の(a)–(b)が成り立つことを示せ．

（a）　$X \in M$ かつ $X \vdash Y$ ならば，$Y \in M$ となる．

（b）　$X \in M$ かつ $Y \in M$ かつ $X, Y \vdash Z$ ならば，$Z \in M$ となる．

◉ブール帰結関係

帰結関係 $\vdash$ は，（すべての論理式 α, X, Y に対して）次の追加の条件が成り立つとき，**ブール帰結関係**という．

C_5:　（a）$\alpha \vdash \alpha_1$;（b）$\alpha \vdash \alpha_2$

C_6:　$\alpha_1, \alpha_2 \vdash \alpha$

C_7:　$X, \sim X \vdash Y$

C_8:　$S, \sim X \vdash X$ ならば，$S \vdash X$

ある解釈の下で S のすべての元が真であるならば，その解釈は集合 S を**充足する**という．X は，S を充足するすべての解釈の下で真になるならば，S の**トートロジー的帰結**ということにする．

練習問題 2　$S \vDash X$ を，X は S のトートロジー的帰結を意味するものと定義する．この関係 $\vDash$ はブール帰結関係であることを証明せよ．（ヒント：条件 C_4 については，命題論理のコンパクト性定理の系（上巻 p.122）を用いよ．）

帰結関係 $\vdash$ は，すべての集合 S とすべての論理式 X に対して，X が S のトートロジー的帰結であるときには必ず $S \vdash X$ となるならば，**トートロジー的に完全**という．

問題 6　$\vdash$ はトートロジー的に完全と仮定する．そこから，すべてのトートロジー X に対して $\emptyset \vdash X$ が導かれるだろうか．（$\emptyset$ は空集合であることを思い出そう．）

本節の主要な目標は，次の定理を証明することである．

定理 1　すべてのブール帰結関係はトートロジー的に完全である．したがって，$\vdash$ がブール帰結関係ならば，次の(1)–(2)が成り立つ．

（1）　X が S のトートロジー的帰結ならば，$S \vdash X$ である．

（2）　X がトートロジーならば，$\vdash X$（すなわち，$\emptyset \vdash X$）である．これは，ブール帰結関係に基づく命題論理体系はいずれも完全（すなわち，すべてのトートロジーは，その体系の中で証明可能）であることを意味する．

定理 1 を証明するためには，次の補題が必要になる．

補題 1（鍵となる補題）$\vdash$ がブール帰結関係で，M が $\vdash$ に関して極大無矛盾ならば，M はブール真理集合である．

問題 7　補題 1 を証明せよ．

◉コンパクト性

上巻第 4 章では，集合の性質 P がコンパクトであることを次のように定義した．任意の集合 S に対して，S が性質 P をもつのは，S のすべての**有限**部分集合が性質 P をもつとき，そしてそのときに限るならば，性質 P は**コンパクト**であるという．したがって，無矛盾性がコンパクトであるというのは，集合 S が無矛盾なのは，S のすべての有限部分集合が無矛盾であるとき，そしてそのときに限るということである．

問題 8（重要な事実）ブール帰結関係 $\vdash$ に対して，（$\vdash$ に関する）無矛盾性はコンパクトであることを示せ．

可算集合 A の部分集合の任意のコンパクトな性質 P に対して，性質 P をもつ A の任意の部分集合は性質 P を持つ A の極大部分集合に拡張できる（すなわち，その部分集合になる）という上巻第 4 章の**可算コンパクト性定理**も思い出そう．ここでは，ブール帰結関係に対して，無矛盾性はコンパクトな性質であることを示したところである．したがって，任意の無矛盾な集合は，極大無矛盾集合の部分集合である．この事実を，前述の重要な事実と合わせると，定理 1 を簡単に導くことができる．

問題 9　定理 1 を証明せよ．

4.　分離規則への忠実性

帰結関係 $\vdash$ は，すべての X と Y に対して

$$X, X \supset Y \vdash Y$$

が成り立つならば，**分離規則に忠実**という．

以降では，$\vdash$ は分離規則に忠実であると仮定しよう．論理式 X は，$\vdash X$（すなわち，$\emptyset \vdash X$）が成り立つならば，$\vdash$ に関して**証明可能**ということにする．とくに断らない限り，「証明可能」は，$\vdash$ に関して証明可能を意味するものとする．

問題 10　$S \vdash X$ かつ $S \vdash X \supset Y$ ならば，$S \vdash Y$ であることを示せ．

問題 11　次の (a)–(d) が成り立つことを示せ．

（a）　$X \supset Y$ が証明可能で，$S \vdash X$ ならば，$S \vdash Y$ である．

（b）　$X \supset (Y \supset Z)$ が証明可能で，$S \vdash X$ かつ $S \vdash Y$ ならば，$S \vdash Z$ である．

（c）　$X \supset Y$ が証明可能ならば，$X \vdash Y$ である．

（d）　$X \supset (Y \supset Z)$ が証明可能ならば，$X, Y \vdash Z$ である．

それでは，分離規則だけを推論規則とする命題論理の公理系 $\mathcal{A}$ を考える．このような公理系を，**標準公理系**と呼ぶことにする．論理式の集合 S による**演繹**とは，論理式の有限列 $X_1, \cdots, X_n$ で，この列のそれぞれの項 X_i は，（$\mathcal{A}$ の）公理か，S の構成要素か，この列で X_i より前にある2項から分離規則によって導き出された論理式のいずれかであるようなものである．S による演繹 $X_1, \cdots, X_n$ は，$X_n = X$ ならば，S による X の**演繹**と呼ぶ．X が S から**演繹可能**というのは，S による X の演繹があることを意味する．ここで，$S \vdash X$ を，X は S から演繹可能という関係だとしよう．この関係は，実際に帰結関係である．

問題 12　$\vdash$ は帰結関係であることを証明せよ．

あきらかに，この関係 $\vdash$ は分離規則に忠実である．なぜなら，列 $X, X \supset Y, Y$ は，$\{X, X \supset Y\}$ による Y の演繹だからである．

公理系 $\mathcal{A}$ は，すべての集合 S とすべての論理式 X, Y に対して，$S, X \vdash Y$ ならば $S \vdash X \supset Y$ となるとき，**演繹性**をもつという．

定理 2（演繹定理）　公理系 $\mathcal{A}$ において（すべての X, Y, Z に対して）次の A_1–A_2 がともに証明可能であることは，$\mathcal{A}$ が演繹性をもつための十分条件である．

A_1:　$X \supset (Y \supset X)$

A_2:　$(X \supset (Y \supset Z)) \supset ((X \supset Y) \supset (X \supset Z))$

演繹定理を証明するためには，次の補題が役立つ．

補題 2　条件 A_1 と A_2 が成り立つならば，$X \supset X$ は証明可能である．

とくに断らない限り，条件 A_1 と A_2 は成り立つと仮定する．

問題 13　補題2を証明するために，任意の論理式 X と Y に対して，論理式 $(X \supset Y) \supset (X \supset X)$ は証明可能であることを示せ．このとき，この証明した論理式の Y を $Y \supset X$ で置き換えると，結果として補題2の証明が得られる．

問題 14　演繹定理の証明の準備として，次の(a)–(b)を示せ．

(a)　$S \vdash Y$ ならば，$S \vdash X \supset Y$ である．

(b)　$S \vdash X \supset (Z \supset Y)$ かつ $S \vdash X \supset Z$ ならば，$S \vdash X \supset Y$ である．

問題 15　次のようにして，演繹定理を証明せよ．$S, X \vdash Y$ を仮定する．このとき，$Y = Y_n$ であるような $S \cup \{X\}$ による演繹 $Y_1, \cdots, Y_n$ がある．ここで，列 $X \supset Y_1, \cdots, X \supset Y_n$ を考える．すべての $i \leq n$ に対して，すべての $j < i$ について $S \vdash X \supset Y_j$ ならば，$S \vdash X \supset Y_i$ であることを示せ．（ヒント：この証明を次の4通りの場合に分けて考えよ．(i) Y_i が $\mathcal{A}$ の公理の場合　(ii) $Y_i \in S$ の場合　(iii) $Y_i = X$ の場合　(iv) Y_i が列 $Y_1, \cdots, Y_{i-1}$ のうちの2項から分離規則によって得られる場合）

すると，完全数学的帰納法によって，すべての $i \leq n$ に対して $S \vdash X \supset Y_i$ が導かれ，とくに，$S \vdash X \supset Y_n$ が得られる．したがって，$S \vdash X \supset Y$ である．

これで，次の定理を証明するのに必要なすべての部品が得られた．

定理 3　すべての X, Y, Z および α に対して，次の A_1–A_6 が証明可能であることは，命題論理の標準公理系 $\mathcal{A}$ がトートロジー的に完全であるための十分条件である．

A_1:　$X \supset (Y \supset X)$

A_2:　$(X \supset (Y \supset Z)) \supset ((X \supset Y) \supset (X \supset Z))$

A_3:　（a）$\alpha \supset \alpha_1$　および（b）$\alpha \supset \alpha_2$

A_4:　$\alpha_1 \supset (\alpha_2 \supset \alpha)$

A_5:　$X \supset (\sim X \supset Y)$

A_6:　$(\sim X \supset X) \supset X$

問題 16　定理 3 の条件の下で，関係$\vdash$がブール帰結関係であり，したがって，トートロジー的に完全であることを示して，定理 3 を証明せよ．

条件 A_1–A_6 は，すべて上巻第 7 章の公理系 $\mathcal{S}$ において証明可能であることが簡単に確かめられる．（これらの論理式それぞれに対してタブロー法の証明を作り，それを上巻第 7 章で説明した方法によって $\mathcal{S}$ の証明に変換することができる．これには，タブロー法の完全性の証明は不要である．）こうして，極大無矛盾性に基づく $\mathcal{S}$ の完全性の別証明が得られ，したがって，次の定理が証明された．

定理 4　上巻第 7 章の公理系 $\mathcal{S}$ は，トートロジー的に完全である．

極大無矛盾性は，次章で取り組むことになるリンデンバウムの補題とともに一階述語論理の完全性の別証明においても重要な役割を演じる．

問題の解答

問題 1　S がブール真理集合となるのは，本問の 2 条件が成り立つとき，そしてそのときに限ることを示さなければならない．本問の条件(2)は，ブール真理集合の定義の条件(4)と同じなので，本問の条件(1)だけを考えればよい．(「否定形」の条件または前提について考えるときには，$\sim(X \wedge Y)$ は $\sim X \vee \sim Y$ と同値であり，$\sim(X \vee Y)$ は $\sim X \wedge \sim Y$ と同値であることを思い出そう．)

（a）S はブール真理集合だと仮定する．このとき，α についてのすべての場合において，問題 1 の条件(1)が成り立つこと，すなわち，$\alpha \in S$ となるのは，$\alpha_1 \in S$ かつ $\alpha_2 \in S$ であるとき，そしてそのときに限ることを示さなければならない．

（i）α が $X \wedge Y$ という形式の場合：これはすぐに分かる．

（ii）α が $\sim(X \vee Y)$ という形式の場合：このとき，$\alpha_1 = \sim X$ および $\alpha_2 = \sim Y$ である．したがって，$(\sim(X \vee Y)) \in S$ となるのは，$(\sim X) \in S$ かつ $(\sim Y) \in S$ であるとき，そしてそのときに限ることを示さなければならない．それは次のようになる．

- $(\sim(X \vee Y)) \in S$ が真となるのは，（ブール真理集合の定義の(4)によって）$(X \vee Y) \notin S$ であるとき，そしてそのときに限る．
- すると，$(X \vee Y) \notin S$ が真となるのは，（ブール真理集合の定義の(2)の否定形によって）$X \notin S$ かつ $Y \notin S$ であるとき，そしてそのときに限る．
- そして，$X \notin S$ かつ $Y \notin S$ が真となるのは，（ブール真理集合の定義の(4)によって）$(\sim X) \in S$ かつ $(\sim Y) \in S$ であるとき，そしてそのときに限る．

（iii）α が $\sim(X \supset Y)$ という形式の場合：このとき，$\alpha_1 = X$ および $\alpha_2 = \sim Y$ である．$(\sim(X \supset Y)) \in S$ となるのは，$X \in S$ かつ $(\sim Y) \in S$ であるとき，そしてそのときに限ることを示さなければならない．それは次のようになる．

- $(\sim(X \supset Y)) \in S$ が真となるのは，（ブール真理集合の定義の(4)によって）$X \supset Y \notin S$ であるとき，そしてそのときに限る．
- すると，$X \supset Y \notin S$ が真となるのは，（ブール真理集合の定義の(3)の否定形によって）$X \in S$ かつ $Y \notin S$ であるとき，そしてそのときに限る．
- そして，$X \in S$ かつ $Y \notin S$ が真となるのは，（ブール真理集合の定義の(4)によって）$X \in S$ かつ $(\sim Y) \in S$ であるとき，そしてそのときに限る．

(iv)　α が $\sim\sim X$ という形式の場合：この場合には，α_1 と α_2 はともに X なので，$(\sim\sim X) \in S$ となるのは，$X \in S$ であるとき，そしてそのときに限ることを示さなければならない．$(\sim\sim X) \in S$ となるのは，（ブール真理集合の定義の(4)によって）$(\sim X) \notin S$ であるとき，そしてそのときに限り，それは，（再び，ブール真理集合の定義の(4)によって）$X \in S$ であるとき，そしてそのときに限る．

（b）　逆向きを示すために，問題 1 の次の 2 条件が成り立つと仮定する．（1）$\alpha \in S$ となるのは，$\alpha_1 \in S$ かつ $\alpha_2 \in S$ であるとき，そしてそのときに限る．（2）任意の X に対して，$X \in S$ か，または $(\sim X) \in S$ のいずれかが成り立つが，その両方が成り立つことはない．このとき，S がブール真理集合であることを示さなければならない．

（i）　$X \wedge Y \in S$ となるのは，$X \in S$ かつ $Y \in S$ であるとき，そしてそのときに限ることを示さなければならない．$X \wedge Y$ を α とすると，$X = \alpha_1$ および $Y = \alpha_2$ であり，（前述の仮定(1)によって）$\alpha \in S$ となるのは，$\alpha_1 \in S$ かつ $\alpha_2 \in S$ であるとき，そしてそのときに限る．したがって，$X \wedge Y \in S$ となるのは，$X \in S$ かつ $Y \in S$ であるとき，そしてそのときに限ることがすぐに分かる．

（ii）　$X \vee Y \in S$ となるのは，$X \in S$ または $Y \in S$ であるとき，そしてそのときに限ることを示さなければならない．ここでは $\sim(X \vee Y)$ は α であり，$\alpha_1 = \sim X$ かつ $\alpha_2 = \sim Y$ であることに注意すると

- $X \vee Y \in S$ となるのは，（前述の仮定(2)によって）$\sim(X \vee Y) \notin S$ であるとき，そしてそのときに限る．
- $\sim(X \vee Y) \notin S$ が真となるのは，（仮定(1)の否定形によって）$(\sim X) \notin S$ または $(\sim Y) \notin S$ のいずれかであるとき，そしてそのときに限る．
- そして，（前述の仮定(2)によって）$(\sim X) \notin S$ となるのは，$X \in S$ であるとき，そしてそのときに限り，$(\sim Y) \notin S$ となるのは，$Y \in S$ であるとき，そしてそのときに限る．

（iii）　$(X \supset Y) \in S$ となるのは，$X \notin S$ または $Y \in S$ であるとき，そしてそのときに限ることを示さなければならない．ここでは，$\sim(X \supset Y)$ は α であり，$\alpha_1 = X$ かつ $\alpha_2 = \sim Y$ であることに注意すると

- $(X \supset Y) \in S$ となるのは，（仮定(2)によって）$\sim(X \supset Y) \notin S$ であるとき，そしてそのときに限る．
- すると，$\sim(X \supset Y) \notin S$ が真なのは，（前述の仮定(1)の否定形によって）$X \notin S$ or $(\sim Y) \notin S$ であるとき，そしてそのときに限る．
- $(\sim Y) \notin S$ となるのは，（前述の仮定(2)によって）$Y \in S$ であるとき，そしてそのときに限るので，$X \notin S$ または $Y \in S$ のいずれかであるこ

とが得られた．これが示そうとしていたことである．

(iv)　$(\sim X) \in S$ となるのは，$X \notin S$ であるとき，そしてそのときに限ることを示さなければならない．ブール真理集合の定義で注意したように，真理集合の条件(4)と問題 1 の条件(2)は同値である．

問題 2　$S \vdash X$ かつ $S \vdash Y$ かつ $X, Y \vdash Z$ と仮定する．$X, Y \vdash Z$ であることから，（$\{X, Y\} \subseteq S \cup \{X, Y\}$ なので条件 C_2 によって）$S, X, Y \vdash Z$ である．また，$S \vdash Y$ なので，（再び条件 C_2 によって）$S, X \vdash Y$ である．これで，$S, X \vdash Y$ かつ $S, X, Y \vdash Z$ が得られた．したがって，（条件 C_3 によって）$S, X \vdash Z$ である．（これは，$W = S \cup \{X\}$ とすると，もっと簡単に分かる．）このとき，$W \vdash Y$ である．（なぜなら，これは，$S, X \vdash Y$ と同じだからである．）また，$W, Y \vdash Z$ である．（なぜなら，これは，$S, X, Y \vdash Z$ と同じだからである．）したがって，条件 C_3 において S を W とすると，$W \vdash Z$ が得られる．このとき，$S, X \vdash Z$ かつ $S \vdash X$（これは前提である）から，（再び条件 C_3 によって）$S \vdash Z$ である．

問題 3　$S \vdash X$ と仮定する．このとき，S が無矛盾ならば，S, X も無矛盾であること，すなわち，集合 $S \cup \{X\}$ も無矛盾であることを示さなければならない．ここでは，これと同値な，S, X が矛盾するならば，S も矛盾することを示す．それでは，S, X が矛盾すると仮定する．したがって，すべての Z に対して，$S, X \vdash Z$ となる．（仮定によって）$S \vdash X$ でもあり，（条件 C_3 によって）$S \vdash Z$ となるので，S も矛盾している．

問題 4　S を無矛盾と仮定する．

（a）　$S \vdash X$ かつ $X \vdash Y$ であるとき，S, Y は無矛盾であることを示さなければならない．$X \vdash Y$ なので，（条件 C_2 によって）$S, X \vdash Y$ である．また，$S \vdash X$ なので，（条件 C_3 によって）$S \vdash Y$ である．S は無矛盾であり，$S \vdash Y$ なので，（問題 3 によって））S, Y は無矛盾である．

（b）　$S \vdash X$ かつ $S \vdash Y$ かつ $X, Y \vdash Z$ であるとき，S, Z は無矛盾であることを示さなければならない．$S \vdash X$ かつ $S \vdash Y$ かつ $X, Y \vdash Z$ なので，（問題 2 によって）$S \vdash Z$ も真でなければならない．このとき，S は無矛盾で $S \vdash Z$ であるから，（問題 3 によって））S, Z は無矛盾であることが得られる．

問題 5　M を極大無矛盾と仮定する．まず，$M \vdash X$ ならば $X \in M$ であることに注意する．なぜなら，$M \vdash X$ を仮定すると，M は無矛盾なので，（問題 3 によって）M, X は無矛盾である．その結果として，M, X は M を真部分集合とすることはおこりえない．（無矛盾な集合が M を真部分集合とすることはおこりえない．）したがって $X \in M$ となるからである．それでは，問題の(a)–(b)を考えてみよう．

（a）$X \in M$ かつ $X \vdash Y$ と仮定する．$X \in M$ なので，（条件 C_1 によって）$M \vdash X$ である．また，$X \vdash Y$ かつ $M \vdash X$ なので，（条件 C_2 によって）$M \vdash Y$ が得られる．したがって，はじめに注意したように，$Y \in M$ である．

（b）$X \in M$ かつ $Y \in M$ かつ $X, Y \vdash Z$ と仮定する．このとき，$M \vdash X$ であり，（条件 C_1 によって）$M \vdash Y$ であり，$X, Y \vdash Z$ である．すると，（問題 2 によって）$M \vdash Z$ である．したがって，はじめに注意したように，$Z \in M$ である．

問題 6　$\vdash$ がトートロジー的に完全ならば，すべてのトートロジー X に対して $\emptyset \vdash X$ となる．その証明は次のとおり．空集合 $\emptyset$ に属する元はないので，空集合のすべての元がすべての解釈の下で真になることは空虚に真である．（これが信じられなければ，すべての解釈の下で真になることのない空集合の元を見つけようとしてみるとよい．）したがって，すべての解釈は $\emptyset$ と X の両方を充足するので，X は $\emptyset$ のトートロジー的帰結である．このとき，$\vdash$ はトートロジー的に完全なので，トートロジー的に完全であるという帰結関係の定義によって，$\emptyset \vdash X$ が導かれる．（実際，（条件 C_2 によって）すべての集合 S に対して $S \vdash X$ は成り立つ．）

問題 7　$\vdash$ はブール帰結関係であり，M は $\vdash$ に関して極大無矛盾であることが与えられている．問題 1 によって，M がブール真理集合であることを示すためには，すべての α とすべての X に対して次の 2 項を示せば十分である．

（1）$\alpha \in M$ となるのは，$\alpha_1 \in M$ かつ $\alpha_2 \in M$ であるとき，そしてそのときに限る．

（2）$X \in M$ であるか，または，$(\sim X) \in M$ であるが，その両方であることはない．

(1)については，$\alpha \in M$ と仮定する．（条件 C_5 (a)によって）$\alpha \vdash \alpha_1$ なので，（問題 5 (a)によって）$\alpha_1 \in M$ となる．したがって，$\alpha \in M$ ならば，$\alpha_1 \in M$ である．同様にして，$\alpha \in M$ ならば，（条件 C_5 (b)によって）$\alpha_2 \in M$ となる．したがって，$\alpha \in M$ ならば，$\alpha_1 \in M$ かつ $\alpha_2 \in M$ である．

逆に，$\alpha_1 \in M$ かつ $\alpha_2 \in M$ と仮定する．（条件 C_6 によって）$\alpha_1, \alpha_2 \vdash \alpha$ であることが分かっている．したがって，（問題 5 (b)によって）$\alpha \in M$ となる．

これで，$\alpha \in M$ となるのは，$\alpha_1 \in M$ かつ $\alpha_2 \in M$ であるとき，そしてそのときに限る．

(2)については，M は無矛盾なので，X と $\sim X$ の両方が M に属することはない．なぜなら，もしそうなったとすると，$M \vdash X$ かつ $M \vdash \sim X$ となり，（条件 C_7 によって）すべての Z に対して $X, \sim X \vdash Z$ なので，（問題 2 によって）$M \vdash Z$ となるが，これは M が矛盾しているということである．しかし，M は無矛盾なので，$X \in M$ かつ $\sim X \in M$ とはなりえない．あとは，$X \in M$ または $(\sim X) \in$

M であることを示せばよい．$\sim X$ が M に属さなければ，$X \in M$ となることを示そう．

それでは，$\sim X$ は M に属さないと仮定する．このとき，$M, \sim X$ は無矛盾ではない．（なぜなら，M は極大無矛盾だからである．）したがって，$M, \sim X \vdash X$ であり（なぜなら，すべての Z に対して $M, \sim X \vdash Z$ となるからである），それゆえ，（条件 C_8 によって）$M \vdash X$ となる．すなわち，（M は極大無矛盾なので）$X \in M$ である．

これで証明は完成した．

問題 8　集合 S のすべての有限部分集合が無矛盾ならば S も無矛盾であることを示すためには，S が矛盾していれば S のある有限部分集合も矛盾していることを示せば十分である．それでは，S が矛盾していると仮定する．このとき，任意の論理式 X に対して，（すべての Z に対して $S \vdash Z$ なので）$S \vdash X$ であり，また $S \vdash \sim X$ である．$S \vdash X$ なので，（条件 C_4 によって）S のある有限部分集合 F_1 に対して $F_1 \vdash X$ となる．同様にして，S のある有限部分集合 F_2 に対して $F_2 \vdash \sim X$ となる．$F = F_1 \cup F_2$ とすると，$F_1 \subseteq F$ かつ $F_2 \subseteq F$ なので，（条件 C_2 によって）$F \vdash X$ かつ $F \vdash \sim X$ となる．また，（条件 C_7 によって）すべての Z に対して $X, \sim X \vdash Z$ である．したがって，（問題 2 によって）すべての Z に対して $F \vdash Z$ となり，F が矛盾していることを示せた．

問題 9　すべてのブール帰結関係がトートロジー的に完全であることを示したい．問題 8 によって，任意のブール帰結関係に対して，その関係に関する無矛盾性はコンパクトな性質であることが分かっており，したがって，（可算コンパクト性定理によって）すべての無矛盾な集合は極大無矛盾な集合の部分集合になる．この極大無矛盾な集合は（鍵となる補題によって）ブール真理集合でなければならない．したがって，（ブール真理集合の定義のすぐ後の議論によって）すべての無矛盾な集合は充足可能であり，すべての充足不能な集合は矛盾している．ここで，X を S の論理的帰結と仮定しよう．このとき，$S, \sim X$ は充足不能であり，したがって，矛盾している．それゆえ，（すべての Z に対して $S, \sim X \vdash Z$ なので）$S, \sim X \vdash X$ であり，（条件 C_8 によって）$S \vdash X$ となる．これで証明は完成した．

問題 10　$S \vdash X$ かつ $S \vdash X \supset Y$ と仮定する．このとき，$X, X \supset Y \vdash Y$ もまた真である．なぜなら，$\vdash$ は分離規則に忠実と仮定しているからである．したがって，（問題 2 によって）$S \vdash Y$ となる．

問題 11　(a)–(d) の証明は次のとおり．

（a）$X \supset Y$ は証明可能であり，$S \vdash X$ と仮定する．$X \supset Y$ が証明可能（$\emptyset \vdash X \supset Y$）なので，（条件 C_2 によって）$S \vdash X \supset Y$ である．したがって，$S \vdash X$ かつ $S \vdash X \supset Y$ であり，それゆえ（問題 10 によって）$S \vdash Y$ である．

（b）$X \supset (Y \supset Z)$ が証明可能であり，$S \vdash X$ かつ $S \vdash Y$ であると仮定する．$S \vdash X$ かつ（条件 C_2 によって）$S \vdash X \supset (Y \supset Z)$ なので，（問題 10 によって）$S \vdash Y \supset Z$ である．また，$S \vdash Y$ なので，（再び，問題 10 によって）$S \vdash Z$ である．

（c）問題 11 (a)において S を 1 元集合 $\{X\}$ とすると，$X \supset Y$ が証明可能でかつ $X \vdash X$ ならば $X \vdash Y$ である．しかし，$X \vdash X$ が成り立つので，$X \supset Y$ が証明可能ならば，$X \vdash Y$ である．

（d）問題 11 (b)において S を $\{X, Y\}$ とすると，$X \supset (Y \supset Z)$ が証明可能でかつ $X, Y \vdash X$ かつ $X, Y \vdash Y$ ならば，$X, Y \vdash Z$ である．しかし，$X, Y \vdash X$ と $X, Y \vdash Y$ はともに成り立つので，$X \supset (Y \supset Z)$ が証明可能ならば，$X, Y \vdash Z$ である．

問題 12　条件 C_1–C_4 が成り立つことを確かめなければならない．

C_1:　$X \in S$ ならば，1 元列 X（すなわち，唯一の項が X であるような列）は，S による X の演繹である．

C_2:　$S_1 \subseteq S_2$ と仮定すると，S_1 による任意の演繹 $Y_1, \cdots, Y_n$ は，S_2 による演繹でもある．

C_3:　$Y_1, \cdots, Y_n$ が S による X の演繹であり，$Z_1, \cdots, Z_k$ が S, X による Y の演繹ならば，（簡単に確かめられるように）列 $Y_1, \cdots, Y_n, Z_1, \cdots, Z_k$ は，S による Y の演繹である．

C_4:　S による任意の演繹は，S の有限個の元 $X_1, \cdots, X_n$ だけを使うので，集合 $\{X_1, \cdots, X_n\}$ による演繹でもある．

問題 13

（a）条件 A_1 および A_2 が成り立つと仮定する．条件 A_2 において，Z を X とすると

$$\vdash (X \supset (Y \supset X)) \supset ((X \supset Y) \supset (X \supset X))$$

が得られる．しかし，条件 A_1 によって，$\vdash X \supset (Y \supset X)$ である．したがって，分離規則によって，

$$\vdash (X \supset Y) \supset (X \supset X)$$

が得られる．

（b）$(X \supset Y) \supset (X \supset X)$ において，Y を $(Y \supset X)$ とすると，

$$\vdash (X \supset (Y \supset X)) \supset (X \supset X)$$

が得られる．しかし，条件 A_1 によって，$X \supset (Y \supset X)$ は証明可能である．したがって，分離規則によって，$\vdash X \supset X$ が得られる．

問題 14

（a）$S \vdash Y$ を仮定すると，問題 11 (a)によって，任意の論理式 W_1 と W_2 に対して，$S \vdash W_1$ かつ $W_1 \supset W_2$ が証明可能ならば，$S \vdash W_2$ である．W_1 を Y とし，W_2 を $X \supset Y$ とすると，$S \vdash Y$ かつ $Y \supset (X \supset Y)$ が証明可能ならば，$S \vdash X \supset Y$ である．しかしながら，（仮定によって）$S \vdash Y$ かつ（条件 A_1 によって）$Y \supset (X \supset Y)$ は証明可能である．したがって，$S \vdash X \supset Y$ である．

（b）問題 11 (b)によって，任意の論理式 W_1, W_2, W_3 に対して，$W_1 \supset (W_2 \supset W_3)$ が証明可能ならば，$S \vdash W_1$ かつ $S \vdash W_2$ から $S \vdash W_3$ を導くことができる．ここで，W_1 を $X \supset (Z \supset Y)$ とし，W_2 を $X \supset Z$ とし，W_3 を $X \supset Y$ とする．すると，（条件 A_2 によって）論理式 $W_1 \supset (W_2 \supset W_3)$（これは論理式 $(X \supset (Z \supset Y)) \supset ((X \supset Z) \supset (X \supset Y))$ である）は証明可能である．したがって，$S \vdash W_1$ かつ $S \vdash W_2$ ならば，$S \vdash W_3$ である．言い換えると，$S \vdash X \supset (Z \supset Y)$ かつ $S \vdash X \supset Z$ ならば，$S \vdash X \supset Y$ であることが得られた．これが証明すべきことであった．

問題 15　すべての $j < i$ に対して，$S \vdash X \supset Y_j$ を仮定して，$S \vdash X \supset Y_i$ を証明しなければならない．

(i)および(ii)　Y_i は $\mathcal{A}$ の公理であるか，$Y_i \in S$ のいずれかであると仮定する．Y_i は $\mathcal{A}$ の公理ならば，Y_i は証明可能であり，したがって，$\vdash Y_i$ であり，（条件 C_2 によって）$S \vdash Y_i$ である．$Y_i \in S$ ならば，この場合も（条件 C_1 によって）$S \vdash Y_i$ である．したがって，いずれの場合も，$S \vdash Y_i$ である．すると，（問題 14 (a)によって）$S \vdash X \supset Y_i$ である．

(iii)　$Y_i = X$ の場合，（補題 2 によって）$X \supset X$ は証明可能なので，（条件 C_2 によって）$S \vdash X \supset X$ である．また，$Y_i = X$ なので，$X \supset Y_i$ は論理式 $X \supset X$ であり，$S \vdash X \supset Y_i$ である．

(iv)　これは，元の列 $Y_1, \cdots, Y_n$ において，論理式 Y_i はそれより前にある 2 項から分離規則によって得られるような場合である．したがって，論理式 Z で，Y_i より前に Z と $Z \supset Y_i$ があるようなものが存在する．それゆえ，あらたな列 $X \supset Y_1, \cdots, X \supset Y_n$ において，$X \supset Y_i$ より前に $X \supset Z$ と $X \supset (Z \supset Y_i)$ がある．すると，（帰納法の仮定によって）$S \vdash X \supset Z$ かつ $S \vdash X \supset (Z \supset Y_i)$ である．このとき，問題 14 (b)によって，$S \vdash X \supset Y_i$ である．これで，証明は完成した．

問題 16　条件 C_1–C_4 が成り立つことはすでに分かっているので，残っているのは条件 C_5–C_8 を確かめることである．

C_5:

（a）（条件 A_3 (a) によって）$\alpha \supset \alpha_1$ は証明可能なので，（問題 11 (c) によって）$\alpha \vdash \alpha_1$ である．

（b）（条件 A_3 (b) によって）$\alpha \supset \alpha_2$ は証明可能なので，（問題 11 (c) によって）$\alpha \vdash \alpha_2$ である．

C_6:　（条件 A_4 によって）$\alpha_1 \supset (\alpha_2 \supset \alpha)$ は証明可能なので，（問題 11 (d) によって）$\alpha_1, \alpha_2 \vdash \alpha$ である．

C_7:　（条件 A_5 によって）$X \supset (\sim X \supset Y)$ は証明可能なので，（問題 11 (d) によって）$X, \sim X \vdash Y$ である．

C_8:　（この部分だけが演繹定理を必要とする．）$S, \sim X \vdash X$ であると仮定すると，演繹定理によって，$S \vdash \sim X \supset X$ である．しかし，（条件 A_6 によって）$(\sim X \supset X) \supset X$ もまた証明可能である．それゆえ，（問題 11 (a) で，X として $\sim X \supset X$ を使い，Y として X を使うと）$S \vdash X$ である．

これで，$\vdash$ はブール帰結関係であることが証明され，したがって，定理 1 によって，この体系においてすべてのトートロジーは証明可能であること（さらに一般的には，X が S の論理的帰結ならば，$S \vdash X$ が成り立つこと）が導かれる．

第 2 章

一階述語論理の進んだ話題

1. マジック集合

完全性定理，レーヴェンハイム-スコーレムの定理，正則性定理に対して，ほとんど手品のような手際のよいアプローチがある．そのため，私は，この主役を**マジック集合**と名づけた．

命題論理と同じように，一階述語論理の文脈においても，**付値**とは，（パラメータ付きおよびパラメータなしの）すべての文への真理値 t と f の割り当てである．付値 v は，すべての文（閉論理式）X と Y に対して，次の条件が成り立つならば，**ブール付値**と呼ばれる．

B_1:　v の下で文 $\sim X$ に値 t が割り当てられるのは，$v(X) = f$ である（すなわち，v の下で X は偽となる）とき，そしてそのときに限る．その結果として，$v(\sim X) = f$ となるのは，$v(X) = t$ であるとき，そしてそのときに限る．

B_2:　v の下で文 $X \wedge Y$ に値 t が割り当てられるのは，$v(X) = v(Y) = t$ である（すなわち，v の下で X と Y がともに真になる）とき，そしてそのときに限る．

B_3:　v の下で文 $X \vee Y$ に値 t が割り当てられるのは，$v(X) = t$ または $v(Y) = t$ である（すなわち，v の下で X が真であるか，または v の下で Y が真である）とき，そしてそのときに限る．

B_4:　v の下で文 $X \supset Y$ に値 t が割り当てられるのは，$v(X) = f$ または $v(Y) = t$ である（すなわち，v の下で X が偽であるか，または

v の下で Y は真である）とき，そしてそのときに限る．

（パラメータの可算領域での）**一階付値**（一階述語付値）とは，次の2条件が成り立つことを追加したブール付値のことである．

F_1:　v の下で文 $\forall x\varphi(x)$ が真となるのは，すべてのパラメータ a に対して，v の下で文 $\varphi(a)$ が真になるとき，そしてそのときに限る．

F_2:　v の下で文 $\exists x\varphi(x)$ が真となるのは，少なくとも一つのパラメータ a に対して，v の下で文 $\varphi(a)$ が真になるとき，そしてそのときに限る．

S を一階述語論理の文の集合とする．S のすべての文が真になるようなブール付値が存在するとき，S は**真理関数的に充足可能**という．同様にして，S のすべての文が真になるような一階付値が存在するとき，S は**一階充足可能**（一階述語論理の文脈では，単に**充足可能**）という．

注　上巻では，次のように述べたことを思い出そう．一階付値 v の下で真になる文すべての集合を考え，述語を適用する個体の属する領域はすべてのパラメータによって構成されているとみなす．このとき，それぞれの n 項述語が真になるのは付値 v が真になるパラメータの n 個組に対してだけである（そして，パラメータのそれ以外の n 個組に対しては偽になる）ように，この領域の解釈を定義できる．これを，このパラメータの領域における**解釈**と呼ぶ．そして，このことによって，文の集合 S は，S を充足する一階付値があるときはいつでも，その**パラメータの可算領域において**充足可能ということができる．上巻で定義した一階述語論理の解釈の概念をここでは使わないが，上巻で定義した一階述語論理の任意の解釈は，ここで定義した一階述語論理の付値も同時に定義することが簡単に分かる．

次の補題を確かめることは読者に委ねる．

補題　任意の一階付値の下で，条件 F_1 と F_2 から次の(1)–(2)が導かれる．

（1）　$\sim\exists x\varphi(x)$ が真となるのは，すべてのパラメータ a に対して $\sim\varphi(a)$ が真になるとき，そしてそのときに限る．あるいは，これと同値であるが，$\sim\exists x\varphi(x)$ と $\forall x\sim\varphi(x)$ は論理的に同値である（すなわち，常に同じ真理値をとる）．

（2）$\sim\forall x\varphi(x)$ が真となるのは，少なくとも一つのパラメータ a に対して $\sim\varphi(a)$ が真になるとき，そしてそのときに限る．あるいは，これと同値であるが，$\sim\forall x\varphi(x)$ と $\exists x\sim\varphi(x)$ は論理的に同値である．

ここで，もう一度，上巻の統一表記を思い出そう．それは，γ を $\forall x\varphi(x)$ または $\sim\exists x\varphi(x)$ という形式の任意の論理式とするとき，$\gamma(a)$ はそれぞれ $\varphi(a)$ および $\sim\varphi(a)$ を意味するというものだ．同様にして，δ を $\exists x\varphi(x)$ または $\sim\forall x\varphi(x)$ という形式の任意の論理式とするとき，$\delta(a)$ はそれぞれ $\varphi(a)$ および $\sim\varphi(a)$ を意味する．したがって，この統一表記を使うと，任意の一階付値 v に対して

F_1':　v の下で文 γ が真となるのは，すべてのパラメータ a に対して v の下で文 $\gamma(a)$ が真になるとき，そしてそのときに限る．

F_2':　v の下で文 δ が真となるのは，すくなくとも一つのパラメータ a に対して v の下で文 $\delta(a)$ が真になるとき，そしてそのときに限る．

次の命題は役立つことになるだろう．

命題 1　v はブール付値で，（すべての文 γ および δ に対して）次の 2 条件が成り立つものとする．

（1）v の下で γ が真になるならば，すべてのパラメータ a に対して v の下で $\gamma(a)$ が真になる．

（2）v の下で δ が真になるならば，少なくとも一つのパラメータ a に対して v の下で $\delta(a)$ が真になる．

このとき，v は一階付値である．

問題 1　命題 1 を証明せよ．

一階述語論理の文の集合 S は，ブール付値 v で，S が v の下で真な文すべての集合になるようなものが存在するならば，**ブール真理集合**という．これは，すべての文 X と Y に対して次の 3 条件が成り立つのと同値である．

（i）$(\sim X)\in S$ となるのは，$X\notin S$ であるとき，そしてそのときに

限る．

（ii）$\alpha \in S$ となるのは，$\alpha_1 \in S$ かつ $\alpha_2 \in S$ であるとき，そしてそのときに限る．

（iii）$\beta \in S$ となるのは，$\beta_1 \in S$ または $\beta_2 \in S$ であるとき，そしてそのときに限る．

一階述語論理の文の集合 S は，ブール真理集合であり，すべての γ と δ に対して次の2条件がなりたつとき，そしてそのときに限り，**一階真理集合**と呼ぶ．

（i）$\gamma \in S$ となるのは，すべてのパラメータ a に対して $\gamma(a) \in S$ であるとき，そしてそのときに限る．

（ii）$\delta \in S$ となるのは，少なくとも一つのパラメータ a に対して $\delta(a) \in S$ であるとき，そしてそのときに限る．

これと同じことであるが，文の集合 S が**一階真理集合**となるのは，一階付値 v で，S が v の下で真な文すべての集合となるようなものが存在するとき，そしてそのときに限る．

その結果として，命題1は次のようにいい直すことができる．

命題1′　S を**ブール真理集合**で，（すべての文 γ と δ に対して）次の2条件が成り立つものとする．

（1）$\gamma \in S$ ならば，すべてのパラメータ a に対して $\gamma(a) \in S$ となる．

（2）$\delta \in S$ ならば，少なくとも一つのパラメータ a に対して $\delta(a) \in S$ となる．

このとき，S は一階真理集合である．

文の集合 S のすべての元が（一階）付値 v の下で真ならば，v は S を**充足する**ということを思い出そう．また，**純粋文**とは，パラメータを含まない文である．

それでは，マジック集合を定義しよう．**マジック集合** M とは，次の2条件を満たす文の集合のことである．

M_1:　M を充足するすべてのブール付値は，一階付値でもある．

M_2:　純粋文の任意の有限集合 S_0 と M の任意の有限部分集合 M_0 に対して，S_0 が一階充足可能ならば，$S_0 \cup M_0$ も一階充足可能である．

すぐこのあとで，マジック集合が存在することを証明する．（これは意外に感じるかもしれない．）しかし，まずは，次の考察から浮かび上がるマジック集合の重要な特徴の一つを見てみよう．

文の集合 S を充足するすべてのブール付値の下で文 X が真になるならば，X は S によって**トートロジー的に含意**されるという．任意の純粋文 X に対して，文 X が恒真となるのは，X が S のある有限部分集合 S_0 によってトートロジー的に含意される（これは，文 $(X_1 \wedge \cdots \wedge X_n) \supset X$ がトートロジーになるような S の有限個の元 $X_1, \cdots, X_n$ があることと同値である）とき，そしてそのときに限るならば，S を一階述語論理の**真理関数基底**と呼ぶことにする．

注　「トートロジー的に含意」は「真理関数的に含意」ということもある．

定理 1　すべてのマジック集合は，一階述語論理の真理関数基底である．

問題 2　定理 1 を証明せよ．（ヒント：上巻第 6 章問題 8 で証明した，X が S によってトートロジー的に含意されるならば，X は S のある有限部分集合によってトートロジー的に含意されるという事実を使う．この事実は，可算集合 S のすべての有限部分集合があるブール付値によって充足されるならば，S はあるブール付値によって充足される，という命題論理のコンパクト性定理の簡単な系である．）

それでは，マジック集合が存在することの証明に取り組もう．上巻第 9 章では，文の有限集合は，その元を正則列として並べることができるならば，正則と定義した．正則列とは，それぞれの項が $\gamma \supset \gamma(a)$ か $\delta \supset \delta(a)$ という形式で，項が $\delta \supset \delta(a)$ という形式ならば，a が δ にもその項より前にある項にも現れないような列である．そして，任意の純粋文 X に対して，X が恒真ならば，正則集合 $\{X_1, \cdots, X_n\}$ で $(X_1 \wedge \cdots \wedge X_n) \supset X$ がトートロジーとなるようなものが存在することを示した（定理 R）．また，任意の正則集合 R と純粋文の任意の集合 S に対して，S が（一階）充足可能ならば，$R \cup S$ も充足可能であることも示した（問題 5 (c)）．

ここで，可算無限集合 S は，S のすべての有限部分集合が正則ならば，**正則**と定義する．無限正則集合 M は，任意の γ について，すべてのパラメータ a に対して文 $\gamma \supset \gamma(a)$ が M に属し，任意の δ について，少なくとも一つのパラメータ a に対して文 $\delta \supset \delta(a)$ が M に属するならば，**完全**と呼ぶことにしよう．

定理 2　すべての完全正則集合はマジック集合である．

問題 3　定理 2 を証明せよ．（ヒント：命題 1 がここで役立つだろう．）

最後に，完全正則集合が存在することを示す．（これで，マジック集合が存在することの証明は完成する．）すべての δ 文をある可算列 $\delta_1, \delta_2, \cdots, \delta_n, \cdots$ によって数え上げる．このとき，パラメータの数え上げ $b_1, b_2, \cdots, b_n, \cdots$ を考える．ここで，a_1 を δ_1 には現れないこのパラメータの数え上げの中の最初のパラメータ，a_2 を δ_1 にも δ_2 にも現れないこのパラメータの中の最初のパラメータ，というように続ける．すなわち，それぞれの n に対して，a_n は，$\delta_1, \delta_2, \cdots, \delta_n$ のいずれにも現れないこのパラメータの数え上げの中の最初のパラメータである．R_1 を，すべての文 $\delta_n \supset \delta_n(a_n)$ からなる集合とする．R_2 を すべての γ とすべてのパラメータ a について，すべての文 $\gamma \supset \gamma(a)$ からなる集合とする．このとき，$R_1 \cup R_2$ は完全正則集合である．

◉マジック集合の応用

マジック集合が存在するというだけで（たとえそれが正則でなかったとしても），命題論理のコンパクト性定理の帰結として，レーヴェンハイム-スコーレムの定理と一階述語論理のコンパクト性定理のきわめて単純で洗練された証明が得られる．これらの証明があっという間になされることが分かる．

注　しかし，まず上巻でのいくつかの事項を思い出そう．一階付値 v の下で真になる文すべての集合を考え，述語を適用する個体の属する領域がすべてのパラメータによって構成されているとみなす．このとき，それぞれの n 項述語が真になるのは付値 v が真になるパラメータの n 個組に対してだけである（そして，パラメータのそれ以外の n 個組に対しては偽になる）ように，解釈を定義できると述べた．これを，パラメータの（可算）領域における（一階）**解釈**と呼ぶ．そして，このことによって，文の集合 S は，S を充足する一階付値があるときはいつでも，その**パラメータの領域において**一階充足可能ということができる．今すぐには一階述語論理の解釈の概念を使うことはないが，いかなる一階述語論理の解釈もパラメータの可算領域上の一階付値を同時に定義していることが簡単に分かる．

ここで，S は（自由変数もパラメータも含まない）純粋文の可算集合で，S のすべての有限部分集合は一階充足可能と仮定する．このとき，パラメータの可算領域において S が一階充足可能であることは，次のように証明することもできる．（この証明からは，一階述語論理のコンパクト性定理とレーヴェンハイム-スコーレムの定理も同時に得られる．なぜなら，S が一階充足可能ならば，あきらかに S のすべての有限部分集合も一階充足可能だからである．）ここで与える証明は，命題論理のコンパクト性定理を用いる．

S を前述の集合とし，M を任意のマジック集合とする．K を $S \cup M$ の任意の有限部分集合とする．まず，K が一階充足可能であることを示す．K は，S のある有限部分集合 S_0 と，M のある有限部分集合 M_0 の和集合 $S_0 \cup M_0$ である．S_0 は一階充足可能なので，（マジック集合の性質 M_2 によって）$S_0 \cup M_0$ も一階充足可能である．$S_0 \cup M_0$ は一階充足可能なので，定義によって，一階付値 v で $S_0 \cup M_0$ を充足するものがある．そして，あきらかに v はブール付値でもある．（なぜなら，すべての一階付値はブール付値だからである．）これで，$S \cup M$ のすべての有限部分集合 K は真理関数的に充足可能であることが証明された．したがって，命題論理のコンパクト性定理によって，集合 $S \cup M$ 全体も真理関数的に充足可能である．こうして，$S \cup M$ を充足するブール付値 v が存在し，v が M を充足することから，（マジック集合の性質 M_1 によって）v は一階付値でなければならない．先に述べたような上巻の一階述語論理の解釈と一階付値の間の関係によって，S のすべての文は，パラメータの可算領域上の解釈で真（同時に充足可能）になる．

任意の恒真な純粋文 X に対して，X を**真理関数的**に含意する（有限）正則集合 R が存在するという正則性定理を思い出そう．（これは，上巻で証明したことをある部分で単純化したものである．本章でものちほど，正則性定理の完全版に立ち戻ることにする．）これは，タブローの完全性定理を用いて，$\sim X$ の閉タブローからどのようにして正則集合を見つけるかを示すことで証明した.（R として，γ から規則 C によって $\gamma(a)$ が推論されるようなすべての文 $\gamma \supset \gamma(a)$ からなる集合に，δ から規則 D によって $\delta(a)$ が推論されるようなすべての文 $\delta \supset \delta(a)$ を合わせたものを使う.）正則性定理のもっと簡単な証明は，**完全**正則集合（これはマジック集合でもある）の存在から簡単に得ることができる.

問題 4　それはどのようにして証明すればよいだろうか.

2.　ゲンツェンのシーケント計算とその変形

本章の第 3 節において，クレイグの補間定理として知られる重要な結果を提示し証明する．クレイグの補間定理には，それに続いて述べる重要な応用がある．この結果のクレイグによる本来の証明は極めて複雑であり，その後で多くの単純化された証明が与えられた．これから示すそのうちの一つは，ゲルハルト・ゲンツェンによるいくつかの公理系 [12, 13] の変形を用いる.

◉背景

まず，**部分論理式**について述べる必要がある．命題論理において，**直接部分論理式**の概念は，次の条件によって明示的に与えられる.

I_0:　命題変数には，直接部分論理式はない.

I_1:　$\sim X$ の唯一の直接部分論理式は X である.

I_2:　$X \wedge Y$，$X \vee Y$，$X \supset Y$ の直接部分論理式は，X と Y であり，それ以外の直接部分論理式はない.

一階述語論理に対しては，**直接部分論理式**の概念は，次の条件によって明示的に与えられる.（一階述語論理の原子論理式は，論理結合子や量化子を含まない論理式であることを思い出そう.）

I'_0:　原子論理式には，直接部分論理式はない.

I'_1:　条件 I_1 と同じ.

I'_2:　条件 I_2 と同じ.

I'_3:　任意のパラメータ a と任意の変数 x に対して，$\varphi(a)$ は $\forall x\varphi(x)$ および $\exists x\varphi(x)$ の直接部分論理式である.

命題論理と一階述語論理の双方において，**部分論理式**の概念は，次の条件によって陰伏的に定義される．

S_1:　Y が X の直接部分論理式か，または X と同一ならば，Y は X の部分論理式である．

S_2:　Y が X の直接部分論理式で，Z が Y の部分論理式ならば，Z は X の部分論理式である．

この陰伏的定義は，次のようにして明示的にすることができる．Y が X の部分論理式となるのは，$Y = X$ であるか，または，論理式の有限列で，その初項が X，最後の項が Y であり，この列の初項を除くそれぞれの項が直前の項の直接論理式になっているようなものがあるとき，そしてそのときに限る．

G. ゲンツェンは，さまざまな体系の無矛盾性に対する**有限的な証明**を見つけようとした．(有限的というのは，証明に無限集合の使用を含めないという意味である．) この目的のために，論理式 X の証明に X の部分論理式だけを使うことを要求する証明手続きをゲンツェンは必要とした．このような証明手続きは，**部分論理式性**をもつという．もちろん，標識付き論理式を用いるタブロー法は，部分論理式性をもつ．(そして，あとで分かるように，ゲンツェンの体系と密接に関係している．) 標識なし論理式のタブロー法は，ほぼ部分論理式性をもつが完全ではない．それは，部分論理式か，その否定を使うからである．(たとえば，$\sim X$ は必ずしも $\sim(X \vee Y)$ の部分論理式ではなく，部分論理式の否定である．)

ゲンツェンは，新たな記号 $\rightarrow$ を用いて，**シーケント**を $\theta \rightarrow \Gamma$ という形式の式と定義した．ここで，θ と Γ は，それぞれ論理式の有限列 (空列でもよい) である．このような式は，θ のすべての項が真ならば，Γ の項の少なくとも一つは真であることを意味すると解釈される．すなわち，任意の付値 v に対して，シーケント $\theta \rightarrow \Gamma$ が v の下で真となるのは，θ のすべての項が真であり，Γ の項の少なくとも一つが真であるとき，そしてそのときに限る．シーケントは，すべてのブール付値の下で真であるならば，**トートロジー**と呼ばれ，すべての一階付値の下で真であるならば**恒真**と呼ばれる．θ が空でない列 $X_1, \cdots, X_n$ であり，Γ が空でない列 $Y_1, \cdots, Y_k$ であるならば，シーケント $X_1, \cdots, X_n \rightarrow Y_1, \cdots, Y_k$ は，論理式 $(X_1 \wedge \cdots \wedge X_n) \supset$

$(Y_1 \vee \cdots \vee Y_k)$ と論理的に同値である．θ が空列ならば，$\theta \to \Gamma$ は，$\emptyset$ を空集合として，$\emptyset \to \Gamma$，あるいはもっと簡単に $\to \Gamma$ と書かれる．

ここで，Γ が空でない列ならば，シーケント $\to \Gamma$（これは $\emptyset \to \Gamma$ である）は，「空集合のすべての元が真ならば，Γ の元の少なくとも一つは真である」と読まれる．空集合のすべての元は真であり（なぜなら，空集合には元がないからである），したがって，シーケント $\to \Gamma$ は，Γ の元の少なくとも一つは真であるという命題と論理的に同値である．したがって，シーケント $\to Y_1, \cdots, Y_k$ は，論理式 $Y_1 \vee \cdots \vee Y_k$ と論理的に同値である．

それでは，シーケント $\theta \to \Gamma$ の右辺 Γ が空集合だとしよう．このシーケントは，もっと単純に $\theta \to$ と書かれる．これは，列 θ のすべての項が真であるならば，空集合 $\emptyset$ の元の少なくとも一つが真であることを意味すると解釈される．あきらかに空集合のある元が真であるということはないので，$\theta \to$ は，列 θ の項すべてが真になることはないという命題を表す．θ が空でない列 $X_1, \cdots, X_n$ ならば，シーケント $X_1, \cdots, X_n \to$ は，論理式 $\sim(X_1 \wedge \cdots \wedge X_n)$ と論理的に同値である．

最後に，$\to$ が単独で書かれてもシーケントである．これは，$\emptyset$ を空集合として，$\emptyset \to \emptyset$ の省略である．$\to$ 単独では，何を意味するのだろうか．これは，空集合のすべての元が真であるならば，空集合の元の少なくとも一つは真であることを意味している．空集合のすべての元は空虚に真であるが，あきらかに空集合の元の少なくとも一つが真であるということはない．したがって，シーケント $\to$ は，単純に（すべての付値の下で）偽となる．

ここで，楽しい出来事について話しておかなければならない．私は，かつて，数学者の集まりでゲンツェンのシーケント計算について講義していた．私は，矢印の両側が空でないようなゲンツェンのシーケントから始め，その後でまず左辺を消し，次に右辺を消し，黒板には矢印だけが残った．これが偽を意味することを説明すると，聴衆の中にいた論理学者ウィリアム・クレイグ（クレイグの補間定理の発見者）が，彼特有のユーモアをこめて，手を挙げてこう尋ねた．「それでは，黒板に何も書かれていないならば，何を意味するのでしょうか」

現代的なゲンツェン流の体系では，シーケントは $U \to V$ という形式をしており，U と V はそれぞれ論理式の列ではなく論理式の有限**集合**である．

これは，本書のこれ以降で採用したやり方でもある．

◉ゲンツェン流の公理系

まず，**命題論理**に対するゲンツェン流の公理系 G_0 を考える．論理式の任意の有限集合 S と任意の論理式 $X_1, \cdots, X_n$ に対して，$S \cup \{X_1, \cdots, X_n\}$ を $S, X_1, \cdots, X_n$ と省略する．したがって，

$$U, X_1, \cdots, X_n \to V, Y_1, \cdots, Y_k$$

は

$$U \cup \{X_1, \cdots, X_n\} \to V \cup \{Y_1, \cdots, Y_k\}$$

の省略である．命題論理の体系 G_0 は，次のようなただ一つの公理図式と 8 個の推論規則をもつ．ここで，X と Y は命題論理の論理式であり，U と V は命題論理の論理式の集合である．

体系 $\mathbf{G}_0$ の公理図式

$$U, X \to V, X$$

体系 $\mathbf{G}_0$ の推論規則

連言　C_1： $\dfrac{U, X, Y \to V}{U, X \wedge Y \to V}$

C_2： $\dfrac{U \to V, X \qquad U \to V, Y}{U \to V, X \wedge Y}$

選言　D_1： $\dfrac{U \to V, X, Y}{U \to V, X \vee Y}$

D_2： $\dfrac{U, X \to V \qquad U, Y \to V}{U, X \vee Y \to V}$

含意　I_1： $\dfrac{U, X \to V, Y}{U \to V, X \supset Y}$

I_2： $\dfrac{U \to V, X \qquad U, Y \to V}{U, X \supset Y \to V}$

否定　N_1： $\dfrac{U, X \to V}{U \to V, {\sim}X}$

N_2： $\dfrac{U \to V, X}{U, {\sim}X \to V}$

これらの推論規則によって論理結合子が導入される．それぞれの論理結合子に対して二つの規則がある．一つの規則は，矢印の左側にその論理結合子を導入し，もう一つの規則は，矢印の右側にその論理結合子を導入する．この推論規則を適用する一例として，連言規則 C_1 を用いると，シーケント $U, X, Y \to V$ からシーケント $U, X \wedge Y \to V$ を推論することができる．規則 C_2 を用いると，二つのシーケント $U \to V, X$ と $U \to V, Y$ から，シーケント $U \to V, X \wedge Y$ を推論することができる．

G_0 の公理がトートロジーであることは明らかだろう．そして，推論規則がトートロジーを保つこと，言い換えると，推論規則をどのように適用しても，その結論が前提によって真理関数的に含意されることを確かめるのは読者に委ねる．それゆえ，（数学的帰納法によって）次の結果が得られる．G_0 のすべての証明可能なシーケントはトートロジーであり，したがって，体系 G_0 は健全である．

体系 G_0 が完全である，すなわち，すべてのトートロジーは G_0 で証明可能であることも，すぐに証明する．

問題 5　シーケント $U, X \to V$ は，$U \to V, {\sim}X$ と論理的に同値であり，シーケント $U \to V, X$ は $U, {\sim}X \to V$ と論理的に同値であることを示せ．

◉統一表記による体系 G_0

S を標識付き論理式の空でない集合 $\{\mathsf{T}\,X_1, \cdots, \mathsf{T}\,X_n, \mathsf{F}\,Y_1, \cdots, \mathsf{F}\,Y_k\}$ とする．$|S|$ によって，シーケント $X_1, \cdots, X_n \to Y_1, \cdots, Y_k$ を表す．$|S|$ を，S に**対応するシーケント**と呼ぶ．S が充足不能となるのは，それに対応するシーケント $|S|$ が**トートロジー**であるとき，そしてそのときに限りること，また，S の元が一階述語論理の標識付き論理式ならば，S が充足不能となるのは，$|S|$ が**恒真**であるとき，そしてそのときに限ること（これは，のちほど一階述語論理のゲンツェン流体系を得るときに用いる）を確かめるのは読者に委ねる．

もちろん，S が集合 $\{\mathsf{F}\,Y_1, \cdots, \mathsf{F}\,Y_k\}$ であって，標識 T をもつ論理式がないときには，$|S|$ としてシーケント $\to Y_1, \cdots, Y_k$ を用い，S が集合 $\{\mathsf{T}\,X_1, \cdots, \mathsf{T}\,X_n\}$ であって，標識 F をもつ論理式がないときには，$|S|$ としてシーケント $X_1, \cdots, X_n \to$ を用いる．

一般的には，標識付き論理式の任意の集合に対して，U を $\mathsf{T}X \in S$ であるような論理式 X の集合とし，V を $\mathsf{F}Y \in S$ であるような論理式 Y の集合とすると，$|S|$ はシーケント $U \to V$ になる．

統一表記を用いた体系 G_0 は次のようになる．

公理（ただし，S は標識付き論理式の集合とする）

$$|S, \mathsf{T}X, \mathsf{F}X|$$

推論規則

$$\mathrm{A}: \frac{|S, \alpha_1, \alpha_2|}{|S, \alpha|} \quad (\alpha, \alpha_1, \alpha_2 \text{は標識付き論理式})$$

$$\mathrm{B}: \frac{|S, \beta_1| \qquad |S, \beta_2|}{|S, \beta|} \quad (\beta, \beta_1, \beta_2 \text{は標識付き論理式})$$

問題 6　この統一表記された体系が実際に体系 G_0 であることを確かめよ．

通常，ゲンツェン流の体系の証明は，ここまでに考えてきた公理系での線形な形式ではなく，木構造の形式をしている．ただし，（タブロー規則によって行われるように）外側から内側へという順に解析することで文を証明しようとすると，証明の木は，タブロー法の木とは逆に**上へと**伸びる．すなわち，起点は一番下にあり，終点は一番上にある．起点は証明すべきシーケントであり，終点は証明に使われた公理である．例として，シーケント $p \supset q \to {\sim}q \supset {\sim}p$ の木構造形式の証明は次のとおりである．

（1）　$p \to q, p$　　（2）　$p, q \to q$

（3）　$p, p \supset q \to q$　[(1) と (2) から，規則 I_2 によって]

（4）　$p \supset q \to q, {\sim}p$　[(3) から，規則 N_1 によって]

（5）　$p \supset q, {\sim}q \to {\sim}p$　[(4) から，規則 N_2 によって]

（6）　$p \supset q \to {\sim}q \supset {\sim}p$　[(5) から，規則 I_1 によって]

◉G_0 の完全性

すべてのトートロジーは命題論理に対するゲンツェンの体系 G_0 で証明可能であることを示したい．

シーケント $X_1, \cdots, X_n \to Y_1, \cdots, Y_k$ のタブロー法による証明とは，閉タブローによる集合 $\{\mathsf{T}X_1, \cdots, \mathsf{T}X_n, \mathsf{F}Y_1, \cdots, \mathsf{F}Y_k\}$ が充足不能であるこ

とを示す証明のことである．（これらの論理式すべてからタブローを始めると，命題論理のタブロー規則によってすべての枝が閉じるようにタブローを伸ばすことができる．）ここで，シーケントのタブロー法による証明から，どのようにしてゲンツェンの体系 G_0 によるシーケントの証明を得ることができるかを示そう．この目的を達成するために，まず橋渡し役として，ここでは**ブロック・タブロー**（これは [34] では**修正ブロック・タブロー**と呼んだ）と呼ぶ別の種類のタブローを導入すると便利である．ここまで調べてきた**分析タブロー**は，エバート・ベートのタブロー [2] の変形であるが，一方，これから取り組むブロック・タブローは，J. ヒンティッカのタブロー [16] の変形である．ヒンティッカのタブローと同じように，ブロック・タブローの証明（この場合も，分析タブローと同じく起点が一番上にくる）の木の点は，単一の論理式ではなく，論理式の有限集合（これをタブローの**ブロック**と呼ぶ）である．そして，証明を組み立てるいずれの段階においても，行うことは（分析タブローではその枝全体に依存するのに対して）その木の終点だけに依存する．

まず，命題論理のブロック・タブローを考えよう．命題論理の標識付き論理式の有限集合 K に対するブロック・タブローとは，集合 K を起点とし，次の規則に従って組み立てられる木構造のことである．（ここでは，集合 S と論理式 X, Y に対して，集合 $S \cup \{X\}$ および $S \cup \{X\} \cup \{Y\}$ をそれぞれ $\{S, X\}$ および $\{S, X, Y\}$ と略記する．）

命題論理のブロック・タブローの推論規則

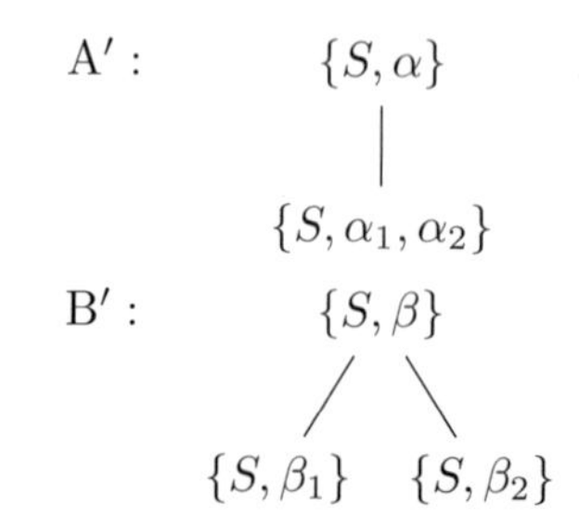

これらの規則は，言葉で説明すると次のようになる．

A′:　木構造の任意の終点 $\{S, \alpha\}$ に対して，単一の後続として

$\{S, \alpha_1, \alpha_2\}$ を追加する．

B′:　木構造の任意の終点 $\{S, \beta\}$ に対して，左の後続として $\{S, \beta_1\}$ を，右の後続として $\{S, \beta_2\}$ を同時に追加する．

ブロック・タブローは，それぞれの終点がある元とその共役を含むとき，**閉じている**という．

分析タブローからブロック・タブローへの変更は比較的簡単に行うことができる．まず，分析タブローを構成する際に規則 A を用いて α から α_1 を推論するときには，すぐそのあとに α_2 を加える．すなわち，次のような形式で規則 A を用いる．

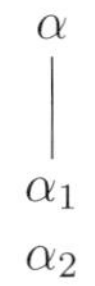

このとき，シーケント $X_1, \cdots, X_n \to Y_1, \cdots, Y_k$ のブロック・タブローを始めるには，起点に $\{\mathsf{T}\, X_1, \cdots, \mathsf{T}\, X_n, \mathsf{F}\, Y_1, \cdots, \mathsf{F}\, Y_k\}$ を置く．なぜなら，この論理式の集合が充足不能であることを証明したいからである．これで，次のように始まる分析タブローに対応するブロック・タブローの構成法の第 0 段階が完了した．

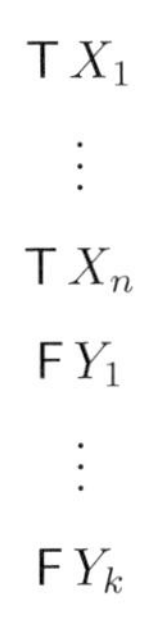

そして，それぞれの n に対して，二つのタブローの第 n 段階が完了したときに，分析タブローの規則 A（規則 B）を使うときには，それぞれブロック・タブローの規則 A′（規則 B′) を使うことでタブローの構成法の第 $n+1$ 段階が終わる．これを，両方のタブローが閉じるまで続ける．（論理式の集合 $\{\mathsf{T}\, X_1, \cdots, \mathsf{T}\, X_n, \mathsf{F}\, Y_1, \cdots, \mathsf{F}\, Y_k\}$ が充足不能，すなわち，シーケントが

トートロジーならば，どこかの段階でそのタブローは閉じなければならない.）命題論理のタブロー法は完全であることは分かっているので，この構成法は，命題論理のブロック・タブロー法も完全であることを示している.

その一例として，シーケント $p \supset q, q \supset r \rightarrow p \supset r$ の閉じた分析タブローは次のようになる.

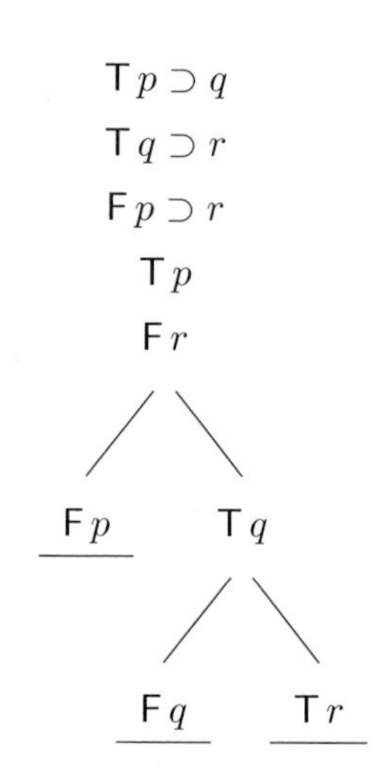

これに対応するブロック・タブローは次のようになる.

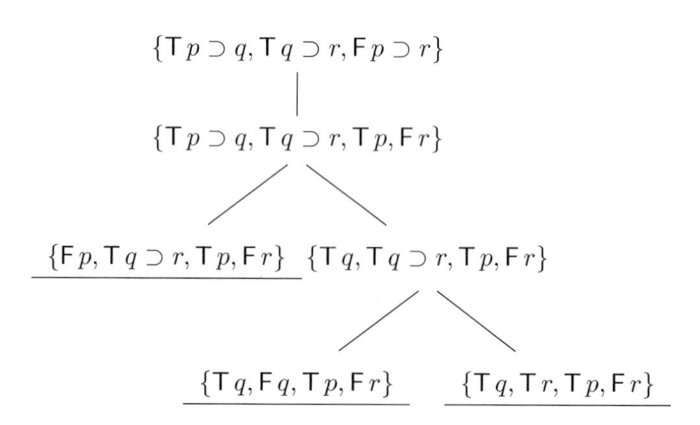

ブロック・タブローをゲンツェンの体系 G_0 における証明に変換するために，それぞれのブロック

$$\{\mathsf{T}\,X_1, \cdots, \mathsf{T}\,X_n, \mathsf{F}\,Y_1, \cdots, \mathsf{F}\,Y_k\}$$

をシーケント $X_1, \cdots, X_n \to Y_1, \cdots, Y_k$ で置き換え，結果として得られた木を上下逆にすると，ゲンツェンの体系の証明になる．

たとえば，前述の閉じたブロック・タブローから，次のようなゲンツェンの体系の証明が得られる．

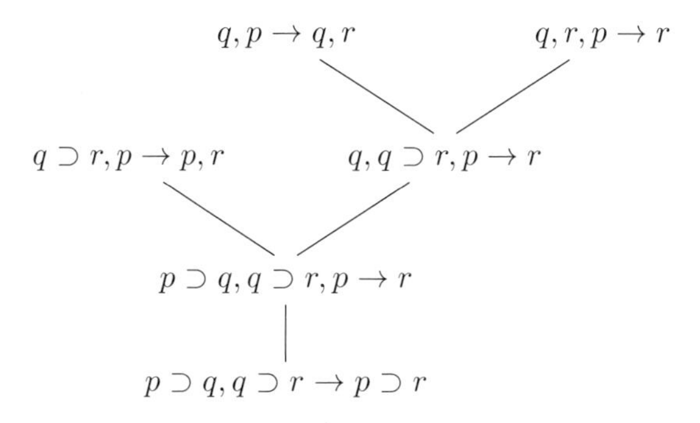

注　このブロック・タブローからゲンツェンの体系への変換がうまくいくのは驚くことではない．なぜなら，ブロック・タブローの規則は，本質的にゲンツェンの体系 G_0 の規則を上下逆にしたものだからである．すなわち，ブロック・タブローの規則 A'

$$\begin{array}{c} \{S, \alpha\} \\ | \\ \{S, \alpha_1, \alpha_2\} \end{array}$$

において，前提と結論をそれぞれ対応するシーケントで置き換えて得られる規則

$$\begin{array}{c} |S, \alpha| \\ | \\ |S, \alpha_1, \alpha_2| \end{array}$$

は，体系 G_0 の規則 A を上下逆にしたものである．同様にして，ブロック・タブローの規則 B'

$$\begin{array}{ccc} & \{S, \beta\} & \\ / & & \backslash \\ \{S, \beta_1\} & & \{S, \beta_2\} \end{array}$$

において，前提と結論をそれぞれ対応するシーケントで置き換えて得られる規則

$$
\begin{array}{ccc}
 & |S,\beta| & \\
 / & & \backslash \\
|S,\beta_1| & & |S,\beta_2|
\end{array}
$$

は，体系 G_0 の規則 B を上下逆にしたものである．

◉一階述語論理に対するゲンツェンの体系 G_1

ゲンツェンの体系 G_1 では，体系 G_0 の公理と推論規則を使い（ただし，命題論理の論理式ではなく一階述語論理の論理式に適用する），そこに次の推論規則を追加する．

$$\forall_1 : \frac{U, \varphi(a) \to V}{U, \forall x\varphi(x) \to V} \qquad \forall_2 : \frac{U \to V, \varphi(a)}{U \to V, \forall x\varphi(x)\ ^*}$$

∗ ただし，結論のシーケントに a は現れない．

$$\exists_1 : \frac{U \to V, \varphi(a)}{U \to V, \exists x\varphi(x)} \qquad \exists_2 : \frac{U, \varphi(a) \to V}{U, \exists x\varphi(x) \to V\ ^*}$$

∗ ただし，結論のシーケントに a は現れない．

本質的に命題論理の場合と同じようにして，一階述語論理のブロック・タブローの完全性から G_1 の完全性を証明できる．それには，まずブロック・タブローを作る．その推論規則は，G_0 の規則（のシーケントを標識付き論理式の集合で置き換え，上下逆にしたもの）に次の推論規則を合わせたものである．

$$
\mathrm{C}: \quad
\begin{array}{c}
\{S,\gamma\} \\
| \\
\{S,\gamma,\gamma(a)\}
\end{array}
$$

$$\text{D}:\quad \dfrac{\{S, \delta\}\ ^*}{\{S, \delta, \delta(a)\}}$$

$*$ ただし，前提に a は現れない．

そして，前と同じように，閉じたブロック・タブローをゲンツェンの体系 G_1 の証明に変換する．すなわち，それぞれのブロック $\{S\}$ をシーケント $|S|$ で置き換え，得られた木構造を上下逆にする．

◉体系 GG

体系 G_0 や G_1 の推論規則の一部（具体的には，否定と含意の推論規則）は，矢印の一方の側にある論理式を反対側に移す（あるいは，少なくとも反対側のある論理式に組み込む）．このようなことが起こらないように体系を修正する必要がある．このように修正した体系を GG と呼ぶことにする．これは，矢印の両側に関してある種の対称性をもち，[34] では**対称ゲンツェン体系**と呼んだ．

その体系 GG は次のとおりで，統一表記に見事に適している．（ここでは，シーケントを扱うので，すべての論理式は**標識なし文**を表している．）

GG の公理図式

$$U, X \to V, X$$

$$U, X, \sim X \to V$$

$$U \to V, X, \sim X$$

GG の推論規則

(A) $\dfrac{U, \alpha_1, \alpha_2 \to V}{U, \alpha \to V}$　　$\dfrac{U \to V, \beta_1, \beta_2}{U \to V, \beta}$

(B) $\dfrac{U, \beta_1 \to V \quad U, \beta_2 \to V}{U, \beta \to V}$　　$\dfrac{U \to V, \alpha_1 \quad U \to V, \alpha_2}{U \to V, \alpha}$

(C) $\dfrac{U, \gamma(a) \to V}{U, \gamma \to V}$　　$\dfrac{U \to V, \delta(a)}{U \to V, \delta}$

(D) $\dfrac{U, \delta(a) \to V}{U, \delta \to V\ ^*}$　　$\dfrac{U \to V, \gamma(a)}{U \to V, \gamma\ ^*}$

$*$ ただし，結論のシーケントに a は現れない．

◉GG の完全性

GG の完全性を証明するためには，分析タブローのまた別の変形が必要になる．分析タブローの推論規則のあるものは，結論の標識が前提の標識と異なっている．（これは，対応するゲンツェンの体系において，文が矢印の反対側に移ることがあるという事実を反映している．）ここでは，そのようなことが生じない分析タブローが必要になる．

改変タブローとは，次の規則に従って組み立てられたタブローのことである．

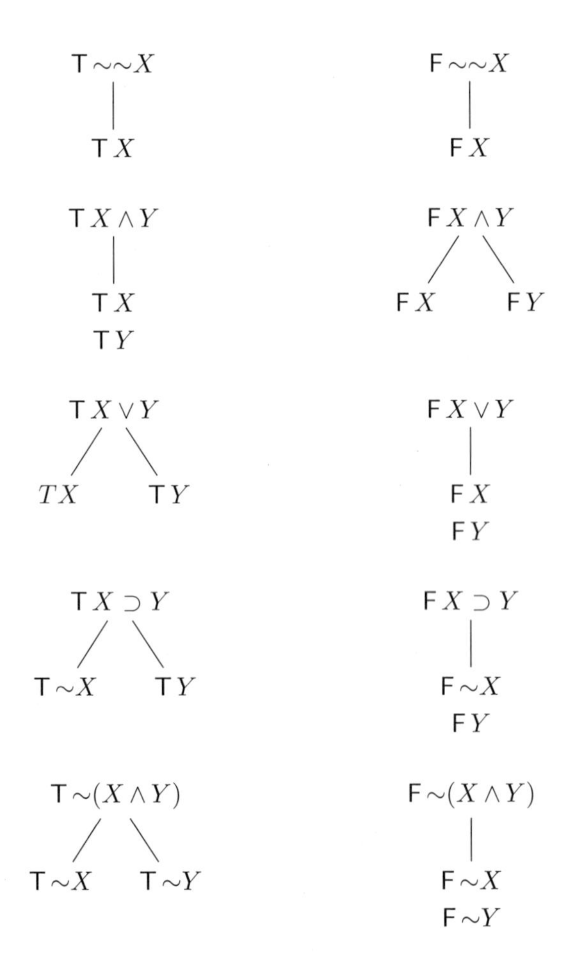

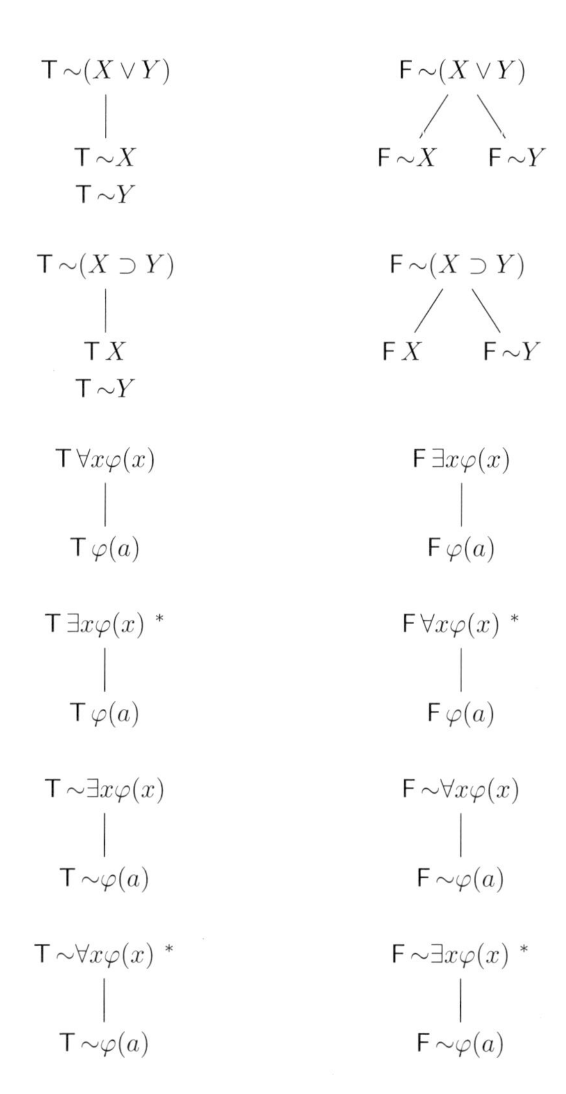

この量化子の規則における $*$ 印は，これ以降も含めて，結論のパラメータは前提に現れてはならないことを意味する．

統一表記による**改変タブロー**の推論規則は次のようになる．（ここで，α, β, γ, δ はもちろん標識なし論理式である．）

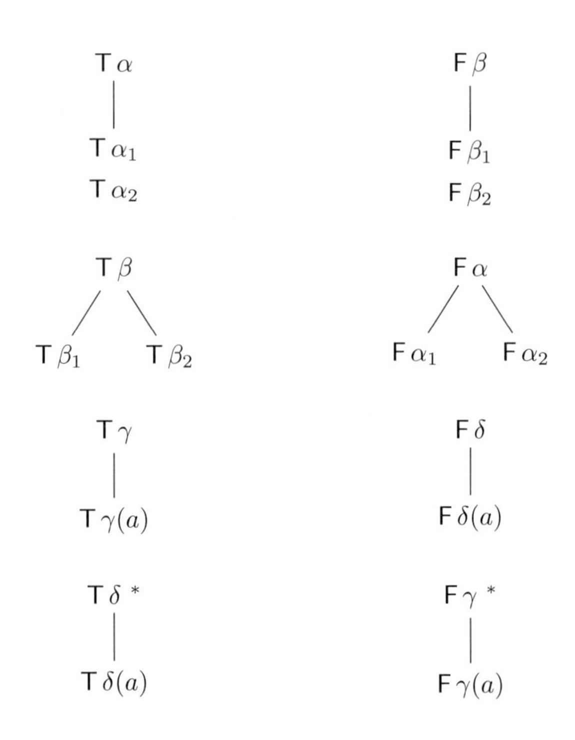

改変タブローにおいて，標識付き論理式の集合は，ある $\mathsf{T}\,X$ と $\mathsf{F}\,X$ を含むか，または，ある $\mathsf{T}\,X$ と $\mathsf{T}{\sim}X$ を含むか，または，ある $\mathsf{F}\,X$ と $\mathsf{F}{\sim}X$ を含むならば，**閉じている**という．タブローの枝は，その枝上の文の集合が閉じた集合ならば，**閉じている**といい，改変タブローは，すべての枝が閉じていれば，**閉じている**という．

改変タブロー法が健全かつ完全であること，すなわち，集合 S に対する閉じた改変タブローが存在するのは，S が充足不能であるとき，そしてそのときに限ることを知る必要がある．その目的のためには，次のような表記を使うことによって手間を半分にすることができる．その表記は，超統一表記と呼ぶのが適切かもしれない．

A を $\mathsf{T}\,\alpha$ または $\mathsf{F}\,\beta$ という形式の任意の文とする．A が $\mathsf{T}\,\alpha$ という形式ならば，$A_1 = \mathsf{T}\,\alpha_1$ および $A_2 = \mathsf{T}\,\alpha_2$ とする．A が $\mathsf{F}\,\beta$ という形式ならば，$A_1 = \mathsf{F}\,\beta_1$ および $A_2 = \mathsf{F}\,\beta_2$ とする．B を $\mathsf{T}\,\beta$ または $\mathsf{F}\,\alpha$ という形式の任意の文とする．B が $\mathsf{T}\,\beta$ という形式ならば，B_1, B_2 をそれぞれ $\mathsf{T}\,\beta_1$ およ

び Tβ_2 とする．B が Fα という形式ならば，B_1, B_2 をそれぞれ Fα_1 および Fα_2 とする．C を Tγ または Fδ という形式の任意の文とし，それぞれの場合に $C(a)$ は T$\gamma(a)$ および F$\delta(a)$ とする．D を Tδ または Fγ という形式の任意の文とし，それぞれの場合に $D(a)$ は T$\delta(a)$ および F$\gamma(a)$ とする．この表記によって，一階述語論理に対する改変タブローの推論規則は，次のようにもっとも簡潔に表記される．

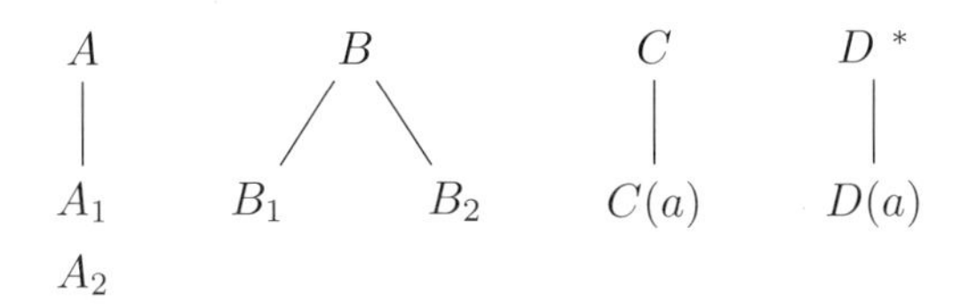

問題 7　改変タブロー体系が健全かつ完全であることを証明し，ゲンツェンの体系 GG の完全性の証明を完成させよ．

3.　クレイグの補間定理とその応用

◉クレイグの補間定理

一階述語論理の文 Z は，$X \supset Z$ と $Z \supset Y$ がともに恒真であり，Z のすべての述語とパラメータが X と Y の両方に現れるならば，文 $X \supset Y$ の**補間式**と呼ばれる．クレイグのよく知られた補間定理（単にクレイグの補題と呼ばれることもある）は，Y 単独では恒真でなく，また，X 単独では充足不能でないという仮定のもとで，$X \supset Y$ が恒真ならば，$X \supset Y$ の補間式が存在するというものだ [7]．

形式的言語の一部として t と f を許し，それに基づいて「論理式」を定義すると，前述の但し書きは不必要になる．なぜなら，$X \supset Y$ が恒真で Y だけでも恒真ならば，t が $X \supset Y$ の補間式になり，X だけで充足不能ならば，f が $X \supset Y$ の補間式になるからである．（読者はこれを確かめられるだろう．）ここではこの方針を採用する．

t または f を含む論理式を，ここでは**非標準論理式**と呼ぶことしよう．上巻で示したように，任意の非標準論理式は，標準的な論理式か t か f のいずれかに論理的に同値である．

命題論理にも同じように補間定理がある．命題論理の含意 $X \supset Y$ に対して，命題論理の論理式 Z は，$X \supset Z$ かつ $Z \supset Y$ であり，Z のすべての命題変数が X と Y の両方に現れるならば，**補間式**と呼ばれる．命題論理に対するクレイグの補間定理は，$X \supset Y$ がトートロジーならば，補間式があるというものだ．

一階述語論理に話を戻すと，論理式 Z は，$U \to Z$ と $Z \to V$ がともに恒真であり，Z のすべての述語とパラメータが U の少なくとも一つの元と V の少なくとも一つの元に現れるならば，$U \to V$ の**補間式**と呼ばれる．あきらかに，Z がシーケント

$$X_1, \cdots, X_n \to Y_1, \cdots, Y_k$$

の補間式となるのは，Z が論理式

$$(X_1 \wedge \cdots \wedge X_n) \supset (Y_1 \vee \cdots \vee Y_k)$$

の補間式であるとき，そのときに限る．したがって，すべての恒真なシーケントに対する補間式の存在は，すべての恒真な文 $X \supset Y$ に対する補間式の存在と同値である．そこで，一階述語論理に対するクレイグの補間定理を，すべての恒真なシーケントに対して補間式が存在するという同値な形式で考えることにする．

ゲンツェンの体系 GG に対してクレイグの補間定理を証明しよう．

◉ゲンツェンの体系 GG に対するクレイグの補間定理の証明

GG の公理それぞれに補間式があることと，GG の推論規則それぞれに対して，一つまたは二つある前提に補間式があるならば，結論にも補間式があることを示せば十分である．

練習問題　公理および（量化子を含まない）推論規則 A，B に対してこれを証明せよ．

練習問題の主張を証明することによって，実際には命題論理に対するクレイグの補間定理を証明している．それでは，量化子を含む推論規則 C と D に取り組もう．

推論規則 D に対する証明は比較的単純である X を $U, \delta(a) \to V$ の補間式とし，a を U, δ にも V にも現れないパラメータとする．このとき，X は

$U, \delta \to V$ の補間式でなければならない．その理由は次のとおり．

X は $U, \delta(a) \to V$ の補間式なので，X のすべてのパラメータは V に現れる．（$U, \delta(a)$ にも現れる．）しかし，a は（仮定により）V に現れないので，a は X に現れない．このことから，X のすべてのパラメータは（V と同様に）U, δ に現れることが導かれる．

このことは次のようにして分かる．b を X に現れる任意のパラメータとする．$b \neq a$ であることは分かっている．また，b は V に現れる．（X のすべてのパラメータは V に現れる．）あとは，b が U, δ に現れることを示すだけである．b が U に現れれば，それで証明は終わる．b が U に現れなければ，b は $\delta(a)$ に現れなければならない．（なぜなら，b は $U, \delta(a)$ に現れるからである．）しかし，δ のパラメータは，a を除けば，すべて $\delta(a)$ のパラメータである．b が $\delta(a)$ に現れ，$b \neq a$ なので，b は δ に現れなければならない．これで，X のすべてのパラメータは，（V と同様）U, δ に現れることが証明された．また，X のすべての述語は U, δ にも V にも現れる．なぜなら，X のすべての述語はすべて $U, \delta(a)$ にも V にも現れ，δ の述語は $\delta(a)$ の述語と同じだからである．

最後に，（$X \to V$ と同様に）$U, \delta(a) \to X$ が恒真であり，a は U, δ にも X にも現れないので，$U, \delta \to X$ は恒真である．（実際，これは推論規則 D によって，$U, \delta(a) \to X$ から導かれる．）こうして，X はシーケント $U, \delta \to V$ の補間式になる．

X が $U \to V, \gamma(a)$ の補間式であり，a が U にも $V, \gamma(a)$ にも現れないならば，X が $U \to V, \gamma$ の補間式になることの証明は，ここまでの証明と同様なので，読者に委ねる．これで，推論規則 D に対処することができた．

推論規則 C に対する証明はかなり技巧的である．X を $U, \gamma(a) \to V$ の補間式とする．このとき，$U, \gamma(a) \to X$ と $X \to V$ はもちろん恒真であるが，X は $U, \gamma \to V$ の補間式にはならないかもしれない．なぜなら，パラメータ a は X に現れるが U, γ には現れないかもしれないからである．a が X に現れないないか，または，a が U, γ に現れるならば，問題はおきない．問題が生じるのは，a が X に現れるが，U, γ には現れない場合である．この場合には，$U, \gamma \to V$ の別の補間式を次のようにして見つける．

X に現れないある変数 x をもってきて，$\varphi(x)$ を X の中のすべての a の

出現を x で置き換えた結果とする．$\varphi(a)$ は X そのものであることに注意しよう．このとき，$\forall x\varphi(x)$ は $U, \gamma \to V$ の補間式であることを示そう．

$\gamma' = \forall x\varphi(x)$ とすると，$\gamma'(a) = \varphi(a)$ であり，これは X である．$U, \gamma \to \gamma'(a)$ は（これは $U, \gamma \to X$ なので）恒真だと分かっており，a は U, γ に現れず，あきらかに γ'（これは $\forall x\varphi(x)$ である）にも現れないので，$U, \gamma \to \gamma'$ は恒真である．（実際，これは $U, \gamma \to \gamma'(a)$ から体系 GG の推論規則 D によって導くことができる．）また，$\gamma'(a) \to V$（これは $X \to V$ である）は，仮定によって恒真である．したがって，（推論規則 C で U として空集合をとると）$\gamma' \to V$ は恒真である．こうして，$U, \gamma \to \gamma'$ と $\gamma' \to V$ はともに恒真なので，γ' のすべての述語とパラメータは，U, γ と V の両方に現れる．（なぜなら，a は γ' に現れないからである．）したがって，$\forall x\varphi(x)$（これは γ' である）は，$U, \gamma \to V$ の補間式である．これで，推論規則 C の γ に対する証明が完成した．

推論規則 C の δ に対しても同様の証明（これは読者に委ねる）によって次のことが分かる．X を $U \to V, \delta(a)$ の補間式とすると，a が X に現れないか，または，a が V, δ に現れるならば，X は $U \to V, \delta$ の補間式である．しかし，a が X に現れて，V, δ に現れないならば，$U \to V, \delta$ の補間式は $\exists x\varphi(x)$ になる．ここで，$\varphi(x)$ は，X の中のすべての a の出現を，X に現れない変数 x で置き換えた結果である．

これで，クレイグの補間定理の証明が完成した．

◉ベートの定義可能性定理

クレイグの補間定理の重要な応用の一つとして，オランダの論理学者 E. ベートの重要な結果 [2] のうまい証明がある．ベートの定義可能性定理を論じる間は，ここまでかなりの時間を割いた一階付値の用語ではなく，上巻でしばしば用いた一階述語論理の解釈の用語に切り替えることにする．

パラメータを含まず，1 次の述語 $P, P_1, \cdots, P_n$ だけを含む文の有限集合 S を考える．述語が $P, P_1, \cdots, P_n$ の中に含まれる任意の文 X に対して，いつものように $S \vdash X$ と書いて，X は S の論理的帰結（すなわち，S を充足するすべての解釈において X は真）であることを意味する．述語が $P_1, \cdots, P_n$ に含まれる（したがって P を含まない）論理式 $\varphi(x)$ で，$S \vdash$

$\forall x(Px \equiv \varphi(X))$ となるようなものがあるならば，P は S に関して $P_1, \cdots,$ P_n から**明示的に定義可能**という．そのような論理式 $\varphi(x)$ は，S に関して $P_1, \cdots, P_n$ による P の**明示的定義**とよぶ．

次のようにして構成される，**陰伏的定義可能性**と呼ばれる別の種類の定義可能性もある．$P, P_1, \cdots, P_n$ のいずれとも異なり，S のどの元にも現れない新たな述語 P' をとり，S' は S のすべての文の中の P を P' で置き換えた結果とする．すると，$S \cup S' \vdash \forall x(Px \equiv P'x)$ であるとき，そしてそのときに限り，P は S に関して $P_1, \cdots, P_n$ から**陰伏的に定義可能**という．

これが成り立つとき，S の文は述語 P を**陰伏的に定義する**ともいう．

この条件は，S を充足する任意の二つの解釈が，$P_1, \cdots, P_n$ のそれぞれにおいて一致するならば，P においても一致するという条件と同値であることに注意しよう．（二つの解釈 I_1 と I_2 は，述語 Q に対して同じ値を割り当てるとき，そしてそのときに限り，Q において一致するという．）この同値性は，ベートの定理の証明には必要ではないが，この事実だけでも興味深い．この同値性の証明は，[35, pp. 294–295] にある．

P が S に関して $P_1, \cdots, P_n$ から明示的に定義可能ならば，陰伏的にも定義可能であることを示すのは比較的簡単である．

問題 8　P が S に関して $P_1, \cdots, P_n$ から明示的に定義可能ならば，陰伏的にも定義可能であることを示せ．

定理 B（ベートの定義可能性定理）　P が S に関して $P_1, \cdots, P_n$ から陰伏的に定義可能ならば，明示的にも定義可能である．

この定理は，自明というには程遠いが，クレイグの補間定理によって簡潔で洗練された証明が与えられる．

P を，S に関して $P_1, \cdots, P_n$ から陰伏的に定義可能であるとする．これまでの定義と同じように P' と S' を定義し，

$$S \cup S' \vdash \forall x(Px \equiv P'x)$$

を仮定する．X を S の元の連言とし（その順序は気にしない），X' を S' の元の連言とする．すると，

$$(X \wedge X') \supset \forall x(Px \equiv P'x)$$

が得られる．この文は恒真なので，任意のパラメータ a に対して，文 $(X \wedge X') \supset (Pa \equiv P'a)$ は恒真である．（S はパラメータを含まない文の集合となるのは，明示的定義および陰伏的定義の条件の一つであることを思い出そう．したがって，文 $X \wedge X'$ はパラメータを含まない．）すると，命題論理によって，文 $(X \wedge X') \supset (Pa \supset P'a)$ は恒真である．すると，またしても命題論理によって，次の文も恒真になる．（読者は確かめてみるように．）

$$(X \wedge Pa) \supset (X' \supset P'a)$$

この文の中で，P は $X' \supset P'a$ に現れず，P' は $X \wedge Pa$ に現れない．このとき，クレイグの補間定理によって，文 $(X \wedge Pa) \supset (X' \supset P'a)$ には補間式 Z が存在する．Z のすべての述語とパラメータは，$X \wedge Pa$ にも $X' \supset P'a$ にも現れる．したがって，P も P' も Z には現れない．実際，Z のすべての述語は $P_1, \cdots, P_n$ のいずれかである．また，Z は a 以外のパラメータを含まない．なぜなら，前に注意したように，X と X' はパラメータを含まないからである．x を Z には現れない変数とし，$\varphi(x)$ を Z の中のすべての a の出現を x で置き換えた結果とする．しかし，$\varphi(a) = Z$ なので，$\varphi(a)$ は $(X \wedge Pa) \supset (X' \supset P'a)$ の補間式である．したがって，次の二つの文は恒真である．

(1)　$$(X \wedge Pa) \supset \varphi(a)$$

(2)　$$\varphi(a) \supset (X' \supset P'a)$$

(1) から，恒真な文

(1′)　$$X \supset (Pa \supset \varphi(a))$$

が得られる．(2) から，恒真な文

(2′)　$$X' \supset (\varphi(a) \supset P'(a))$$

が得られる．文 (2′) は恒真なので，それを書き換えた

(2″)　$$X \supset (\varphi(a) \supset P(a))$$

も恒真である．（ある文が恒真ならば，その中の述語を新たな述語に置き換えても恒真なままである．）文 (1′) と文 (2″) から，恒真な文

$$X \supset (Pa \equiv \varphi(a))$$

が得られる．a は X に現れないので，文 $X \supset \forall x(Px \equiv \varphi(x))$ は恒真である．X は S の元の連言なので，$S \vdash \forall x(Px \equiv \varphi(x))$ が導かれ，したがって，論理式 $\varphi(x)$ は S に関して $P_1, \cdots, P_n$ から P を明示的に定義する．

これで，ベートの定義可能性定理の証明は完成した．

注　S が有限集合であるという仮定は，実際にはこの証明で必要としなかった．無限集合の場合には，コンパクト性を使うようにこの証明を修正することができる．

4.　理論の統一

上巻とこの章でここまでに証明した主要な結果の一部を振り返ってみよう．

T_1　**分析タブローの完全性定理**：すべての恒真な論理式はタブロー法によって証明可能である．

T_2　**レーヴェンハイム-スコーレムの定理**：論理式の任意の集合 S に対して，S が充足可能ならば，S は可算領域においても充足可能である．

T_3　**コンパクト性定理**：論理式の任意の無限集合 S に対して，S のすべての有限部分集合が充足可能ならば，S も充足可能である．

T_4　**一階述語論理の公理系の完全性**

T_5　**正則性定理**：任意の恒真な純粋文 X に対して，（有限の）正則集合 R で，X を真理関数的に含意するものが存在する．

T_6　**クレイグの補間定理**：（命題論理または一階述語論理の）文 $X \supset Y$ が恒真ならば，文 Z で，$X \supset Z$ と $Z \supset Y$ がともに恒真であり，命題論理の文の場合には Z に現れるすべての命題変数が X にも Y にも現れ，一階述語論理の文の場合には Z に現れるすべての述語とパラメータが X にも Y にも現れるようなものが存在する．

私は，[29] において，T_1–T_6 がすべて特別な場合となるような結果を述べ，証明した．ここでそれを紹介しよう．ただし，1963 年当時の定式化とはわずかに異なる部分がある．

文についての任意の性質 Φ を考える．性質 Φ をもつ文の集合は，**Φ 無矛盾**（すなわち，性質 Φ をもつことと「矛盾しない」）と呼ぶことにする．

ここで，**分析的無矛盾**と呼ばれる性質をもつ，ある文の集合にとくに関心をもつことになる．そして，集合の性質が分析的無矛盾性を有することを示すために，ギリシア文字 Γ を使う．文の集合 S は，次の条件が成り立つならば，Γ **無矛盾**であると定義する．それは，集合 S が分析的無矛盾性を有する性質 Γ をもつということと同じ意味である．

Γ_0:　S は，ある元とその否定（標識付き論理式を考えるときにはその共役）の両方を含むことはない．

Γ_1:　S の属する任意の α に対して，集合 $S \cup \{\alpha_1\}$ と $S \cup \{\alpha_2\}$ はともに Γ 無矛盾である．（したがって，$S \cup \{\alpha_1, \alpha_2\}$ も Γ 無矛盾である．）

Γ_2:　S に属する任意の β に対して，集合 $S \cup \{\alpha_1\}$ と $S \cup \{\alpha_2\}$ の少なくとも一方は Γ 無矛盾である．

Γ_3:　S に属する任意の γ と任意のパラメータ a に対して，集合 $S \cup \{\gamma(a)\}$ は Γ 無矛盾である．

Γ_4:　S に属する任意の δ に対して，集合 $S \cup \{\delta(a)\}$ は，S のどの元にも現れないような任意のパラメータ a に対して Γ 無矛盾である．

定理 U（統一定理）　任意の分析的無矛盾性を有する性質 Γ に対して，S が Γ 無矛盾ならば，S はそのパラメータの領域において充足可能である．

定理 U の証明の一つは，タブロー法の完全性の証明ときわめて似ている．与えられた Γ 無矛盾な集合 S に対して，閉じることのできる S のタブローはないことが簡単に導かれる．（読者はこれを確かめてみよ．）したがって，S の**系統的タブロー**には，S のすべての元を含んだ開いた枝があり，それはヒンティッカ集合なので，そのパラメータの領域において充足可能である．

考察　分析タブローを用いて定理 U を証明したが，この定理はタブローには一切触れていない．1963 年当時の証明は，タブローもケーニヒの補題も使わない次のようなものである．ここでは，S が可算である場合だけを考えることにする．（S が**有限**集合の場合の構成法はもっと単純であり，その修正は読者に委ねる．）また，S の論理式に現れるパラメータは有限個だけと仮定する．（そうでない場合も，構成に先立って，つねに可算個の新たなパラメータを導入して，それを S の論理式に現れるパラメータと合わせて使うことができる．）

以降では，**無矛盾**は Γ 無矛盾を意味するものとする．そのアイディアは，無矛盾な文の可算集合 S が与えられたときに，論理式の無限列で，その項の集合が S の元をすべて含むヒンティッカ集合になるようなものを定義する，というものだ．この無限列は**段階的**に定義される．それぞれの段階では，求めようとする無限列の有限の始切片 $(X_1, \cdots, X_k)$ が得られ，その次の段階ではこの有限列をさらに大きい有限列 $(X_1, \cdots, X_k, \cdots, X_{k+m})$ へと延長する．

まず，いくつかの定義と表記を説明する．θ を有限列 $(X_1, \cdots, X_k)$ とする．集合 $S \cup \{X_1, \cdots, X_k\}$ が無矛盾であるとき，θ は S と**無矛盾**であるという．任意の論理式 Y_1, $\cdots$, Y_m に対して，θ, Y_1, $\cdots$, Y_m は，列 $(X_1, \cdots, X_k, Y_1, \cdots, Y_m)$ を意味する．

無矛盾な可算集合 S が与えられたときに，s_1, $\cdots$, s_n, $\cdots$ を S の数え上げとする．θ_1 を，単項列 (s_1) とする，この単項列は，$s_1 \in S$ なので，あきらかに S と無矛盾である．これで第 1 段階が完成した．

つぎに，第 n 段階が完了していて，手元には列 $(X_1, \cdots, X_k)$ があるとする．ただし，$k \geq n$ である．この列を θ_n と呼び，θ_n は S と無矛盾であると仮定する．このとき，X_n の性質に応じた次のような方法で θ_n を有限列 θ_{n+1} へと延長する．

（a）X_n が α ならば，$\theta_n, \alpha_1, \alpha_2, s_{n+1}$ を θ_{n+1} とする．

（b）X_n が β ならば，θ_n, β_1 と θ_n, β_2 のいずれかは S と無矛盾である．前者が S と無矛盾ならば，$\theta_n, \beta_1, s_{n+1}$ を θ_{n+1} とし，後者が S と無矛盾ならば，$\theta_n, \beta_2, s_{n+1}$ を θ_{n+1} とする．

（c）X_n が γ ならば，a を $\gamma(a)$ が θ_n の項でないような最初のパラメータとして，$\theta_n, \gamma(a), \gamma, s_{n+1}$ を θ_{n+1} とする．

（d）X_n が δ ならば，$\theta_n, \delta(a), s_{n+1}$ を θ_{n+1} とする．ただし，a は，S にも θ_n にも現れない新たなパラメータである．

これで，第 $n+1$ 段階が完了した．

それぞれの n に対して，列 θ_n は S と無矛盾なので，ある論理式とその共役（あるいは標識なし論理式を扱っている場合にはその否定）の両方が θ_n

の項になることはない．したがって，ある論理式とその共役（または否定）の両方が θ の項になることはない．また，この構成法からあきらかであるように，α が θ の項ならば，α_1 と α_2 も θ の項であり，β が θ の項ならば，β_1 と β_2 のいずれかも θ の項であり，γ が θ の項ならば，すべてのパラメータ a について $\gamma(a)$ も θ の項であり（なぜなら γ は項として可算回現れるからである），δ が θ の項ならば，あるパラメータ a について $\delta(a)$ も θ の項である．したがって，θ の項の集合はヒンティッカ集合であり，S のすべての元を含む．そして，S はそのパラメータの可算領域で充足可能である．

この構成法は，明示的に木構造を参照してはいないが，実際には θ は S の系統的タブローの最左開枝になっている．この証明では，ケーニヒの補題を使っていない．

応用　前に挙げた重要な結果の証明において，Γ 無矛盾性がどのように応用されるかの概略を示す．詳細については，読者に委ねる．

T_1 （**タブロー法の完全性**）集合 S は，それに対する閉タブローが存在しないならば，**タブロー無矛盾**と呼ぶことにする．タブロー無矛盾性が分析的無矛盾性を有する性質であることは簡単に分かる．したがって，定理Uによって，すべてのタブロー無矛盾な集合は充足可能である．それゆえ，集合 S が充足不能ならば，S に対する閉タブローがなければならない．ここで，論理式 X が恒真ならば，集合 $\{\sim X\}$ は充足不能であり，したがって，$\sim X$ に対する閉タブローが存在する．これは，X がタブローによって証明可能であることを意味する．

T_2 （**レーヴェンハイム-スコーレムの定理**）充足可能性それ自体が分析的無矛盾性を有する性質であることは簡単に分かる．したがって，定理Uによって，すべての充足可能な集合はパラメータの可算領域において充足可能である．

T_3 （**コンパクト性定理**）集合 S は，そのすべての有限部分集合が充足可能であるとき，**F 無矛盾**と呼ぶことにする．F 無矛盾性が分析的無矛盾性を有する性質であることは簡単に分かる．したがって，定理Uによって，S のすべての有限部分集合が充足可能ならば，S は充足可能である．

T_4 （**一階述語論理の公理系の完全性**） 与えられた一階述語論理の公理系に対して，集合 S は，その元に反証可能なものがなく，その元の有限集合 $\{X_1, \cdots, X_n\}$ でそれらの連言 $X_1 \wedge \cdots \wedge X_n$ が反証可能となるようなものもないならば，（その公理系に関して）**無矛盾**と呼ぶことにする．上巻で与えた公理系，あるいは，そのほかの標準的な公理系に対して，この無矛盾性が分析的無矛盾性を有する性質であることは簡単に示せる．したがって，すべての無矛盾な集合は充足可能であり，すべての充足不能な集合は矛盾している．ここで，X が恒真ならば，$\sim X$ は充足不能であり，したがって，矛盾している．これは，$\sim X$ が反証可能であること，すなわち，$(\sim\sim X)$ が証明可能であり，したがって，X も証明可能であることを意味する．すなわち，すべての恒真な論理式は証明可能であり，この公理系は完全である．

T_5 （**正則性定理**） いくつかの定義と事実を復習しよう．（有限）**正則集合** R とは，その元を次のような列として並べられる集合であることを思い出そう．

$$Q_1 \supset Q_1(a_1), \quad \cdots, \quad Q_n \supset Q_n(a_n)$$

ただし，それぞれの $i \leq n$ に対して，Q_i は γ または δ のいずれかであり，Q_i が δ ならば，パラメータ a_i は δ にもこの列のこれよりも前の項にも現れない．このような（正則集合 R の δ であるような Q_i に対して $Q_i(a_i)$ として現れる）パラメータを R の**臨界パラメータ**と呼ぶ．

集合 S を充足するすべての**ブール付値**において論理式 X が真になるならば，S は X を**トートロジー的**に含意するといったことを思い出そう．S が有限集合 $\{X_1, \cdots, X_n\}$ であるときには，この条件は文 $(X_1 \wedge \cdots \wedge X_n) \supset X$ がトートロジー（あるいは，$n = 1$ の場合には，$X_1 \supset X$ がトートロジー）であるという条件と同値である．有限集合 $\{X_1, \cdots, X_n\}$ は，文 $\sim(X_1 \wedge \cdots \wedge X_n)$ がトートロジーならば，**真理関数的に充足不能**という．

正則性定理は，任意の恒真な文 X に対して，X を**トートロジー的**に含意する正則集合 R で，R の臨界パラメータは X に現れないようなものが存在する，というものだ．

（文の）任意の有限集合 S に対して，S の**随伴**とは，正則集合 R で，$R \cup$

S が**真理関数的**に充足不能であり，R の臨界パラメータが S のどの元にも現れないようなものである．このとき，正則性定理は，すべての充足不能な（有限）集合 S には随伴があるという命題と同値である．

問題 9　正則性定理が，すべての充足不能な（有限）集合 S には随伴があるという命題と同値であることを示せ．

ここで，有限集合 S は，随伴をもたないならば，**A 無矛盾**と呼ぶことにする．A 無矛盾性は分析的無矛盾性を有する性質であることが示せる．したがって，定理 U によって，任意の有限集合 S に対して，S に随伴がないならば，S は充足可能である．すなわち，S が充足不能ならば，S には随伴があり，これで（問題 8 によって）正則性定理が証明された．

T_6 **（クレイグの補間定理）**　集合 S の**分割** $S_1 \mid S_2$ とは，S の二つの部分集合 S_1 と S_2 で，S のすべての元は S_1 か S_2 のいずれかに属するが，その両方に属することはないものをいう．言い換えると，$S_1 \cup S_2 = S$ かつ $S_1 \cap S_2 = \emptyset$ ということである．

S_1 と S_2 の間の**分割補間式**とは，文 Z で，Z のすべての述語とパラメータが S_1 と S_2 の両方に現れ，$S_1 \cup \{\sim Z\}$ と $S_2 \cup \{Z\}$ がともに充足不能となるようなものである．ここで，集合 S の分割 $S_1 \mid S_2$ で，S_1 と S_2 の間の分割補間式がないようなものがあるならば，S は**クレイグ無矛盾**と呼ぶことにする．すると，クレイグ無矛盾は分析的無矛盾性を有する性質であることが示せる．したがって，定理 U によって，すべてのクレイグ無矛盾な集合は充足可能である．それゆえ，S が充足不能ならば，S のすべての分割 $S_1 \mid S_2$ に対して，S_1 と S_2 の間の分割補間式が存在する．

ここで，$X \supset Y$ は恒真だと仮定する．このとき，集合 $\{X, \sim Y\}$ は充足不能である．分割 $\{X\} \mid \{\sim Y\}$ を考えると，$\{X\}$ と $\{\sim Y\}$ の間の分割補間式 Z が存在する．したがって，$\{X, \sim Z\}$（これは $\{X\} \cup \{\sim Z\}$ である）と $\{Z, \sim Y\}$（これは $\{\sim Y\} \cup \{Z\}$ である）はともに充足不能であり，$X \supset Z$ と $Z \supset Y$ はともに恒真になり，もちろん，Z のすべての述語とパラメータは X にも Y にも現れる．すなわち，Z は $X \supset Y$ の補間式である．

重要な練習問題　ここで分析的無矛盾性を有すると主張した 6 個の性質が実際に分析的無矛盾性を有することを確かめよ．

5.　ヘンキン流の完全性の証明

1920 年代に，アドルフ・リンデンバウム（1904 年生まれのポーランドの論理学者で，1941 年にナチスに殺された）は，すべての無矛盾な集合は極大無矛盾集合に拡張できることを証明した．この結果は，のちにリンデンバウムの補題として知られるようになった．レオン・ヘンキンは，リンデンバウムが彼の補題を証明するために用いた方法を取り入れ，ここまでに調べてきたのとはまったく異なる方法によって，一階述語論理のさまざまな公理系の完全性の証明を発表した [15]．

ヘンキンの方法は，極大無矛盾性と別の条件を組み合わせるものである．文の集合 S は，S の任意の元 δ に対して，$\delta(a) \in S$ となるようなパラメータ a が少なくとも一つ存在するならば，**E 完全**（存在的完全）と呼ぶ．ヘンキンは，すべての無矛盾な集合 S は，極大無矛盾かつ E 完全な集合 M に拡張でき，そのような集合 M はすべて（一階述語論理の）真理集合であることを示した．ここでは，ヘンキンの方法をより一般的な状況に適用してみよう．

第 4 節において，「文の集合 S は Γ 無矛盾である」というのは，S が性質 Γ をもち，Γ が分析的無矛盾性を有することを意味した．文の性質 Δ は，分析的無矛盾性を有する性質であり，それに加えて，性質 Δ をもつ任意の集合 S と任意の文 X に対して，$S \cup \{X\}$ が性質 Δ をもつか，または，$S \cup \{\sim X\}$ が性質 Δ をもつかのいずれかであるとき，**総合的無矛盾性**を有すると定義する．集合は，総合的無矛盾性を有する特定の性質 Δ をもつとき，**Δ 無矛盾**と呼ぶことにしよう．そして，以降では，分析的無矛盾性を有する任意の性質を表すために Γ を用い，総合的無矛盾性を有する任意の性質を表すために Δ を用いる．（しかし，総合的無矛盾性を有する任意の性質は，分析的無矛盾性も有することを覚えておいてほしい．）

集合の性質 P は，任意の集合 S に対して，S が性質 P をもつのは，S のすべての有限部分集合が性質 P をもつとき，そしてそのときに限るならば，**有限特性**をもつという．

一階述語論理の標準的な公理系に対するヘンキンの完全性の証明は，有限特性をもち総合的無矛盾性を有する任意の性質 Δ に対して成り立つ．この一般化された形式では，その主張は次のようになる．有限特性をもち総合的無矛盾性を有する任意の性質 Δ に対して，任意の Δ 無矛盾な集合 S は，極大 Δ 無矛盾な集合 M に拡張でき，それは M が一階真理集合になるような方法で拡張することができる．

有限特性をもつ Δ 無矛盾な性質（総合的無矛盾性を有する性質）に対するヘンキンの証明を適切に修正すると，有限特性をもつ Γ 無矛盾な性質，すなわち有限特性をもち**分析的無矛盾性を有する任意の性質**に対する次のようなヘンキン流の証明になることを示す．

それでは，有限特性をもち分析的無矛盾性を有する任意の性質 Γ を考えよう．S が Γ 無矛盾ならば，S は極大 Γ 無矛盾かつ E 完全な集合 M に拡張できること，そして，このようにして得られた集合 M はヒンティッカ集合であり，したがって，充足可能（そして，M の部分集合である S もまた充足可能）になることを示す．

問題 10　M が極大 Γ 無矛盾かつ E 完全ならば，M はヒンティッカ集合であることを示せ．

注　前に注意したように，有限特性をもち**総合的**無矛盾性を有する任意の性質 Δ に対して，M が極大 Δ 無矛盾かつ E 完全ならば，M はヒンティッカ集合であるだけでなく，真理集合でもある．実際，さらに一般的に，すべての X に対して $X \in S$ または $(\sim X) \in S$ であるという性質をもつ任意のヒンティッカ集合 S は真理集合でなければならない．この証明は，練習問題として読者に委ねる．

それでは，有限特性をもち分析的無矛盾性を有する性質 Γ が与えられたとき，Γ 無矛盾な集合 S を極大 Γ 無矛盾かつ E 完全な集合 S に拡張するには，実際にどのようにすればよいだろうか．（定理 U の証明と同じように，S に含まれるパラメータは有限個であるか，あるいは，追加で可算個のパラメータを使うことができて，それらのパラメータはどれも S のどの論理式にも現れない，すなわち，必要に応じて S のパラメータに追加できると仮定する．）

無矛盾な集合 S を極大無矛盾な集合 M に拡張するリンデンバウムの方法は次のようになる．ここで，無矛盾を，従来の意味から Γ 無矛盾（すなわち，分析的無矛盾性を有する性質）の意味に拡張する．まず，一階述語論理のすべての文をある無限列 X_1, X_2 $\cdots$, X_n, X_{n+1}, $\cdots$ に並べる．ここで，Γ 無矛盾な集合 S を考える．これに対して，集合の無限列 S_0, S_1, $\cdots$, S_n, S_{n+1}, $\cdots$ を次のように構成する．S_0 は S とする．そして，すべての正整数 n に対して，S_n がすでに定義されているとき，$S_n \cup \{X_n\}$ が無矛盾でないならば，S_{n+1} は S_n とする．一方，$S_n \cup \{X_n\}$ が無矛盾ならば，そして，X_n が δ でなければ，S_{n+1} は $S_n \cup \{X_n\}$ とする．しかし，$S_n \cup \{X_n\}$ が無矛盾でかつ X_n が δ ならば，$S_n \cup \{\delta\}$ に含まれない任意の新たなパラメータ a に対して $S_n \cup \{\delta, \delta(a)\}$ も無矛盾である．（なぜなら，分析的無矛盾性を有する性質を扱っているからである．）この場合には，S_{n+1} は $S_n \cup \{\delta, \delta(a)\}$ とする．但し，a は S_n にも δ にも現れない新たなパラメータである．すべての集合 S_0, S_1, $\cdots$, S_n, S_{n+1}, $\cdots$ の和集合をとった結果である集合 M は，極大無矛盾かつ E 完全である．なぜなら，（構成のそれぞれの段階で，常に新たなパラメータが使えることに気づけば）構成の方法から E 完全であることは簡単に分かる．そして，無矛盾な集合 S_n すべての和集合 M は無矛盾である．なぜなら，この無矛盾な性質は有限特性をもつと仮定しているからである．そして，M は極大無矛盾である．なぜなら，M にまだ含まれないすべての論理式は，M に追加すると M の有限部分集合が矛盾するので，除かれているからである．

すべての無矛盾な集合 S は極大無矛盾かつ E 完全な集合 M に拡張できることを証明したすぐ後に，ヘンキンは，一階述語論理の完全性の系として，すべての恒真な論理式は証明可能であると述べている．しかし，ヘンキンは，彼が考えていた公理系のよく知られた性質を用いたが，その性質は，本書の一階述語論理のわずかに異なる定式化には当てはまらない．（ヘンキンの体系は，上巻の命題論理の文脈で論じたように，定数 t と f を含んでいた．そして，それは一階述語論理でも使うことができる．）

ここで，通常の無矛盾性が分析的無矛盾性を有することをヘンキンが最初に示したのと同じようにして，一階述語論理の完全性を示そうとしてもよい．（個々の文 X が無矛盾であることの一般的な定義は，$X \supset Z$ が証明可能でないような論理式 Z が存在するということだろう.）しかし，もっと簡単に示すには，この章の第4節（理論の統一）で，一階述語論理のタブロー法と標準的な一階述語論理の公理系が，それぞれに対する分析的無矛盾性を有する性質をうまく定義することによって，ともに完全であることを示したのを思い出しさえすればよい.

これで，一階述語論理の通常の定式化に直接適用できる原理的に2種類の完全性の証明があることが分かった．その一つは，リンデンバウムとヘンキンのやり方に沿ったもので，無矛盾な集合を真理集合へと直接拡張するものである．そのためには，**総合的無矛盾性**の性質すべてが必要になる．もう一つの完全性の証明（これはゲーデル，エルブラン，ゲンツェン，そしてヒンティッカのやり方に沿ったものである）は，無矛盾な集合を真理集合へと直接拡張するのではなく，ヒンティッカ集合へと拡張する．このヒンティッカ集合は，さらに真理集合へと拡張することができる．そして，この2番目の種類の証明に対しては，総合的無矛盾性を必要とはせず，分析的無矛盾性だけでよい.

問題の解答

問題1　v はブール付値であることが与えられている．

（1）　γ が v の下で真ならば，すべてのパラメータ a に対して $\gamma(a)$ も v の下で真になることが与えられている．それにくわえて，その逆，すなわち，すべてのパラメータ a に対して $\gamma(a)$ が v の下で真ならば，γ も v の下で真になることを証明しなければならない．これと同値な，γ が v の下で偽ならば，少なくとも一つのパラメータ a に対して $\gamma(a)$ も v の下で偽であるという命題を証明する．

まず，γ が $\forall x\varphi(x)$ という形式である場合を考える．そこで，$\forall x\varphi(x)$ が v の下で偽であると仮定する．このとき，（v はブール付値なので）$\sim\forall x\varphi(x)$ は v の下で真である．したがって，補題の(2)によって，$\sim\varphi(a)$ が v の下で真となるようなパラメータ a が少なくとも一つある．すると，$\varphi(a)$ は v の下で偽であり，これが示そうとしたことである．（なぜなら，γ が $\forall x\varphi(x)$ ならば，$\gamma(a)$ は $\varphi(a)$ になるからである．）

つぎに，γ が $\sim\exists x\varphi(x)$ という形式である場合を考える．そこで，$\sim\exists x\varphi(x)$ は v の下で偽であると仮定する．これは，（v はブール付値なので）$\exists x\varphi(x)$ が v の下で真であることを意味する．すると，条件 F_2 によって，少なくとも一つのパラメータ a に対して $\varphi(a)$ は真になる．しかし，このとき，そのパラメータに対して $\sim\varphi(a)$ は偽である．そして，γ が $\sim\exists x\varphi(x)$ という形式ならば，$\gamma(a)$ は $\sim\varphi(a)$ なので，これが示そうとしたことである．

（2）　δ が v の下で真ならば，少なくとも一つのパラメータ a に対して $\delta(a)$ も v の下で真となることが与えられている．このときも，その逆，すなわち，少なくとも一つのパラメータ a に対して $\delta(a)$ が真ならば，δ も真となることを証明しなければならない．これと同値な，δ が偽ならば，すべてのパラメータ a に対して $\delta(a)$ も偽であるという命題を証明する．

まず，δ が $\exists x\varphi(x)$ という形式である場合を考える．そこで，$\exists x\varphi(x)$ が偽であると仮定する．このとき，（v はブール付値なので）$\sim\exists x\varphi(x)$ は v の下で真である．したがって，補題の(1)によって，すべてのパラメータ a に対して $\sim\varphi(a)$ は v の下で真となる．すると，$\varphi(a)$ は v の下で偽であり，これが示そうとしたことである．（なぜなら，δ が $\exists x\varphi(x)$ という形式である場合には，$\delta(a)$ は $\varphi(a)$ になるからである．）

つぎに，δ が $\sim\forall x\varphi(x)$ という形式である場合を考える．そこで，$\sim\forall x\varphi(x)$ は偽であると仮定する．これは，（v はブール付値なので）$\forall x\varphi(x)$ が真であることを意味する．すると，条件 F_1 によって，すべてのパラメータ a に対して $\varphi(a)$ は真になる．これは，（v はブール付値なので）すべてのパラメータ a に対して $\sim\varphi(a)$ は偽であることを意味し，これが示そうとしたことである．（なぜなら，δ が $\sim\forall x\varphi(x)$ という形式である場合には，$\delta(a)$ は $\sim\varphi(a)$ になるからである．）

問題 2　すべてのマジック集合 M は一階述語論理の真理関数基底であることを証明しなければならない．すなわち，M がマジック集合で X が純粋文ならば，X が恒真となるのは，X が M のある有限部分集合 M_0 によってトートロジー的に含意されるとき，そしてそのときに限ることを示さなければならない．M をマジック集合とする．

（a）X は恒真な純粋文と仮定する．このとき，X はすべての一階付値の下で真であり，したがって，M を充足するすべてのブール付値の下で真である．（なぜなら，そのようなすべての付値は，マジック集合の定義の条件 M_1 によって，一階付値にもなるからである．）したがって，（トートロジー的含意の定義によって）X は M によってトートロジー的に含意され，（上巻第 6 章の問題 8 によって）M のある有限部分集合 M_0 によってトートロジー的に含意される．

（b）逆に，X は純粋文で，M のある有限部分集合 M_0 によってトートロジー的に含意されると仮定する．このとき，集合 $M_0 \cup \{\sim X\}$ は，真理関数的に充足可能ではない（すなわち，いかなるブール付値によっても充足されない）．したがって，$M_0 \cup \{\sim X\}$ は，一階充足可能ではない．（なぜなら，すべての一階付値は，ブール付値でもあるからである．）$\sim X$ が一階充足可能ならば，（条件 M_2 によって）$M_0 \cup \{\sim X\}$ も一階充足可能になるだろうが，実際にはそうではない．したがって，$\sim X$ は一階充足可能ではなく，これは X が恒真であることを意味する．これで証明は完成した．

問題 3　M が文の**完全正則集合**ならば，M はマジック集合であることを示さなければならない．したがって，M を文の完全正則集合とする．

条件 M_1　M を充足する任意のブール付値は一階付値でもあることを示さなければならない．そこで，v が M を充足するブール付値であると仮定する．命題 1 によって，v が一階付値であることを示すためには，γ が v の下で真ならば，すべてのパラメータ a に対して $\gamma(a)$ も v の下で真であることと，δ が v の下で真ならば，少なくとも一つのパラメータ a に対して $\delta(a)$ も v の下で真であることを示せば十分である．そこで，γ が v の下で真であると仮定する．M は完全なので，すべてのパラメータ a に対して $\gamma \supset \gamma(a)$ は M に属する．したがって，$\gamma \supset \gamma(a)$ は v の下で真となる．（なぜなら，M のすべての元は v の下で真だからである．）すると，$\gamma(a)$ は v の下で真でなければならない．（なぜなら，v はブール付値だからである．）

つぎに，δ が v の下で真であると仮定する．M は完全なので，あるパラメータ a に対して $\delta \supset \delta(a)$ は M に属する．したがって，$\delta \supset \delta(a)$ は v の下で真となる．（なぜなら，M のすべての元は v の下で真だからである．）すると，$\delta(a)$ は v の下で真でなければならない．（なぜなら，v はブール付値だからである．）

条件 M_2　純粋文のすべての有限集合 S と，M のすべての有限部分集合 M_0 に対して，S が一階充足可能ならば，$S \cup M_0$ も一階充足可能であることを示さなければならない．

まず，文（パラメータを含んでいてもよい）の任意の有限集合 S に対して，S が（一階）充足可能ならば，次の(1)–(2)が成り立つことを示す．

（1）任意の γ と任意のパラメータ a に対して，$S \cup \{\gamma \supset \gamma(a)\}$ は充足可能である．

（2）任意の δ と，δ にも S のどの元にも現れないような任意のパラメータ a に対して，$S \cup \{\delta \supset \delta(a)\}$ は充足可能である．

$\gamma \supset \gamma(a)$ は恒真であり，したがって，すべての解釈の下で真なので，(1)はあきらかである．

(2)については，ある空でない領域 U における S のすべての述語とパラメータの解釈 I を，S のすべての元は I の下で真であるようなものとする．U の値を S に現れない δ のすべての述語とパラメータに割り当てることで，I を解釈 I_1 に拡大する．ここで，a を，δ にも S のどの元にも現れない任意のパラメータとする．このとき，I_1 を，$\delta(a)$ が真となるような解釈 I_2 に拡大したい．すなわち，パラメータ a に U の値 k を割り当てて，$\delta \supset \delta(a)$ が真になるようにしたい．δ が I_1 の下で偽であれば，U のどのような k を割り当ててもこのようになる．なぜなら，$\delta \supset \delta(a)$ は自動的に真になるからである．一方，δ が I_1 の下で真であれば，U の要素 k で，k を a に割り当てたときに $\delta(a)$ が真となるようなものが少なくとも一つなければならない．したがって，このような要素 k を a に割り当てると，この割り当てによって $\delta(a)$ は真になるので，$\delta \supset \delta(a)$ も真でなければならない．

これで，(1)と(2)が証明できた．最後に，M の有限部分集合 M_0 を考える．このとき，M_0 は有限正則集合である．M_0 の元をある正則列 $Q_1 \supset Q_1(a_1), \cdots, Q_n \supset Q_n(a_n)$ として並べ，それぞれの $i \leq n$ に対して，Q_i は γ か δ であり，Q_i が δ であれば，パラメータ a_i は δ の中にもこの正規列の Q_i より前にある項にも現れないようにする．

ここで，S を充足可能な純粋文の有限集合とする．

$$S_1 = S \cup \{Q_1 \supset Q_1(a_1)\}$$

とし，それぞれの $i < n$ に対して

$$S_{i+1} = S_i \cup \{Q_{i+1} \supset Q_{i+1}(a_{i+1})\}$$

とする．前述の(1)と(2)によって，S_1 は充足可能であり，それぞれの $i < n$ に対して，S_i が充足可能ならば S_{i+1} も充足可能になる．すると，数学的帰納法によって，集合 $S_1, S_2, \cdots, S_n$ はそれぞれ充足可能である．したがって，$S_n = S \cup M_0$ は充足可能である．

問題 4　M を文の完全正則集合とする．定理 2 によって，これはマジック集合でもあるので，定理 1 によって，M は一階述語論理の真理関数基底である．したがって，任意の恒真な純粋文 X に対して，M の有限部分集合 R で X を真理関数的に含意するものがある．この集合 R は，あきらかに正則である．

問題 5　論理式の任意の集合 S に対して，$\mathrm{Con}\,S$ を，S が空でなければ S の元すべての連言とし，S が空（この場合，S のすべての元は真）ならば t とする．いずれの場合も，任意の解釈の下で，$\mathrm{Con}\,S$ が真となるのは，S の元がすべて真になるとき，そしてそのときに限る．$\mathrm{Dis}\,S$ を，S が空でなければ S の元すべての選言とし，S が空ならば f とする．いずれの場合も，任意の解釈の下で，$\mathrm{Dis}\,S$ が真となるのは，S の少なくとも一つの元が真になるとき，そしてそのときに限る．シーケント $U \to V$ は，論理式 $\mathrm{Con}\,U \supset \mathrm{Dis}\,V$ と論理的に同値である．

$U, X \to V$ は $U \to V, {\sim}X$ と論理的に同値であることを示さなければならない．これは，$\mathrm{Con}(U, X) \supset \mathrm{Dis}\,V$ が $\mathrm{Con}\,U \supset \mathrm{Dis}(V, {\sim}X)$ と同値であることと同じである．（$U \to V, X$ が $U, {\sim}X \to V$ と論理的に同値であることの証明も同様である．）

さて，任意の解釈（ブール付値）の下で，X は真か偽のいずれかである．

（i）X が真だとすると，$\mathrm{Con}(U, X)$ は $\mathrm{Con}\,U$ と論理的に同値なので，$\mathrm{Con}(U, X) \supset \mathrm{Dis}\,V$ は $\mathrm{Con}\,U \supset \mathrm{Dis}\,V$ と論理的に同値である．しかし，また，X は真なので，${\sim}X$ は偽であり，$\mathrm{Dis}(V, {\sim}X)$ は $\mathrm{Dis}\,V$ と論理的に同値である．したがって，$\mathrm{Con}\,U \supset \mathrm{Dis}(V, {\sim}X)$ は $\mathrm{Con}\,U \supset \mathrm{Dis}\,V$ とも同値である．すなわち，この場合には，シーケント $U, X \to V$ と $U \to V, {\sim}X$ はともに $U \to V$ と同値であり，したがって，互いに同値である．

（ii）X が偽だとすると，$\mathrm{Con}(U, X)$ は偽であり，したがって，$\mathrm{Con}(U, X) \supset \mathrm{Dis}\,V$ は真である．しかし，また，X は偽なので，${\sim}X$ は真であり，$\mathrm{Dis}(V, {\sim}X)$ も真であり，それゆえ，$\mathrm{Con}\,U \supset \mathrm{Dis}(V, {\sim}X)$ は真である．すなわち，この場合には，シーケント $U, X \to V$ と $U \to V, {\sim}X$ はともに真であり，したがって，互いに同値である．

問題 6　S は標識付き論理式の集合 $\{\mathsf{T}\,X_1, \cdots, \mathsf{T}\,X_n, \mathsf{F}\,Y_1, \cdots, \mathsf{F}\,Y_k\}$ である．集合 U を $\{X_1, \cdots, X_n\}$ とし，集合 V を $\{Y_1, \cdots, Y_k\}$ とする．

まず，統一体系の公理 $\{S, \mathsf{T}\,X, \mathsf{F}\,X\}$ を考えよう．集合 $\{S, \mathsf{T}\,X, \mathsf{F}\,X\}$ は

$$\{\mathsf{T}\,X_1, \cdots, \mathsf{T}\,X_n, \mathsf{F}\,Y_1, \cdots, \mathsf{F}\,Y_k, \mathsf{T}\,X, \mathsf{F}\,X\}$$

であり，したがって，$|S, \mathsf{T}\,X, \mathsf{F}\,X|$ はシーケント

$$X_1, \cdots, X_n, X \to Y_1, \cdots, Y_k, X$$

である．これは，体系 G_0 の公理図式 $U, X \to V, X$ である．

推論規則については，いくつかの α と β の場合を個別に考えなければならない．たとえば，α が $\mathsf{F}\,X \supset Y$ という形式をしている場合を考えよう．このとき，$\alpha_1 = \mathsf{T}\,X$ であり，$\alpha_2 = \mathsf{F}\,Y$ である．すると，$|S, \alpha_1, \alpha_2|$ は $|\mathsf{T}\,X_1, \cdots, \mathsf{T}\,X_n,$ $\mathsf{F}\,Y_1, \cdots, \mathsf{F}\,Y_k, \mathsf{T}\,X, \mathsf{F}\,Y|$ であるが，これはシーケント

$$X_1, \cdots, X_n, X \to Y_1, \cdots, Y_k, Y$$

であり，$U, X \to V, Y$ になる．したがって，$\alpha = \mathsf{F}\,X \supset Y$ の場合には，推論規則 A は，体系 G_0 の規則 I_1 である．

そのほかの場合を確かめるのは読者に委ねる．具体的には，α が $\mathsf{T}\,X \wedge Y$, $\mathsf{F}\,X \vee Y$, $\mathsf{T}\sim X$, $\mathsf{F}\sim X$ の場合，規則 A はそれぞれ体系 G_0 の推論規則 C_1, D_1, N_2, N_1 であり，β が $\mathsf{F}\,X \wedge Y$, $\mathsf{T}\,X \vee Y$, $\mathsf{T}\,X \supset Y$ の場合，規則 B はそれぞれ体系 G_0 の推論規則 C_2, D_2, I_2 である．

問題 7　まず，改変タブロー法の**健全性**を示す．集合に対する閉じた改変タブローがあるならば，その集合は実際に充足不能であることを示さなければならない．

任意の充足可能な標識付き論理式の有限集合 S に対して，次の事実が成り立つ．

（1） $A \in S$ ならば，$S \cup \{A_1\}$ および $S \cup \{A_2\}$ はともに充足可能である．

（2） $B \in S$ ならば，$S \cup \{B_1\}$ か $S \cup \{B_2\}$ のいずれかは充足可能である．

（3） $C \in S$ ならば，すべてのパラメータ a に対して，集合 $S \cup \{C(a)\}$ は充足可能である．

（4） $D \in S$ ならば，S には**現れない**すべてのパラメータ a に対して，集合 $S \cup \{D(a)\}$ は充足可能である．

これらの事実は，α, β, γ, δ をそれぞれ A, B, C, D で置き換えると，上巻でのやり方と同じようにして証明できる．そして，そこから，S が充足可能ならば，S の改変タブローはどの段階でも閉じないことが導かれる．したがって，S の閉じた改変タブローがあれば，S は充足不能である．すなわち，改変タブロー法は健全である．

完全性については，（上巻の）分析タブローに対するのと本質的に同じやり方（α, β, γ, δ をそれぞれ A, B, C, D で置き換えるだけ）で系統的改変タブローを作ることができる．系統的改変タブローが閉じることなくどこまでも伸びるならば，そのタブローは無限の開枝を少なくとも一つ含み，その開枝上の文の集合 S は次の条件を満たす．

（0） $\mathsf{T}\,X$ と $\mathsf{F}\,X$ がともに S に属するような X はなく，$\mathsf{T}\,X$ と $\mathsf{T}\sim X$ がともに S に属するような X もなく，$\mathsf{F}\,X$ と $\mathsf{F}\sim X$ がともに S に属するような X もない．

（1） $A \in S$ ならば，A_1 も A_2 も S に属する．

（2） $B \in S$ ならば，$B_1 \in S$ または $B_2 \in S$ となる．

（3） $C \in S$ ならば，すべてのパラメータ a に対して $C(a)$ は S に属する．

（4） $D \in S$ ならば，少なくとも一つのパラメータ a に対して $D(a)$ は S に属する．

このような集合 S はヒンティッカ集合と非常によく似ている．そして，その充足可能性の証明も，ヒンティッカ集合の証明と非常によく似ている．その大きな違いは，原子文に対する真理値の割り当てだけである．ここでは，任意の標識なし原子文 X に対して，$\mathsf{T}X \in S$ または $\mathsf{F}{\sim}X \in S$ ならば，X に真値を割り当てる．（この場合，$\mathsf{T}X$ および $\mathsf{F}{\sim}X$ は真である．） また，$\mathsf{T}{\sim}X \in S$ または $\mathsf{F}X \in S$ ならば，X に偽値を割り当てる．（この場合，$\mathsf{T}{\sim}X$ および $\mathsf{F}X$ は真である．）（このような割り当てによって曖昧さが生じることはない．なぜなら，$\mathsf{T}X \in S$ または $\mathsf{F}{\sim}X \in S$ ならば，$\mathsf{T}{\sim}X \in S$ も $\mathsf{F}X \in S$ も成り立たないし，$\mathsf{T}{\sim}X \in S$ または $\mathsf{F}X \in S$ ならば，$\mathsf{T}X \in S$ も $\mathsf{F}{\sim}X \in S$ も成り立たないからである．） $\mathsf{T}X$, $\mathsf{T}{\sim}X$, $\mathsf{F}X$, $\mathsf{F}{\sim}X$ のどれも S に現れないならば，X に真値と偽値のどちらを割り当ててもよいので，たとえば，真値を割り当てる．ヒンティッカの補題の証明と同じように，論理式の次数に関する数学的帰納法によって，この付値の下で，S のすべての元は真となることを示せる．したがって，S は充足可能である．

こうして，S の系統的改変タブローが閉じないならば S は充足可能であり，したがって，S が充足可能でないならば，S の任意の系統的改変タブローは閉じなければならないことが分かる．これで，改変タブロー法の**完全性**の証明は完成した．

ゲンツェンの体系 GG の完全性の証明を完成させるためには，一階述語論理の改変ブロック・タブローが必要になる．統一表記を用いると，その改変ブロック・タブローの規則は次のとおりである．

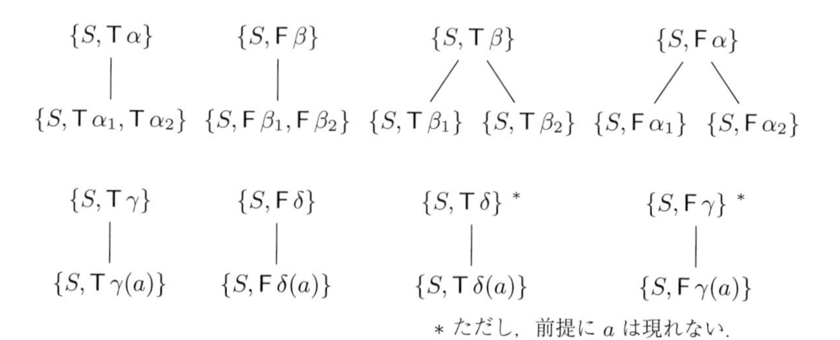

S を集合 $\{\mathsf{T}X_1, \cdots, \mathsf{T}X_n, \mathsf{F}Y_1, \cdots, \mathsf{F}Y_k\}$ とすると，$|S|$ はシーケント $X_1, \cdots, X_n \to Y_1, \cdots, Y_k$ を意味することを思い出そう．

という形式の任意のブロック・タブロー規則に対応するのは

$$\frac{|S_2|}{|S_1|}$$

である（すなわち，「シーケント $|S_2|$ から，シーケント $|S_1|$ が推論される」）．

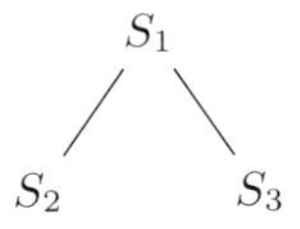

という形式の任意のブロック・タブロー規則に対応するのは

$$\frac{|S_2| \quad |S_3|}{|S_1|}$$

である（すなわち，「シーケント $|S_2|$ と $|S_3|$ から，シーケント $|S_1|$ が推論される」）．このとき，8 個のブロック・タブロー規則に対応するのは，体系 GG の 8 個の規則であることを調べるために，U を $\mathsf{T}\,X \in S$ であるような標識なし文 X の集合とし，V を $\mathsf{F}\,Y \in S$ であるような標識なし文 Y の集合とする．たとえば，ブロック・タブロー規則

$$\begin{array}{c}\{S, \mathsf{T}\,\alpha\}\\ | \\ \{S, \mathsf{T}\,\alpha_1, \mathsf{T}\,\alpha_2\}\end{array}$$

を考えると，この規則に対応するのは，

$$\frac{|S, \mathsf{T}\,\alpha_1, \mathsf{T}\,\alpha_2|}{|S, \mathsf{T}\,\alpha|}$$

であり，これはまさに GG の規則

$$\frac{U, \alpha_1, \alpha_2 \to V}{U, \alpha \to V}$$

である．

また，別の例として，ブロック・タブロー規則

$$\begin{array}{ccc} & \{S, \mathsf{F}\,\alpha\} & \\ / & & \backslash \\ \{S, \mathsf{F}\,\alpha_1\} & & \{S, \mathsf{F}\,\alpha_2\}\end{array}$$

に対応するのは，

$$\frac{|S, \mathsf{F}\,\alpha_1| \quad |S, \mathsf{F}\,\alpha_2|}{|S, \mathsf{F}\,\alpha|}$$

であり，これは GG の規則

$$\frac{U \to V, \alpha_1 \quad U \to V, \alpha_2}{U \to V, \alpha}$$

である．

残りの 6 個の規則について確かめるのは読者に委ねる．

これで，$\mathcal{T}$ がシーケント $U \to V$ に対応する標識付き論理式の集合に対する閉じた改変ブロック・タブローならば，$\mathcal{T}$ のそれぞれの終点は閉じていて，そのシーケントは次のような GG の公理のいずれかである．

（i）$|S, \mathsf{T}\,X, \mathsf{F}\,X|$ は，$U, X \to V, X$ である．

（ii）$|S, \mathsf{T}\,X, \mathsf{T}\sim X|$ は，$U, X, \sim X \to V$ である．

（iii）$|S, \mathsf{F}\,X, \mathsf{F}\sim X|$ は，$U \to V, X, \sim X$ である．

そして，ブロック・タブローの規則に GG の規則が対応するので，木構造 $\mathcal{T}$ の点 S をそれぞれシーケント $|S|$ で置き換え，木を上下逆にすると，体系 GG におけるシーケント $U \to V$ の証明が得られる．これで，GG の完全性の証明が完成した．

問題 8　P' は，P, $P_1, \cdots, P_n$ のどれとも異なる述語で，P' は S の元の中には現れず，S' は S のすべての元の中の P を P' で置き換えた結果である．

ここで，P は S に関して $P_1, \cdots, P_n$ から明示的に定義可能であると仮定する．$\varphi(x)$ を，それに含まれる述語は $P_1, \cdots, P_n$ の中にあるが，P は含まれず，

$$S \vdash \forall x(Px \equiv \varphi(X))$$

であるような論理式とする．このとき，もちろん，$S' \vdash \forall x(P'x \equiv \varphi(X))$ でもある．したがって，

$$S \cup S' \vdash \forall x(Px \equiv \varphi(X)) \wedge \forall x(P'x \equiv \varphi(X))$$

であり，これから

$$S \cup S' \vdash \forall x((Px \equiv \varphi(X)) \wedge (P'x \equiv \varphi(X)))$$

が導かれる．それゆえ，（たとえばタブローを使って）確かめることができるように，$S \cup S' \vdash \forall x(Px \equiv P'x)$ は恒真である．したがって，P' は，S に関して $P_1, \cdots, P_n$ から陰伏的に定義可能である．

問題 9

（a）すべての充足不能な集合が随伴をもつと仮定する．恒真な任意の文 X を考える．このとき，1 元集合 $\{\sim X\}$ は充足不能であり，したがって，随伴 R をも

つ．$R \cup \{\sim X\}$ は真理関数的に充足可能ではないので，R はトートロジー的に X を含意する．（なぜなら，X は R を充足する任意のブール付値の下であきらかに真でなければならないからである．）さらに，X は R の臨界パラメータを含まない．これで，正則性定理が証明できた．

（b）逆に，正則性定理を仮定する．S を文の有限集合 $\{X_1, \cdots, X_n\}$ で充足不能なものとする．このとき，文 $\sim(X_1 \wedge \cdots \wedge X_n)$ は恒真である．すると，仮定した正則性定理によって，$\sim(X_1 \wedge \cdots \wedge X_n)$ をトートロジー的に含意する正則集合 R で，R のどの臨界パラメータも $\sim(X_1 \wedge \cdots \wedge X_n)$ に現れないようなもの，したがって，R のどの臨界パラメータも S のすべての元に現れないようなものが存在する．R はトートロジー的に $\sim(X_1 \wedge \cdots \wedge X_n)$ を含意するので，$R \cup \{X_1, \cdots, X_n\}$ は真理関数的に充足不能，すなわち，$R \cup S$ は真理関数的に充足不能である．したがって，R は S の随伴である．

問題 10　M が極大 Γ 無矛盾かつ E 完全であることが与えられたとき，M がヒンティッカ集合であることを示さなければならない．以降では，「無矛盾」は Γ 無矛盾を意味する．文 X は，集合 $M \cup \{X\}$ が無矛盾であるならば，M と矛盾しないということにする．M は極大無矛盾なので，X が M と矛盾しないならば，X は M の元でなければならない．（そうでなければ，M はそれよりも大きな無矛盾集合 $M \cup \{X\}$ の真部分集合になってしまい，M の極大性に反するからである．）

H_0:　論理式とその共役（あるいは，問題にしているのが標識なし論理式の場合は，論理式とその否定）が集合 M に属することはない．なぜなら，M は無矛盾であり，これは（Γ）無矛盾性の条件の一つだからである．

H_1:　$\alpha \in M$ とすると，もちろん，α は M と矛盾しない．したがって，α_1 と α_2 はともに M と矛盾しない．（なぜなら，Γ は分析的無矛盾性を有するからである．）それゆえ，α_1 と α_2 は M の元である．これで，$\alpha \in M$ ならば，$\alpha_1 \in M$ かつ $\alpha_2 \in M$ が証明できた．

H_2:　$\beta \in M$ とすると，β は M と矛盾しないので，β_1 が M と矛盾しないか，または，β_2 が M と矛盾しないかのいずれかである．それゆえ，$\beta_1 \in M$ か，または $\beta_2 \in M$ である．

H_3:　$\gamma \in M$ とすると，γ は M と矛盾しないので，すべてのパラメータ a に対して $\gamma(a)$ は M と矛盾しない．それゆえ，すべてのパラメータ a に対して，$\gamma(a) \in M$ である．

H_4:　$\delta \in M$ とすると，M が E 完全であるという仮定によって，少なくとも一つのパラメータ a に対して $\delta(a) \in M$ である．

条件 H_1–H_4 によって，M はヒンティッカ集合である．

［第 II 部］

再帰的関数論とメタ数学

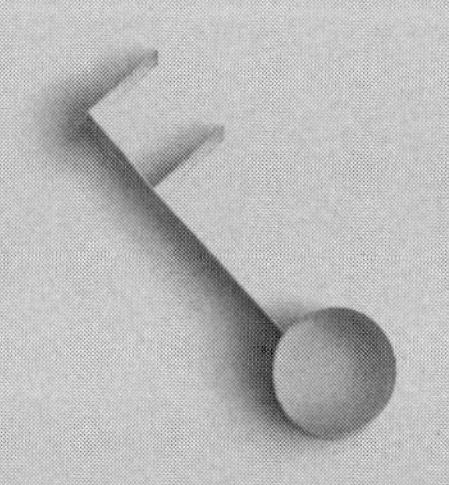

第 3 章

再帰的関数論，決定不能性，不完全性

この章では，再帰的関数論，決定不能性，不完全性におけるさまざまな結果の再構成および一般化を扱う．

まず，事前準備として，先に説明しておくべきことがある．**対**（しばしば**順序対**と呼ばれる）(x, y) とは，x と y を元とする集合に，x をその第 1 要素，y をその第 2 要素と規定する**指示**をあわせたものである．これとは対照的に，**非順序対** $\{x, y\}$（丸括弧ではなく中括弧であることに注意）は，単に x と y を元とする集合で，どちらが第 1 要素でどちらが第 2 要素と規定されることはない．集合 $\{x, y\}$ は，集合 $\{y, x\}$ と同じであるが，対 (x, y) は，（$x = y$ となる場合を除いて）対 (y, x) とは相異なる．

本章を通じて，**数**という言葉は正整数を意味するものとし，数の対 (x, y) に対して一つの数を割り当てる演算を xy，あるいは場合によっては $x * y$ と表記する．この演算子は，xy（または $x * y$）から x と y が一意に決まる，すなわち，$x * y$ が $z * v$ と同じになるのは $x = z$ かつ $y = v$ の場合のみであるようなものと仮定する．そして，すべての数 n は，ある x とある y の対に割り当てられた $x * y$ であると仮定する．つまり，関数 $*$ は，正整数の順序対の集合から正整数の集合への 1 対 1 かつ上への写像となっているので，その逆関数を使うと与えられた数 n から $n = x * y$ となるような対 (x, y) が得られる．

1.　判定機械

無限個のレジスタ $R_1, R_2, \cdots, R_n, \cdots$ をもつ計算機械を考える．この n を R_n の**番号**と呼ぶ．それぞれのレジスタは，数についての何らかの性質を担っている．与えられた数 n がある性質をもつかどうか知りたければ，その性質を担うレジスタに数 n を入力する．すると機械が作動し，次の3通りの事象のうちのどれか一つが起こる．

（1）　いつかは緑色の信号が点滅して機械は停止し，その数がその性質をもつことを知らせる．この場合，このレジスタは n を**肯定する**という．

（2）　いつかは赤色の信号が点滅して機械は停止し，その数がその性質をもたないことを知らせる．この場合，このレジスタは n を**否定する**という．

（3）　機械は，その数がその性質をもつかどうか判定することができず，いつまでも動きつづける．この場合，n はこのレジスタを**錯綜させる**，あるいは，このレジスタは n により**錯綜する**という．

次の2条件を満たす機械 M が与えられたと仮定する．

M_1:　この計算機械のそれぞれのレジスタ R に対して，R の**相反レジスタ**と呼ばれるこの計算機械の別のレジスタ R' が関連づけられている．R' は，R が否定する数を肯定し，R が肯定する数を否定する．（そして，R を錯綜させる数，そしてその数だけに錯綜させられる．）

M_2:　この計算機械のそれぞれのレジスタ R に対して，R の**対角レジスタ**と呼ばれるこの計算機械の別のレジスタ $R^\#$ が結びつけられている．任意の数 x に対して，$R^\#$ が x を肯定するのは，R が xx を肯定するとき，そしてそのときに限る．そして，$R^\#$ が x を否定するのは，R が xx を否定するとき，そしてそのときに限る．（すなわち，$R^\#$ が x を肯定するのは，R が $x * x$ を肯定するとき，そしてそのときに限る，そして，$R^\#$ が x を否定するのは，R が $x * x$ を否定するとき，そしてそのときに限る．本章のこれ以降では，前述の性質をもつ特別な関数 $*$ に対して，$x * y$ を xy と書くことにする．）

可算個のレジスタは，$R_1, R_2, \cdots, R_n, \cdots$ と数え上げられることを思い出そう．任意の数 n に対して，n' は $(R_n)'$ の番号とし，$n^\#$ は $(R_n)^\#$ の番号とする．したがって，$R_{n'} = (R_n)'$ であり，$R_{n^\#} = (R_n)^\#$ である．

二つのレジスタ R_a と R_b は，ともに n を肯定するか，または，ともに n を否定するか，または，ともに n に錯綜させられるとき，数 n に対して同じように振る舞うという．二つのレジスタは，すべての数に対して同じように振る舞うならば，**類似している**という．任意のレジスタ R に対して，レジスタ $R'^\#$ と $R^{\#'}$ が類似していることは簡単に分かる．なぜなら，それぞれのレジスタが x を否定するのは，R が xx を肯定するとき，そしてそのときに限り，それぞれのレジスタが x を肯定するのは，R が xx を否定するとき，そしてそのときに限るからである．（$R'^\#$ は，$(R')^\#$ を意味し，$R^{\#'}$ は $(R^\#)'$ を意味する．しかし，結果の意味が明らかなときには，括弧を取り除くことにする．）

◉万能レジスタ

すべての数 x と y に対して，レジスタ U が xy を肯定するのは，R_x が y を肯定するとき，そしてそのときに限るならば，U を**万能レジスタ**と呼ぶ．

以降の命題は，のちほどもっと一般的な枠組みの下で証明する．それまでの間に，これを自力で証明してみたい読者もいるだろう．

命題 1.1　任意の万能レジスタは，（ある数によって）錯綜させることができる．

命題 1.2　少なくとも一つのレジスタが万能レジスタならば，あるレジスタは，それ自体の番号によって錯綜させられる．（すなわち，ある数 n に対して，レジスタ R_n は n によって錯綜させられる．）

◉反万能レジスタ

すべての数 x と y に対して，レジスタ V が xy を肯定するのは，R_x が y を否定するとき，そしてそのときに限るならば，V を**反万能レジスタ**と呼ぶ．

命題 1.3　任意の反万能レジスタ V は，錯綜させることができる．

命題 1.4　あるレジスタが万能レジスタならば，あるレジスタは，その相反レジスタの番号によって錯綜させられる．あるレジスタが反万能レジスタならば，あるレジスタは，それ自体の番号によって錯綜させられる．

◉創造的レジスタ

すべてのレジスタ R に対して，レジスタ C が n を肯定するのは，R が n を肯定するとき，そしてそのときに限るような数 n が少なくとも一つ存在するならば，C を**創造的**と呼ぶ．

命題 1.5　任意の創造的レジスタは，錯綜させることができる．

命題 1.6　すべての万能レジスタは創造的であり，すべての反万能レジスタも創造的である．

注　命題 1.5 および 1.6 は，命題 1.1 および 1.3 のとくに単純な別証明を与える．

この節の以降では，R_x が y を肯定するような数 xy すべてからなる集合を A とし，R_x が y を否定するような数 xy すべてからなる集合を B とする．

◉不動点

レジスタ R が xy を肯定するのが，$xy \in A$（すなわち，R_x が y を肯定する）であるとき，そしてそのときに限り，かつ，R が xy を否定するのが，$xy \in B$（すなわち，R_x が y を否定する）であるとき，そしてそのときに限るならば，数 xy を R の**不動点**と呼ぶ．

命題 1.7　すべてのレジスタは，不動点をもつ．

命題 1.8　U を万能レジスタとし，V を反万能レジスタとするとき，
（a）　U' の任意の不動点は U を錯綜させる．
（b）　V の任意の不動点は V を錯綜させる．

命題 1.9　レジスタ R は，A に属するすべての数を肯定し，B に属するすべての数を否定すると仮定する．このとき，R は錯綜させられる．（この命題はとくに興味深い．）

◉停止問題

レジスタ R が数 n を肯定するか，または n を否定するかのいずれかであるならば，R は n で**停止する**ということにする．レジスタ R は，R_x が y によって錯綜させられるような数 xy，そしてそのような数だけで停止するならば，**錯綜検出器**と呼ぶ．

命題 1.10　錯綜検出器になるようなレジスタはない．

◉優越性

レジスタ R_m が肯定するすべての数をレジスタ R_n が肯定するならば，R_n は R_m に**優越する**という．

命題 1.11　U を万能レジスタ，V を反万能レジスタとして，レジスタ R は U が肯定するすべての数を肯定し，V が肯定するすべての数を否定すると仮定する．このとき，R を錯綜させることができる．

この命題は，優越性を使って次のように言い換えることができる．U を万能レジスタ，V を反万能レジスタとするとき，R が U に優越し，R' が V に優越するようなレジスタ R が存在すると仮定する．このとき，R を錯綜させるような数 x が存在する．

◉肯定集合

レジスタ R の**肯定集合**とは，R によって肯定されるすべての数からなる集合のことである．数の集合 S は，それがあるレジスタの肯定集合であるならば，**肯定集合**と呼ぶ．

命題 1.12　あるレジスタが万能レジスタならば，ある肯定集合で，その補集合が肯定集合でないようなものが存在する．

2.　ゲーデルの主題の変形

この節の項目の一部は上巻の結果の再掲である．それらを再掲した理由は，のちほど明らかになる．この節の以降の命題も，のちほどもっと一般的な状況設定の下で証明する．

述語と呼ばれる記号列の無限列 $H_1, H_2, \cdots, H_k, \cdots$ をもつ数学体系 $\mathcal{S}$ を考える．ここで扱う体系では，それぞれの述語 H とそれぞれの数 n に対して，$H(n)$ と表記される記号列が割り当てられていて，その記号列は**文**と呼ばれる．（形式ばらずにいえば，H を数のある性質の名前と考え，文 $H(n)$ は数 n が H を名前とする性質をもつという命題を表していると考える．）

ある H とある n に対して $H(n)$ という形式になるものだけが文だと仮定する．そして，数 x と y に対して，文 S_{x*y} が文 $H_x(y)$ となるように，すべての文を列 $S_1, S_2, \cdots, S_k, \cdots$ として並べる．n を述語 H_n の**指標**と呼び，k を文 S_k の**指標**と呼ぶ．したがって，$x * y$ は文 $H_x(y)$ の指標である．

◉証明可能文，反証可能文，決定不能文

文のうちのあるものは**証明可能**と呼ばれ，あるものは**反証可能**と呼ばれる．そして，この体系は，証明可能かつ反証可能な文は存在しないという意味で，無矛盾であると仮定する．文は，証明可能か，または反証可能のいずれかであるならば，**決定可能**と呼ばれる．そして，証明可能でも，反証可能でもなければ，**決定不能**と呼ばれる．この体系は，すべての文が決定可能ならば**完全**と呼ばれ，そうでなければ**不完全**と呼ばれる．P を証明可能なすべての文からなる集合とし，R を反証可能なすべての文からなる集合とする．

文の任意の集合 W に対して，W_0 を W のすべての元の指標からなる集合とする．すると，P_0 は，S_n が証明可能であるようなすべての n からなる集合であり，R_0 は，S_n が反証可能であるようなすべての n からなる集合である．

二つの文 X と Y は，一方が証明可能ならばもう一方も証明可能であり，一方が反証可能ならばもう一方も反証可能である（したがって，一方が決定不能ならば，もう一方も決定不能である）とき，言い換えると，二つの文は，ともに証明可能か，ともに反証可能か，ともに決定不能であるとき，**同値**と呼ぶ．

体系 $\mathcal{S}$ は次の 2 条件に従うと仮定する．

（1）　それぞれの述語 H には，H の**否定**と呼ばれる述語 H' が結びつけられていて，すべての数 n に対して，文 $H'(n)$ が証明可能となるのは，$H(n)$ が反証可能であるとき，そしてそのときに限り，また，$H'(n)$ が反証可能となるのは，$H(n)$ が証明可能であるとき，そしてそのときに限る．

（2）　それぞれの述語 H には，H の**対角化**と呼ばれる述語 $H^{\#}$ が結びつけられていて，すべての数 n に対して，文 $H^{\#}(n)$ は，文 $H(n*n)$ と同値になる．

◉集合の表現

述語 H は，$H(n)$ が証明可能であるようなすべての数 n からなる集合を**表現する**ということにする．したがって，H が数の集合 A を表現するというのは，すべての数 n に対して，文 $H(n)$ が証明可能なのが，$n \in A$ であるとき，そしてそのときに限るということである．集合 A は，ある述語が A を表現するならば，**表現可能**と呼ぶ．

◉証明可能性述語と反証可能性述語

述語 H は，集合 P_0 を表現するならば，**証明可能性述語**ということにする．したがって，H が証明可能性述語だという主張は，すべての数 n に対して，文 $H(n)$ が証明可能となるのが，S_n が証明可能であるとき，そしてそのときに限るという条件と同値である．

述語 K は，集合 R_0 を表現するならば，**反証可能性述語**ということにする．したがって，K が反証可能性述語だという主張は，すべての数 n に対して，文 $K(n)$ が証明可能となるのが，S_n が反証可能であるとき，そしてそのときに限るという条件と同値である．

命題 2.1　H が証明可能性述語ならば，ある n に対して $H(n)$ は決定不能である．

命題 2.2　述語の中に証明可能性述語があれば，ある n に対して $H_n(n)$ は決定不能である．

命題 2.3　K が反証可能性述語ならば，ある n に対して $K(n)$ は決定不能である．

n' は H_n の否定の指標であり，したがって，$(H_{n'}) = (H_n)'$ であることを思い出そう．

命題 2.4　ある述語が証明可能性述語ならば，$H_n(n')$ は決定不能になるような数 n がある．ある述語が反証可能性述語ならば，$H_n(n)$ は決定不能になるような数 n がある．

◉創造的述語

述語 K は，すべての述語 H に対して，$H(n)$ が証明可能となるのが，$K(n)$ が証明可能であるとき，そしてそのときに限るような数 n が少なくとも一つあるならば，**創造的**ということにする．

命題 2.5　K が創造的ならば，ある n に対して $K(n)$ は決定不能である．

命題 2.6　すべての証明可能性述語は創造的であり，すべての反証可能性述語は創造的である．

◉不動点

数 n は，S_n が $H(n)$ と同値ならば，述語 H の**不動点**ということにする．（これは，$H_x(y)$ が $H(xy)$ と同値ならば，数 xy を述語 H の**不動点**というのと同じことである．）

命題 2.7　すべての述語には不動点がある．

命題 2.8　H を証明可能性述語とし，K を反証可能性述語とすると，
（a）　n が H' の不動点ならば，$H(n)$ は決定不能である．
（b）　n が K の不動点ならば，$K(n)$ は決定不能である．

命題 2.9　H を，P_0 に属する任意の数 n に対しては $H(n)$ が証明可能であり，R_0 に属する任意の数 n に対しては $H(n)$ が証明可能でないような述語とする．このとき，ある n に対して $H(n)$ は決定不能である．（これは，ロッサーの不完全性の証明と関係がある．）

命題 2.10　述語 H で，すべての数 n に対して，文 $H(n)$ が決定可能となるのが，S_n が決定不能であるとき，そしてそのときに限るようなものは存在しえない．

◉優越性

述語 H_a が証明可能な n を述語 H_b がすべて証明可能ならば，H_b は H_a に優越するということにする．

命題 2.11　H がある証明可能性述語に優越し，H' がある反証可能性述語に優越するならば，ある n に対して $H(n)$ は決定不能である．

命題 2.12　ある述語が証明可能性述語ならば，表現可能な数の集合で，その補集合が表現可能でないものが存在する．

3.　R体系

第1節の判定機械と第2節の数学体系は，見かけが異なるだけで，実際には同じである．これらに背後にある共通の主題は，この章の第4節で余すところなく説明する．その前に，この主題のさらに別の具現化を考えよう．それは，再帰的関数論に直接適用することができる．

「R集合」と呼ばれる数の集合の可算個の族に対して，ある順序によるそれらの数え上げを $A_1, A_2, \cdots, A_n, \cdots$ とし，また別の順序による数え上げを $B_1, B_2, \cdots, B_n, \cdots$ としたとき，互いに素なR集合の任意の対 (S_1, S_2) に対して，$S_1 = A_n$ かつ $S_2 = B_n$ となるような n が存在する数え上げの対を考える．このような数え上げの対が次の3条件を満たすとき，**R体系**と呼ぶことにする．

R_0:　すべての n に対して，集合 A_n と B_n は互いに素，すなわち，$A_n \cap B_n = \emptyset$ である．

R_1:　それぞれの数 n に結びつけられた数 n' で，$A_{n'} = B_n$ かつ $B_{n'} = A_n$ となるものがある．（したがって，順序対 $(A_{n'}, B_{n'})$ は，順序対 (B_n, A_n) である．）

R_2:　それぞれの数 n に結びつけられた数 $n^\#$ で，すべての数 x に対して次の条件を満たすものがある．

（1）　$x \in A_{n^\#}$ iff $xx \in A_n$

（2）　$x \in B_{n^\#}$ iff $xx \in B_n$

注　再帰的に枚挙可能な集合すべての族は，（**再帰的関数** $f(x,y) = x *$

y に対して）条件 R_0, R_1, R_2 がすべて成り立つように，二つの列 $A_1, A_2, \cdots, A_n, \cdots$ および $B_1, B_2, \cdots, B_n, \cdots$ に並べることができる．したがって，それらから導かれるすべての結果は，再帰的関数論における結果の一般化である．

◉万能 R 集合および反万能 R 集合

R 集合 A_w は，すべての数 x と y に対して，$xy \in A_w$ iff $y \in A_x$ ならば，**万能 R 集合**と呼ぶ．R 集合 A_v は，すべての数 x と y に対して，$xy \in A_v$ iff $y \in B_x$ ならば，**反万能 R 集合**と呼ぶ．

命題 3.1　A_w が万能 R 集合ならば，A_w は B_w の補集合ではない．（すなわち，ある数 x は A_w にも B_w にも属さない．）

命題 3.2　A_w が万能 R 集合ならば，n 自体が A_n にも B_n にも属さないような数 n が存在する．

命題 3.3　A_v が反万能 R 集合ならば，A_v は B_v の補集合ではない．（すなわち，A_v にも B_v にも属さない数 x が存在する．）

命題 3.4　A_w が万能 R 集合ならば，n' が A_n にも B_n にも属さないような数 n が存在する．A_v が反万能 R 集合ならば，n が A_n にも B_n にも属さないような数 n が存在する．

◉創造的 R 集合

R 集合 A_c は，すべての R 集合 A_x に対して，$n \in A_c$ iff $n \in A_x$ となる n が少なくとも一つ存在するらば，**創造的**ということにする．

命題 3.5　A_c が創造的 R 集合ならば，A_c は B_c の補集合ではない．

命題 3.6　任意の万能 R 集合および反万能 R 集合は創造的である．

◉不動点

A を $y \in A_x$ であるような数 xy すべてからなる集合とし，B を $y \in B_x$ であるような数 xy すべてからなる集合とする．

$x \in A_n$ iff $x \in A$ かつ $x \in B_n$ iff $x \in B$ ならば，数 x を対 (A_n, B_n) の不

動点と呼ぶことにする．（これは，$xy \in A_n$ iff $y \in A_x$ かつ $xy \in B_n$ iff $y \in B_x$ ならば，数 xy を対 (A_n, B_n) の**不動点**と定義するのと同値である．）

命題 3.7　すべての対 (A_n, B_n) には不動点がある．

命題 3.8

（a）　A_w が万能R集合ならば，$(A_{w'}, B_{w'}) = (B_w, A_w)$ の任意の不動点は A_w にも B_w にも属さない．

（b）　A_v が反万能R集合ならば，(A_v, B_v) の任意の不動点は A_v にも B_v にも属さない．

命題 3.9　$A \subseteq A_h$ で，A_h と B が互いに素ならば，A_h にも B_h にも属さない数が存在する．

命題 3.10　数 n で，すべての数 x と y に対して，$xy \in A_n \cup B_n$ iff $y \notin A_x \cup B_x$ となるようなものは存在しない．

◉R 分離可能 R 集合

R集合 S_1 と S_2 に対して，S_1 が S の部分集合であり，S_2 が S の補集合 $\overline{S}$ の部分集合であるようなR集合 S があれば，S_1 は S_2 から **R 分離可能**ということにする．

◉優越性

$A_m \subseteq A_n$ であるならば，すなわち，A_m が A_n の部分集合ならば，A_n は A_m に**優越する**という．

命題 3.11　A_w が万能R集合で，A_v が反万能R集合ならば，A_w は A_v からR分離可能ではない．（これは，再帰的関数論における重要な結果である，互いに素で再帰的に枚挙可能な集合の対で，再帰的に分離可能でないものが存在するという主張の一般化である．）

注　命題3.11は優越性を使って書き直すこともできなくはないが，そのように書き直したものは非常に長くなる．この章の問題の解答を見ると分かるように，第4節の問題11の答えを使って（背理法によって）命題3.11を証明できると言うほうが簡単である．

命題 3.12　万能R集合が存在するならば，補集合がR集合ではないR集合が存在する．（これは，補集合が再帰的に枚挙可能でないような再帰的に枚挙可能な集合が存在するという重要な事実の一般化である．）

4.　体系の統合

◉統合体系

すでに述べたように，第1節，第2節，第3節の考察や問題は，実際にはすべて同じであって，見かけが異なるだけである．この3節のそれぞれにおいて，次の3条件の成り立つ，数の間の関係 $A(x,y)$ と $B(x,y)$ がある．

D_0:　任意の数の順序対 (x,y) に対して，$A(x,y)$ と $B(x,y)$ が同時に成り立つことはない．

D_1:　それぞれの数 x に結びつけられた数 x' で，すべての数 y に対して次の条件を満たすようなものがある．

（1）　$A(x',y)$ iff $B(x,y)$

（2）　$B(x',y)$ iff $A(x,y)$

D_2:　それぞれの数 x に結びつけられた数 $x^{\#}$ で，すべての数 y に対して次の条件を満たすようなものがある．

（1）　$A(x^{\#},y)$ iff $A(x,y*y)$

（2）　$B(x^{\#},y)$ iff $B(x,y*y)$

• 第1節の判定機械 M において，$A(x,y)$ は「R_x は y を肯定する」という関係であり，$B(x,y)$ は「R_x は y を否定する」という関係である．
• 第2節の数学体系 $\mathcal{S}$ において，$A(x,y)$ は「$H_x(y)$ は証明可能である」という関係であり，$B(x,y)$ は「$H_x(y)$ は反証可能である」という関係である．
• 第3節の数学的R体系において，$A(x,y)$ は「$y \in A_x$」という関係であり，$B(x,y)$ は「$y \in B_x$」という関係である．

条件 D_0, D_1, D_2 が成り立つような $A(x,y)$ と $B(x,y)$ の対について一般的に証明した結果は，第1節，第2節，第3節の各項に同時に適用することができる．したがって，以降の問題では，それぞれの $n \leq 12$ に対して，問題 n の解答は，第1節，第2節，第3節それぞれの命題 1.n，2.n，3.n を同時に証明している．

この節では，ふたたび，$x * y$ を xy と略記する．$A(x, y)$ が真となるような数 xy すべてからなる集合を A とし，$B(x, y)$ が真となるような数 xy すべてからなる集合を B とする．（すべての対 (x, y) に対して）$A(x, y)$ と $B(x, y)$ が同時には成り立たないことだけでなく，A と B が互いに素（共通の元 n がない）であることも分かっていると役に立つだろう．なぜなら，すべての n は，ある x と y に対して xy になり，$A(x, y)$ と $B(x, y)$ が同時には成り立たないことが与えられているからである．これは，xy が A と B の両方には属しえず，したがって，n は A と B の両方には属しえないことを意味する．

- 第 1 節の判定機械 M において，A は R_x が y を肯定するような数 xy すべてからなる集合であり，B は R_x が y を否定するような数 xy すべてからなる集合である．
- 第 2 節の数学体系 $\mathcal{S}$ において，A は集合 P_0（これは $H_x(y)$ が証明可能であるような数 xy すべてからなる集合である）であり，B は集合 R_0（これは $H_x(y)$ が反証可能であるような数 xy すべてからなる集合である）である．
- 第 3 節の数学的 R 体系において，A は $y \in A_x$ となるような数 xy すべてからなる集合であり，B は $y \in B_x$ となるような数 xy すべてからなる集合である．

◉決定不能性

数 n は，A にも B にも属さないならば，**決定不能**と呼ぶことにする．したがって，$A(x, y)$ も $B(x, y)$ も成り立たないならば，xy は決定不能である．n が決定不能でないならば，**決定可能**と呼ぶ．

- 第 1 節の判定機械 M において，$n = xy$ が決定不能であるとは，R_x が y によって錯綜させられることを意味する．
- 第 2 節の数学体系 $\mathcal{S}$ において，$n = xy$ が決定不能であるとは，文 $H_x(y)$ が決定不能である（すなわち，証明可能でも反証可能でもない）ことを意味する．
- 第 3 節の数学的 R 体系において，$n = xy$ が決定不能であるとは，y が

A_x にも B_x にも属さないことを意味する.

次の事実は重要である. A と B は互いに素なので, 数 n が決定不能であることを証明するためには, $n \in A$ iff $n \in B$ を示せば十分である. なぜなら, これは n が A と B の両方に属するか, または, そのどちらにも属さないことを意味するが, 両方に属することはありえないので, どちらにも属しえない, すなわち, 決定不能となるからである.

◉万能性

すべての数 x に対して, $wx \in A$ iff $x \in A$, あるいはこれと同じことであるが, すべての数 x と y に対して, 関係 $A(w, xy)$ が成り立つのが, $A(x, y)$ が成り立つとき, そしてそのときに限るならば, 数 w を**万能**と呼ぶ.

- 第 1 節の判定機械 M において, R_w が万能レジスタであるとは, すべての x と y に対して, R_w が xy を肯定するのが, R_x が y を肯定するとき, そしてそのときに限るということである.
- 第 2 節の数学体系 $\mathcal{S}$ において, H_w が証明可能性述語（「証明可能性に対する万能述語」）であるとは, すべての x と y に対して, $H_w(xy)$ が証明可能となるのが, S_{xy} が証明可能である（これは, $H_x(y)$ が証明可能というのと同じことである）とき, そしてそのときに限るということである.
- 第 3 節の数学的 R 体系において, w が万能であるとは, A_w が万能 R 集合, すなわち, $xy \in A_w$ となるのが, $y \in A_x$ であるとき, そしてそのときに限るということである.

◉反万能性

すべての数 x に対して, $vx \in A$ iff $x \in B$, あるいはこれと同じことであるが, すべての数 x と y に対して, 関係 $A(v, xy)$ が成り立つのは, $B(x, y)$ が成り立つとき, そしてそのときに限るならば, 数 v を**反万能**と呼ぶ.

- 第 1 節の判定機械 M において, R_v が反万能レジスタであるとは, すべての x と y に対して, R_v が xy を肯定するのが, R_x が y を否定するとき, そしてそのときに限るということである.
- 第 2 節の数学体系 $\mathcal{S}$ において, H_v が反証可能性述語（「証明可能性に対する反万能述語」）であるとは，すべての x と y に対して，$H_v(xy)$ が証明可能となるのが，S_{xy} が反証可能である（これは，$H_x(y)$ が反証可能，あるいは，$\sim H_x(y)$ が証明可能というのと同じことである）とき，そしてそのときに限るということである．

• 第 3 節の数学的 R 体系において，v が反万能であるとは，すべての x と y に対して，$xy \in A_v$ iff $y \in B_x$ であるということである．

◉創造性

すべての数 n に対して，$cx \in A$ iff $nx \in A$ であるような x が少なくとも一つ存在するならば，数 c を**創造的**と呼ぶ．

• 第 1 節の判定機械 M において，レジスタ R_c が創造的であるとは，すべてのレジスタ R_n に対して，R_c が x を肯定するのが，R_n が x を肯定するとき，そしてそのときに限るような数 x が少なくとも一つ存在するということである．

• 第 2 節の数学体系 $\mathcal{S}$ において，述語 H_c が創造的であるとは，すべての述語 R_n に対して，$H_c(x)$ が証明可能となるのが，$H_n(x)$ が証明可能であるとき，そしてそのときに限るような数 x が少なくとも一つ存在するということである．

• 第 3 節の数学的 R 体系において，c が創造的であるとは，すべての数 n に対して，$x \in A_c$ iff $x \in A_n$ であるような数 x が少なくとも一つ存在するということである．

◉不動点

「x が n の**不動点**である」とは，$nx \in A$ iff $x \in A$ であり，また，$nx \in B$ iff $x \in B$ であるという意味である．

• 第 1 節の判定機械 M において，数 $x * y$ がレジスタ R の不動点であるとは，R が $x * y$ を肯定するのが，$x * y \in A$ である（すなわち，R_x が y を肯定する）とき，そしてそのときに限り，また，R が $x * y$ を否定するのが，$x * y \in B$ である（すなわち，R_x が y を否定する）とき，そしてそのときに限るということである．

- 第 2 節の数学体系 $\mathcal{S}$ において，xy が述語 H_n の不動点であるとは，$H_n(xy)$ が S_{xy} と同値，すなわち，この二つの文はともに証明可能であるか，または，ともに反証可能であるか，または，ともにそのどちらでもないということである．（これは，$H_n(xy)$ が $H_x(y)$ と同値であるというのと同じである．）
- 第 3 節の数学的 R 体系において，数 x が対 (A_n, B_n) の不動点であるとは，$x \in A_n$ iff $x \in A$ であり，また，$x \in B_n$ iff $x \in B$ であるということである．

問題 1　w が万能ならば，wx が決定不能となるような数 x が少なくとも一つ存在することを証明せよ．

問題 2　万能な数が存在するならば，xx が決定不能となるような数 x が少なくとも一つ存在することを証明せよ．

問題 3　v が反万能ならば，vx が決定不能となるような数 x が少なくとも一つ存在することを証明せよ．

問題 4　万能な数が存在するならば，xx' が決定不能となるような数 x が少なくとも一つ存在することを証明せよ．また，反万能な数が存在するならば，xx が決定不能となるような数 x が少なくとも一つ存在することを証明せよ．

問題 5　c が創造的ならば，cx が決定不能であるような数 x が少なくとも一つ存在することを証明せよ．

問題 6　すべての万能な数は創造的であること，そして，すべての反万能な数は創造的であることを証明せよ．

問題 7　すべての数には不動点があることを証明せよ．

問題 8　w を万能な数とし，v を反万能な数とする．このとき，次の (a)–(b) を証明せよ．

（a）　x を w' の任意の不動点とすると，x は決定不能であり，したがって，wx も決定不能である．

（b）　x を v の任意の不動点とすると，x は決定不能であり，したがって，vx も決定不能である．

問題 9　h を，すべての数 x に対して，次の (a)–(b) が成り立つような数とする．

（a）　$x \in A$ ならば，$hx \in A$ となる．

（b）　$x \in B$ ならば，$hx \notin A$ となる．

このとき，hx が決定不能となるような x が存在する．

これが問題 1 の結果を強めたものになっている理由は何か．

問題 10　すべての数 x に対して，nx が決定可能となるのは，x が決定不能であるとき，そしてそのときに限るような数 n は存在しないことを証明せよ．

◉優越性

すべての数 x に対して，$mx \in A$ ならば $nx \in A$ となるならば，n は m に**優越する**ということにする．

- 第 1 節の判定機械 M において，レジスタ R_n がレジスタ R_m に優越するとは，R_m が肯定するすべての数を R_n は肯定するということである．
- 第 2 節の数学体系 $\mathcal{S}$ において，述語 H_n が述語 H_m に優越するとは，すべての x に対して，$H_m(x)$ が証明可能ならば，$H_n(x)$ も証明可能であるということである．
- 第 3 節の数学的 R 体系において，A_n が A_m に優越するとは，$A_m \subseteq A_n$ ということである．

問題 11　n が万能な数 w に優越し，n' が反万能な数 v に優越するならば，ある x に対して nx は決定不能であることを証明せよ．

◉集合の表現

すべての x に対して，$nx \in A$ iff $x \in S$ ならば，数 n は集合 S を**表現する**ということにする．集合 S は，ある数が S を表現するならば，**表現可能**と呼ぶ．

- 第 1 節の判定機械 M において，レジスタ R が集合 S を表現するとは，集合 S がレジスタ R の肯定集合ということである．
- 第 2 節の数学体系 $\mathcal{S}$ において，述語 H が集合 S を表現するとは，集合 S は $H(n)$ が証明可能な数 n すべてからなる集合ということである．
- 第 3 節の数学的 R 体系において，R 集合 A_n が集合 S を表現するとは，$y \in A_n$ iff $y \in S$，すなわち，$A_n = S$ ということである．

問題 12　ある数が万能ならば，補集合が表現可能でないような表現可能集合が存在することを証明せよ．

問題の解答

問題 1　w を万能な数とする．このとき，任意の数 x に対して，$w(w^{\#\prime}x) \in A$ iff $w^{\#\prime}x \in A$ であり，また，$w^{\#\prime}x \in A$ iff $w^{\#}x \in B$ である．そして，$w^{\#}x \in B$ iff $w(xx) \in B$ である．したがって，

$$w(w^{\#\prime}x) \in A \text{ iff } w(xx) \in B \tag{1}$$

が得られる．式 (1) の x として $w^{\#\prime}$ をとると，

$$w(w^{\#\prime}w^{\#\prime}) \in A \text{ iff } w(w^{\#\prime}w^{\#\prime}) \in B \tag{2}$$

が得られる．しかし，A と B は互いに素なので，$w(w^{\#\prime}w^{\#\prime})$ は A にも B にも属さない．これで，$w(w^{\#\prime}w^{\#\prime})$ は決定不能であることが示せた．$w(w'^{\#}w'^{\#})$ も決定不能であることを確かめるのは，読者に委ねる．

問題 2　w を万能な数とする．このとき，条件 D_1 によって，任意の数 x に対して，$w^{\#\prime}x \in B$ iff $w^{\#}x \in A$ であり，また，$w^{\#}x \in A$ iff $w(xx) \in A$ である．そして，$w(xx) \in A$ iff $xx \in A$ である．したがって，$w^{\#\prime}x \in B$ iff $xx \in A$ である．x として $w^{\#\prime}$ をとると，$w^{\#\prime}w^{\#\prime} \in B$ iff $w^{\#\prime}w^{\#\prime} \in A$ であることが得られる．したがって，$w^{\#\prime}w^{\#\prime}$ は決定不能である．

問題 3　v を反万能な数とする．このとき，任意の数 x に対して，$v(v^{\#}x) \in A$ iff $v^{\#}x \in B$ であり，また，$v^{\#}x \in B$ iff $v(xx) \in B$ である．したがって，$v(v^{\#}x) \in A$ iff $v(xx) \in B$ である．x として $v^{\#}$ をとると，$v(v^{\#}v^{\#}) \in A$ iff $v(v^{\#}v^{\#}) \in B$ であることが得られる．したがって，$v(v^{\#}v^{\#})$ は決定不能である．

問題 4　w を万能な数とする．問題 2 の解答において，$w^{\#\prime}w^{\#\prime}$ は決定不能であることが分かっている．それゆえ，$w^{\#}w^{\#\prime}$ は決定不能である．（任意の数 x と y に対して，$x'y$ が決定不能となるのは，xy が決定不能であるとき，そしてそのときに限る．この理由が分かるだろうか．）したがって，$n = w^{\#}$ に対して nn' は決定不能である．

つぎに，v は反万能な数とする．任意の数 x に対して，$v^{\#}x \in A$ iff $v(xx) \in A$ であることが分かっている．x として $v^{\#}$ をとると，$v^{\#}v^{\#} \in A$ iff $v(v^{\#}v^{\#}) \in A$ であることが得られる．そして，（v は反万能なので）$v(v^{\#}v^{\#}) \in A$ iff $v^{\#}v^{\#} \in B$ である．したがって，$v^{\#}v^{\#} \in A$ iff $v^{\#}v^{\#} \in B$ である．すなわち，$v^{\#}v^{\#}$ は決定不能でなければならない．

問題 5　c は創造的であるとする．このとき，任意の数 x に対して，$cn \in A$ iff $xn \in A$ であるような n が存在する．x として c' をとると，ある n に対し

て，$cn \in A$ iff $c'n \in A$ である．しかし，$c'n \in A$ iff $cn \in B$ である．したがって，$cn \in A$ iff $cn \in B$ である．すなわち，cn は決定不能である．

問題 6

（a）w は万能な数とする．任意の数 x に対して，$w(x^{\#}x^{\#}) \in A$ iff $x^{\#}x^{\#} \in A$ であり，また，$x^{\#}x^{\#} \in A$ iff $x(x^{\#}x^{\#}) \in A$ である．したがって，$n = x^{\#}x^{\#}$ とすると，$wn \in A$ iff $xn \in A$ である．

（b）v は反万能な数とする．任意の数 x に対して，$v(x^{\#\prime}x^{\#\prime}) \in A$ iff $x^{\#\prime}x^{\#\prime} \in B$ であり，また，$x^{\#\prime}x^{\#\prime} \in B$ iff $x^{\#}x^{\#\prime} \in A$ である．そして，$x^{\#}x^{\#\prime} \in A$ iff $x(x^{\#\prime}x^{\#\prime}) \in A$ である．したがって，$n = x^{\#\prime}x^{\#\prime}$ とすると，$vn \in A$ iff $xn \in A$ である．

問題 7　任意の数 n に対して，$n^{\#}n^{\#} \in A$ iff $n(n^{\#}n^{\#}) \in A$ であり，また，$n^{\#}n^{\#} \in B$ iff $n(n^{\#}n^{\#}) \in B$ である．したがって，$n^{\#}n^{\#}$ は n の不動点である．

問題 8

（a）w を万能な数とし，n を w' の不動点とする．このとき，（w は万能なので）$n \in A$ iff $wn \in A$ であり，（条件 D_1 によって）$wn \in A$ iff $w'n \in B$ である．そして，（n は w' の不動点なので）$w'n \in B$ iff $n \in B$ である．したがって，$n \in A$ iff $n \in B$ である．すなわち，n は決定不能である．n は w' の不動点なので，$w'n$ も決定不能であり（その理由は？），したがって，wn は決定不能である．

（b）v を反万能な数とし，n を v の不動点とする．このとき，（n は v の不動点なので）$n \in A$ iff $vn \in A$ である．しかし，（v は反万能なので）$vn \in A$ iff $n \in B$ である．したがって，$n \in A$ iff $n \in B$ である．すなわち，n は決定不能である．n は v の不動点なので，$vn \in B$ iff $n \in B$ である．n は A にも B にも属さないので，ここまでに述べたことから，vn は A にも B にも属さない．すなわち，vn も決定不能である．

付記　$w'^{\#}w'^{\#}$ は w' の不動点であることは分かっている．（なぜなら，問題 7 の答えによって，任意の x に対して，$x^{\#}x^{\#}$ は x の不動点だからである．）しかし，$w^{\#\prime}w^{\#\prime}$ もまた w' の不動点である．（実際，容易に確かめられるように，任意の x に対して，$x^{\#\prime}x^{\#\prime}$ は x' の不動点である．）したがって，(a)だけから，$w(w^{\#\prime}w^{\#\prime})$ が決定不能であることの別証明が得られる．

問題 9　すべての x に対して，次の 2 条件が成り立つことが与えられている．

$$x \in A \text{ ならば}, hx \in A$$
$$x \in B \text{ ならば}, hx \notin A$$

数 k を $h^{\#\prime}$ とする．まず，kk が決定不能であることを示す．

$kk \in A$ であると仮定すると，（(a) によって）$h(kk) \in A$ である．すなわち，$h^{\#}k \in A$ であり，したがって，$h^{\#\prime}k \in B$ である．また，（$k = h^{\#\prime}$ なので）$kk \in B$ である．したがって，$kk \in A$ ならば，$kk \in B$ でもあるが，kk が A と B の両方に属することはできない．すなわち，$kk \notin A$ である．

$kk \in B$ であると仮定すると，（(b) によって）$h(kk) \notin A$ である．すなわち，$h^{\#\prime}k \notin B$ であり，これは，（$k = h^{\#\prime}$ なので）$kk \notin B$ を意味する．したがって，$kk \in B$ ならば，$kk \notin B$ となり，これは矛盾している．それゆえ，$kk \notin B$ である．

このようにして，$kk \notin A$ かつ $kk \notin B$ なので，kk は決定不能である．すなわち，$h^{\#\prime}h^{\#\prime}$ は決定不能であり，したがって，$h^{\#}h^{\#\prime}$ も決定不能である．そして，それゆえ，$h(h^{\#\prime}h^{\#\prime})$ も決定不能である．

注　これはゼロからの証明であるが，すべての数には不動点があるという事実を使うと，もっと素早く証明することができる．n が h の任意の不動点ならば，hn は決定不能であることを示すのは，読者に委ねる．

また，この結果は，なぜ問題1の結果を強めたものになっているのだろうか．それは，h が万能ならば，あきらかにこの問題の条件 (a) と (b) を満たすからである．

問題 10　そのような n が存在するならば，問題7によって，それは不動点をもたなければならない．しかし，x が n の不動点ならば，（不動点の定義によって）$nx \in A$ iff $x \in A$ かつ $nx \in B$ iff $x \in B$ である．あきらかに，そのような x に対して，nx が決定可能となるのが，x が決定不能であるとき，そしてそのときに限るようにはなりえない．

問題 11　これは，問題9から簡単に導くことができる．w が万能な数で，v が反万能な数であるとき，h は w に優越し，h' は v に優越すると仮定する．

$x \in A$ ならば，$wx \in A$ なので，（h は w に優越するので）$hx \in A$ である．したがって，

(1)　$$x \in A \text{ ならば } hx \in A$$

つぎに，$x \in B$ ならば，$vx \in A$ なので，$h'x \in A$ となり，したがって，$hx \in B$ である．すなわち，$hx \notin A$ である．したがって，

(2)　$$x \in B \text{ ならば } hx \notin A$$

このとき，式 (1) と (2) によって，h に対して問題9の前提が成り立つので，ある x に対して hx は決定不能である．

問題11の答えと命題1.11，3.11の間の関係は，ほかのものよりもいくぶん複雑なので，（問題11の答えを使って）これらの命題を証明してみせよう．まず，「n

は m に優越する」というのは，この章の第 1–3 節ではそれぞれ次のことを意味するのであった．

I:　R_n は，R_m が肯定するすべての数を肯定する．

II:　すべての数 x に対して，$H_m(x)$ が証明可能ならば $H_n(x)$ も証明可能である．

III:　$A_m \subseteq A_n$

まず，U を万能レジスタ，V を反万能レジスタとして，レジスタ R が，U が肯定するすべての数を肯定し，V が肯定するすべての数を否定するならば，R を錯綜させることができるという命題 1.11 を考えよう．

この主張は，優越性を使って次のように言い換えられる．

> U を万能レジスタ，V を反万能レジスタとして，R が U に優越し，R' が V に優越するようなレジスタ R が存在すると仮定する．このとき，R を錯綜させるような数 x が存在する．

この言い換えがもとの主張と同値であることは簡単に分かる．なぜなら，R は V が肯定するすべての数を否定するというのは，R' は V が肯定するすべての数を肯定するというのと同値だからである．これを第 4 節の問題 11 の表現の近づくように言い換えると，次のようになる．n を R の番号，w を U の番号，v を V の番号とすると，命題 1.11 は，R_n が万能レジスタ R_w に優越し，R'_n が反万能レジスタ R_v に優越するならば，ある数 x が R_n を錯綜させるということと同値である．そして，これは，第 1 節の用語を用いて再解釈すると，問題 11 が述べていることである．

これが，命題 2.11 に適用できるのはあきらかである．

最後に，A_w が万能 R 集合で，A_v が反万能 R 集合ならば，A_w は A_v から R 分離可能ではないという命題 3.11 を考えよう．

A_w が A_v から R 分離可能でないことを示すには，S_1 と S_2 を互いに素な R 集合で，$A_w \subseteq S_1$ かつ $A_v \subseteq S_2$ であると仮定する．このとき，ある数は S_1 にも S_2 にも属さないことを示さなければならない．ここで，ある数 n に対して $S_1 = A_n$ かつ $S_2 = B_n$ である．このとき，$S_1 = A_n$ かつ $S_2 = A_{n'}$ である．したがって，$A_w \subseteq A_n$ かつ $A_v \subseteq A_{n'}$ であるが，これは，n が w に優越し，n' が v に優越することを意味する．すると，問題 11 の答えによって，nx が決定不能となるような数 x が存在する．すなわち，$x \notin A_n$ かつ $x \notin B_n$ である．したがって，$x \notin A_n$ かつ $x \notin A_{n'}$，すなわち，$x \notin S_1$ かつ $x \notin S_2$ であり，これが示そうとしたことである．

問題 12　まず，A の補集合 $\overline{A}$ を表現する数 x は存在しないことを示す．それを示すには，任意の数 x が与えられたときに，ある数 y で，$xy \in A$ iff $y \in \overline{A}$ とはならないものが少なくとも一つ存在することを示せばよい．あるいは，それと同じことであるが，$xy \in A$ iff $y \in A$ となるような数 y が少なくとも一つ存在することを示せばよい．そして，x の任意の不動点 y は，そのような数である．したがって，集合 $\overline{A}$ は表現可能ではない．

このとき，万能な数 w が存在すれば，w は A を表現する（その理由は？）ので，A は表現可能な集合で，その補集合 $\overline{A}$ は表現可能ではない．

第 4 章

初等形式体系と再帰的枚挙可能性

1. 初等形式体系について

初等形式体系の定義と上巻で証明したこのような体系の基本的な性質のいくつかを復習しよう.

アルファベットとは, **記号**と呼ばれる元からなる集合（並び）を意味する. とくに, アルファベット K は, 有限個の記号からなり, その記号の有限列を, K の**文字列**（または**記号列**）と呼ぶ.

K 上の**初等形式体系** (E) は, 次の 5 種類の要素から構成される.

（1） アルファベット K.

（2） **変数**と呼ばれる記号からなる別のアルファベット V. 通常, 変数として x, y, z, w やそれに添字をつけたものを用いる.

（3） **述語**と呼ばれる記号からなるまた別のアルファベット. それぞれの述語には, 引数の個数を表わす次数 n が割り当てられていて, n 次の術後とも呼ばれる. 通常, 述語として英大文字を用いる.

（4） それにくわえて, **区切り記号**（通常はコンマを用いる）と**含意記号**（通常は $\rightarrow$ を用いる）という 2 種類の記号.

（5） 記号列の有限個の並びで, その記号列はすべて**論理式**であるもの.（論理式はこのあとで定義する.）

項とは, K の記号と変数で構成される文字列を意味する. 変数を含まない項は, **定項**と呼ばれる. P を 1 次の述語とし, t を項としたときの記号列

P t，あるいは，R を n 次の述語とし，$t_1, \cdots, t_n$ を項としたときの記号列 R $t_1, \cdots, t_n$ を**原子論理式**という．

原子論理式か，または，$F_1, F_2, \cdots, F_n$ を原子論理式とするときの $F_1 \to F_2 \to \cdots \to F_n$ という形式の記号列を**論理式**という．

変数を含まない論理式を**文**という．

論理式の**代入例**とは，論理式のすべての変数に**定項**を代入した結果のことである．

このとき，K 上の初等形式体系 (E) は，体系の**公理図式**と呼ばれる論理式の有限部分集合を特定することで構成される．すべての公理図式のすべての代入例からなる集合は，その**体系の公理**の集合と呼ばれる．

文は，次の 2 条件によって証明可能になるならば，初等形式体系 (E) において**証明可能**と呼ばれる．

（1） 体系 (E) のすべての公理は証明可能である．
（2） すべての**原子**論理式 X とすべての文 Y に対して，X と $X \to Y$ が証明可能ならば，Y も証明可能である．

もっと明示的にいえば，この体系の**証明**とは，文の有限列で，その列のそれぞれの要素 Y が，この体系の公理であるか，または，ある**原子文** X が存在して，この列の Y より前方に X と $X \to Y$ がある，というようなものである．文は，その体系の証明であるような列の要素であるならば，その体系で**証明可能**という．

初等形式体系は，機械的手続きの本質を定式化するように設計されていて，与えられた初等形式体系において，n 次の述語 P のあとにアルファベット K の要素の n 個組が続く形をしている証明可能な文とは，与えられた初等形式体系によって生成できるものにほかならない．（そのような文が証明可能であるならば，もちろん，述語 P は少なくとも一つの公理図式に含まれなければならない．）そして，この体系において，そのような項 P $k_1, \cdots, k_n$ が生成されうるならば，n 個組 $k_1, \cdots, k_n$ に対して関係 P が**成り立つ**という．あるいは，P $k_1, \cdots, k_n$ は真であるといってもよいだろう．このようにして，初等形式体系の場合には，証明可能性と真であることを同一視する．

◉表現可能性

Pをn次の述語の述語とするとき，すべての定項$x_1, \cdots, x_n$に対して P$x_1, \cdots, x_n$が(E)において証明可能となるのが，関係$R(x_1, \cdots, x_n)$が成り立つとき，そしてそのときに限るならば，PはKの文字列のn個組に対するn項関係Rを**表現する**という．$n = 1$の場合，1次の述語Pは，(E)においてPxが証明可能であるような定項xすべてからなる集合を表現する．集合や関係は，ある述語によって表現されるならば，(E)において表現可能という．そして，集合や関係は，ある初等形式体系において表現可能ならば，**形式的に表現可能**という．

◉基本的な閉包性

任意の$n \geq 2$について，集合S上のn次の関係を，Sの元のn個組$(x_1, \cdots, x_n)$の集合とみなす．Sの部分集合を，S上の関係の特別な場合，いってみれば，1項の関係と考える．このとき，K上で表現可能なすべての関係（および集合）の族がもつ基本的な閉包性を示したい．

まず，上巻で論じたいくつかの事実について振り返ってみよう．共通のアルファベットK上の二つの初等形式体系(E_1)と(E_2)を考える．この二つの体系は，共通の述語を含まないならば，独立と呼ぶことにする．$(E_1) \cup (E_2)$は，(E_1)の公理と(E_2)の公理を合わせたものを公理とする初等形式体系（EFS）のことである．あきらかに，(E_1)のすべての証明可能な文も(E_1)のすべての証明可能な文も$(E_1) \cup (E_2)$において証明可能である．そして，(E_1)と(E_2)が独立ならば，$(E_1) \cup (E_2)$において証明可能ないかなる文も，あきらかに(E_1)か(E_2)のいずれか単独で証明可能であり，したがって，$(E_1) \cup (E_2)$において表現可能な関係は，(E_1)だけで表現可能な関係と(E_2)だけで表現可能な関係を合わせたものになる．

同様にして，$(E_1), (E_2), \cdots, (E_n)$が互いに独立（どの二つの初等形式体系も共通の述語をもたない）ならば，$(E_1) \cup \cdots \cup (E_n)$において表現可能な関係は，$(E_1), \cdots, (E_n)$それぞれ単独で表現可能な関係をすべて合わせた結果である．

ここで，$R_1, \cdots, R_n$はそれぞれK上で形式的に表現可能であると仮定する．述語はいくらでも自由に使えると仮定しているので，相互に独立な

体系 (E_1), (E_2), $\cdots$, (E_n) において R_1, $\cdots$, R_n を表現することができる．したがって，次の命題が成り立つ．

命題 1　R_1, $\cdots$, R_n がそれぞれ K 上で形式的に表現可能ならば，それらはすべて K 上の共通の初等形式体系によって表現可能である．

ここで，次のような演算に対して閉包性を示したい．

（a）　和集合と共通集合：同じ次数の任意の二つの関係 $R_1(x_1,\cdots,x_n)$ と $R_2(x_1,\cdots,x_n)$ に対して，その和集合 $R_1 \cup R_2$ とは，R_1 または R_2 またはその両方に属する n 個組 $(x_1,\cdots,x_n)$ すべてからなる集合のことである．この和集合を，$R_1(x_1,\cdots,x_n) \vee R_2(x_1,\cdots,x_n)$ と表記することもある．したがって，$(R_1 \cup R_2)(x_1,\cdots,x_n)$ となるのは，$R_1(x_1,\cdots,x_n) \vee R_2(x_1,\cdots,x_n)$ であるとき，そしてそのときに限る．また，共通集合 $R_1 \cap R_2$ とは，$(x_1,\cdots,x_n)$ に対して，$R_1(x_1,\cdots,x_n) \wedge R_2(x_1,\cdots,x_n)$ であるとき，そしてそのときに限り成り立つ関係のことである．この共通集合を，$R_1(x_1,\cdots,x_n) \wedge R_2(x_1,\cdots,x_n)$ と表記することもある．

（b）　存在量化子：$R(x_1,\cdots,x_n,y)$ を 2 次以上の任意の関係とするとき，その存在量化 $\exists y R(x_1,\cdots,x_n,y)$ とは，少なくとも一つの y に対して $R(x_1,\cdots,x_n,y)$ が成り立つような n 個組 $(x_1,\cdots,x_n)$ すべてからなる集合のことである．この存在量化を，$\exists R$ と略記することもある．

（c）　明示的変換：n を任意の正整数として，n 個の変数 x_1, $\cdots$, x_n を考える．R を k 次の関係とし，α_1, $\cdots$, α_k はそれぞれ n 個の変数 x_1, $\cdots$, x_n のいずれかか，定項（すなわち，K の記号からなる文字列）であるとする．関係 $\lambda x_1,\cdots,x_n R(\alpha_1,\cdots,\alpha_k)$ とは，$R(b_1,\cdots,b_k)$ が成り立つ K の文字列の n 個組 $(a_1,\cdots,a_n)$ すべてからなる集合のことである．ただし，それぞれの b_i は次のように定義する．

（1）　α_i が変数 x_j の中の一つであれば，$b_i = a_j$

（2）　α_i が定項 c ならば，$b_i = c$

（たとえば，$n=3$ で，c と d を定項とすると，$\lambda x_1,x_2,x_3 R(x_3,c,x_2,x_2,d)$ は，関係 $R(a_3,c,a_2,a_2,d)$ が成り立つような 3 個組 (a_1,a_2,a_3) すべてからなる集合である．）

この状況において，n 項関係

$$\lambda x_1, \cdots, x_n R(\alpha_1, \cdots, \alpha_k)$$

は，k 項関係 R から**明示的に定義可能**であるといい，関係 R に $\lambda x_1, \cdots, x_n R(\alpha_1, \cdots, \alpha_k)$ を割り当てる演算を**明示的変換**という．

問題1　K 上で形式的に表現可能な関係の族は，和集合，共通集合，存在量化，明示的変換の下で閉じていることを示せ．言い換えると，次の(a)–(c)を証明せよ．

（a）　R_1 と R_2 が同じ次数でかつ K 上で形式的に表現可能ならば，$R_1 \cup R_2$ と $R_1 \cap R_2$ は，K 上で形式的に表現可能であり，ともに R_1 および R_2 と同じ次数になる．

（b）　関係 $R(x_1, \cdots, x_n, y)$ が K 上で形式的に表現可能な $n+1$ 次（n は1以上）の関係ならば，関係 $\exists y R(x_1, \cdots, x_n, y)$ は，K 上で形式的に表現可能な n 次の関係である．

（c）　関係 $R(x_1, \cdots, x_k)$ が K 上で形式的に表現可能な k 次の関係ならば，$\lambda x_1, \cdots, x_n R(\alpha_1, \cdots, \alpha_k)$ は K 上で形式的に表現可能な n 次の関係である．（ただし，それぞれの α_i は，変数 $x_1, \cdots, x_n$ の中の一つか，または定項である．）

集合または関係 W は，W とその補集合または補関係 $\overline{W}$ がともに K 上で形式的に表現可能ならば，K 上で決定可能（可解）ということを思い出そう．

問題2　K 上で決定可能な集合と関係の族は，和集合，共通集合，補集合(補関係)，明示的変換の下で閉じていることを証明せよ．

2.　再帰的枚挙可能性

ここでは，正整数を，（上巻で定義したように）それを表現する**二値数項**と同一視しよう．2個の記号からなるアルファベット $\{1, 2\}$ を考える．このアルファベットを D と呼び，二値体系をアルファベット D 上の初等形式体系として定義する．数の間の関係は，それがある二値体系で表現可能ならば，**再帰的に枚挙可能**と定義する．再帰的に枚挙可能な集合や関係は，Σ_1 関係と同じものであり，ペアノ算術において表現可能な集合や関係と同じものであることが知られている．

集合 R とその補集合 $\overline{R}$ がともに再帰的に枚挙可能ならば，R を**再帰的**と呼ぶ．したがって，ある二値体系において集合が決定可能ならば，その集合は再帰的である．

上巻では，関係 Sxy（「y は x の後者」），$x < y$, $x \leq y$, $x = y$, $x \neq y$, $x + y = z$, $x \times y = z$, $x^y = z$ はすべて再帰的に枚挙可能（実際には再帰的）であることを示した．

また，（D をアルファベット K とすると）再帰的に枚挙可能な関係の族は，和集合，共通集合，存在量化，明示的変換の下で閉じていることが分かる．ここで，さらにいくつかの閉包性が必要になる．

◉有界量化子

数の間の任意の関係 $R(x_1, \cdots, x_n, y)$ に対して，関係

$$(\forall z \leq y)R(x_1, \cdots, x_n, z)$$

は，y 以下のすべての z に対して $R(x_1, \cdots, x_n, z)$ が成り立つような $(n+1)$ 個組 $(x_1, \cdots, x_n, y)$ すべてからなる集合のことである．（R の**有界全称量化**と呼ばれ，$\forall_F R$ と略記することもある．）　したがって，$(\forall z \leq y)R(x_1, \cdots, x_n, z)$ が成り立つのは，$R(x_1, \cdots, x_n, 1)$, $R(x_1, \cdots, x_n, 2)$, $\cdots$, $R(x_1, \cdots, x_n, y)$ のすべてが成り立つとき，そしてそのときに限る．$(\forall z \leq y)R(x_1, \cdots, x_n, z)$ は，論理式

$$\forall z(z \leq y \supset R(x_1, \cdots, x_n, z))$$

と同値である．

関係 $(\exists z \leq y)R(x_1, \cdots, x_n, z)$ とは，$R(x_1, \cdots, x_n, z)$ が成り立つ $z \leq y$ が少なくとも一つあるような $(n+1)$ 個組 $(x_1, \cdots, x_n, y)$ すべてからなる集合のことである．（R の**有界存在量化**と呼ばれ，$\exists_F R$ と略記することもある．）　したがって，$(\exists z \leq y)R(x_1, \cdots, x_n, z)$ は，関係 $R(x_1, \cdots, x_n, 1)$, $R(x_1, \cdots, x_n, 2)$, $\cdots$, $R(x_1, \cdots, x_n, y)$ の選言である．論理式 $(\exists z \leq y)R(x_1, \cdots, x_n, z)$ は，論理式

$$\exists z(z \leq y \wedge R(x_1, \cdots, x_n, z))$$

と同値である．

量化子 $(\forall x \leq c)$ と $(\exists x \leq c)$ は，**有界量化子**と呼ばれる．

問題 3　次の (a)–(b) を示せ．

（a）　$R(x_1, \cdots, x_n, y)$ が再帰的に枚挙可能ならば，$\forall_F R$ と $\exists_F R$ も再帰的に枚挙可能である．

（b）　$R(x_1, \cdots, x_n, y)$ が再帰的ならば，$\forall_F R$ と $\exists_F R$ も再帰的である．

先に進む前に，一階算術の Σ_0 論理式と Σ_1 論理式の定義を思い出そう．上巻では，Σ_0 論理式と Σ_0 関係を次のように定義した．原子 Σ_0 論理式とは，c_1 と c_2 をともに項とするとき，$c_1 = c_2$ か $c_1 \leq c_2$ のいずれかの形式の論理式のことである．このとき，一階算術の Σ_0 論理式のクラスを，次のように帰納的に定義する．

（1）　すべての原子 Σ_0 論理式は Σ_0 論理式である．

（2）　任意の Σ_0 論理式 F と G に対して，論理式 $\sim F$, $F \wedge G$, $F \vee G$, $F \supset G$ は Σ_0 論理式である．

（3）　任意の Σ_0 論理式 F と，任意の変数 x，そしてペアノ数項または x とは異なる変数のいずれかである任意の c に対して，式 $(\forall x \leq c)F$ および $(\exists x \leq c)F$ は Σ_0 論理式である．

この (1), (2), (3) の結果として得られるもの以外に Σ_0 論理式になるものはない．

このようにして，Σ_0 論理式はすべての量化子が有界であるような一階算術の論理式である．集合や関係は，それが Σ_0 論理式によって表示されるならば，Σ_0 集合および Σ_0 関係（あるいは簡単に Σ_0）と呼ばれる．

関係 $R(x_1, \cdots, x_n, z)$ を Σ_0 とするとき，$\exists z R(x_1, \cdots, x_n, z)$ という形式の論理式で表示される関係は Σ_1 と呼ばれる．

上巻では，すべての Σ_0 および Σ_1 関係や集合は**算術的**であると述べた．なぜなら，これらを表示する論理式は，数の集合や関係を表示するために用いることのできる一階算術のすべての論理式の特別な場合だからである．さらに，与えられた任意の Σ_0 文（自由変数を含まない Σ_0 論理式）に対して，その真偽を効率よく判別することができるという事実を論じた．

問題 2 のアルファベット K として D を用いると，すべての再帰的集合および再帰的関係の族は，和集合，共通集合，補集合，明示的変換の下で閉じている．また，すでに見てきたように，有界全称量化および有界存在量化の下でも閉じている．この族は，関係 $x+y=z$ および $x\times y=z$ を含む．これらの事実を併せると，次の命題が得られる．

命題 2　すべての Σ_0 関係は再帰的である．

また，D を問題 1 のアルファベット K とすると，再帰的に枚挙可能な関係の存在量化は再帰的に枚挙可能であることが分かる．ここで，すべての Σ_1 関係は，Σ_0 関係の存在量化であり，したがって，再帰的に枚挙可能（実際には再帰的）な関係の存在量化である．それゆえ，Σ_1 関係は再帰的に枚挙可能である．これで，次の命題が証明できた．

命題 3　すべての Σ_1 関係は再帰的に枚挙可能である．

ここで，逆に，すべての再帰的に枚挙可能な関係は Σ_1 であり，したがって，再帰的に枚挙可能と Σ_1 は同じであることを証明したい．

まず，Σ_1 関係に関して非常に有用な事実を示す．

問題 4　$R(x_1,\cdots,x_n,y)$ は Σ_1 であるとする．このとき，関係 $\exists yR(x_1,\cdots,x_n,y)$ は，（$x_1,\cdots,x_n$ の間の関係として）Σ_1 であることを示せ．

任意の（数から数への）関数 $f(x)$ に対して，関係 $f(x)=y$ が Σ_1 ならば，関数 $f(x)$ は Σ_1 であるという．

命題 4　A が Σ_1 集合，$f(x)$ が Σ_1 関数で，A' は $f(x)\in A$ であるようなすべての x からなる集合ならば，A' は Σ_1 である．（A' は，値域を集合 A に制限したときの関数 $f(x)$ の定義域，すなわち，集合 A の f による逆像である．）

問題 5　命題 4 を証明せよ．

再帰的に枚挙可能な関係がすべて Σ_1 であることを証明するために，再帰的に枚挙可能な集合の場合の証明を具体的に示す．再帰的に枚挙可能な集合 A がすべて Σ_1 であることを示す．それを修正して再帰的に枚挙可能な関係がすべて Σ_1 であることを示すのは読者に委ねる．

上巻で定義した二値ゲーデル符号化を用いる．任意の順序づけられたアルファベット K，すなわち $\{k_1, k_2, \cdots, k_n\}$ に対して，k_1 には 12 を，k_2 には 122 を，そして k_n には 1 の後ろに n 個の 2 が続く数というようにゲーデル数を割り当てる．そして，それらから作られる任意の記号列のゲーデル数を，その記号列に含まれる K のそれぞれの記号をそのゲーデル数で置き換えた結果とする．このゲーデル符号化関数を表記するために g を用いる．たとえば，$k_3k_1k_2$ のゲーデル数は $g(k_3k_1k_2) = 122212122$ である．

上巻では，K の記号からなる文字列の集合 S が K 上で形式的に表現可能ならば，S の元のゲーデル数の集合 S_0 は Σ_1 であることを示した．もちろん，これは，K が 2 個の記号からなるアルファベット $\{1, 2\}$ であるときも成り立つ．したがって，A が再帰的に枚挙可能ならば，A の元の（二値法表記による）ゲーデル数の集合 A_0 は Σ_1 である．ここで行わなければならないのは，ゲーデル数の集合 A_0 が Σ_1 であるという事実から，A 自体が Σ_1 であるという事実を導くことである．A は $g(x) \in A_0$ となるようなすべての x からなる集合なので，（命題 4 によって）関係 $g(x) = y$ が Σ_1 であることを示せば十分である．そのためには，上巻で証明した次の補題を使う．

補題 K　次の 2 条件が成り立つような Σ_0 関係 $K(x, y, z)$ が存在する．

（1）　$(a_1, b_1), \cdots, (a_n, b_n)$ を数（正整数）の順序対の任意の有限列とする．このとき，数 z で，すべての x と y に対して，$K(x, y, z)$ が成り立つのは，(x, y) が順序対 $(a_1, b_1), \cdots, (a_n, b_n)$ の中の一つであるとき，そしてそのときに限るようなものが存在する．（この数 z を，この有限列の符号数と呼ぶ．）

（2）　任意の数 x, y, z に対して，$K(x, y, z)$ が成り立つならば，$x < z$ かつ $y < z$ となる．

問題 6　補題 K を用いて，関係 $g(x) = y$ が Σ_1 であることを証明せよ．

この結果をすべての関係に拡張すると次の命題 5 が得られる．

命題 5　すべての再帰的に枚挙可能な関係は Σ_1 であり，すべての Σ_1 関係は再帰的に枚挙可能である．

◉再帰的対関数 $\delta(x,y)$

それぞれの数の対 (x,y) に数 $f(x,y)$ を割り当てる関数 f は，すべての数 z に対して $f(x,y)=z$ となる対 (x,y) がたかだか一つしかないならば，**1 対 1** 関数という．1 対 1 を言い換えると，$f(x,y)=f(z,w)$ ならば，$x=z$ かつ $y=w$ ということである．また，関数 f は，すべての数 z がある対 (x,y) に対する $f(x,y)$ になるならば，数の集合 $\mathbb{N}$ の**上への**関数という．したがって，f が $\mathbb{N}$ の上への 1 対 1 関数となるのは，すべての数 z が，ただ一つの対 (x,y) に対する $f(x,y)$ であるとき，そしてそのときに限る．

ここで，$\mathbb{N}$ の上への 1 対 1 となる**再帰的**関数 $\delta(x,y)$ が必要になる．（このような関数は，正整数のすべての順序対を数え上げる．）このような関数を構成する方法は数多くある．その中の一つは次のとおりである．$(1,1)$ から始めて，そのあとに大きいほうの数が 2 である 3 対を $(1,2)$, $(2,2)$, $(2,1)$ の順に続けて，そのあとに大きいほうの数が 3 である 5 対を $(1,3)$, $(2,3)$, $(3,3)$, $(3,1)$, $(3,2)$ を続け，同じようにして，$\cdots$, $(1,n)$, $(2,n)$, $\cdots$, (n,n), $(n,1)$, $(n,2)$, $\cdots$, $(n,n-1)$ の順に続ける．このとき，この順序列における (x,y) の位置，すなわち，(x,y) より前にある対の数に 1 を加えたものを $\delta(x,y)$ とする．たとえば，

$$\delta(1,1)=1,\quad \delta(1,2)=2,\quad \delta(2,2)=3,\quad \delta(2,1)=4,\quad \delta(1,3)=5$$
$$\delta(2,3)=6,\quad \delta(3,3)=7,\quad \delta(3,1)=8,\quad \delta(3,2)=9,\quad \delta(1,4)=10$$

となる．実際には，次の関係が成り立つ．

（a）　$m\le n$ ならば，$\delta(m,n)=(n-1)^2+m$

（b）　$n<m$ ならば，$\delta(m,n)=(n-1)^2+m+n$

(a)が成り立つことを見るには，まず，任意の n に対して，この順序において $(1,n)$ よりも前にあるどの対 (x,y) の x と y も n より小さく，そして，そのような対は $(n-1)^2$ 個あることに注意する．（なぜなら，n よりも小さい数（正整数）は $n-1$ 個あるからである．）すなわち，$\delta(1,n)=(n-1)^2+1$ である．したがって，$\delta(2,n)=(n-1)^2+2$, $\delta(3,n)=(n-1)^2+3$, $\cdots$, $\delta(n,n)=(n-1)^2+n$ となる．すなわち，任意の $m\le n$ に対して，$\delta(m,n)=(n-1)^2+m$ となる．これで，(a)が証明された．

(b)については，$\delta(m,m)=(m-1)^2+m$ なので，$\delta(m,1)=(m-1)^2+m+1$, $\delta(m,2)=(m-1)^2+m+2$, $\cdots$, $\delta(m,m-1)=(m-1)^2+m+$

$(m-1)$ となる．したがって，任意の $n \leq m$ に対して，$\delta(m,n) = (m-1)^2 + m + n$ となる．

問題 7　関数 $\delta(x,y)$ は再帰的（実際には Σ_0）であることを証明せよ．

◉δ の逆関数 K と L

それぞれの数 z は，ただ一つの対 (x,y) に対する $\delta(x,y)$ である．このとき，$K(z)$（Kz と略記することもある）を x とし，$L(z)$（Lz と略記することもある）を y とする．したがって，$K\delta(x,y) = x$ および $L\delta(x,y) = y$ である．

問題 8　（a）$\delta(Kz, Lz) = z$ であることを証明せよ．（b）関数 $K(x)$ および $L(x)$ はともに Σ_0 であり，したがって再帰的であることを証明せよ．

◉n 個組関数 $\delta_n(x_1, \cdots, x_n)$

それぞれの $n \geq 2$ に対して，関数 $\delta_n(x_1, \cdots, x_n)$ を次のように帰納的に定義する．

$$\delta_2(x_1, x_2) = \delta(x_1, x_2)$$
$$\delta_3(x_1, x_2, x_3) = \delta(\delta_2(x_1, x_2), x_3)$$
$$\vdots$$
$$\delta_{n+1}(x_1, \cdots, x_{n+1}) = \delta(\delta_n(x_1, \cdots, x_n), x_{n+1})$$

分かりやすい帰納法を用いた論証によって，それぞれの $n \geq 2$ に対して，関数 $\delta_n(x_1, \cdots, x_n)$ は正整数の集合 $\mathbb{N}$ の上への 1 対 1 再帰的関数であることが示せる．

問題 9　次の (a)–(b) を証明せよ．

（a）　再帰的に枚挙可能な任意の集合 A と任意の $n \geq 2$ に対して，関係 $\delta_n(x_1, \cdots, x_n) \in A$ は再帰的に枚挙可能である．

（b）　再帰的に枚挙可能な任意の関係 $R(x_1, \cdots, x_n)$ に対して，$R(x_1, \cdots, x_n)$ となるような数 $\delta_n(x_1, \cdots, x_n)$ すべてからなる集合 A は再帰的に枚挙可能である．

◉δ_n **の逆関数** K_i^n

それぞれの $n \geq 2$ および $1 \leq i \leq n$ に対して，$K_i^n(x)$ を次のように定義する．ちょうど一つの n 個組 $(x_1, \cdots, x_n)$ に対して $x = \delta_n(x_1, \cdots, x_n)$ なので，$K_i^n(x)$ を x_i とする．したがって，$K_i^n(\delta_n(x_1, \cdots, x_n)) = x_i$ である．

問題 10　次の (a)–(e) を証明せよ．

（a）　$\delta_n(K_1^n(x), K_2^n(x), \cdots, K_n^n(x)) = x$

（b）　$K_1^2(x) = Kx$ かつ $K_2^2(x) = Lx$

（c）　$x = \delta_{n+1}(x_1, \cdots, x_{n+1})$ ならば，$Kx = \delta_n(x_1, \cdots, x_n)$ かつ $Lx = x_{n+1}$ である．

（d）　$i \leq n$ ならば，$K_i^{n+1}(x) = K_i^n(Kx)$ であり，$i = n+1$ ならば，$K_i^{n+1}(x) = Lx$ である．

（e）　$R(x_1, \cdots, x_n, y_1, \cdots, y_m)$ を再帰的に枚挙可能な任意の関係とする．このとき，再帰的に枚挙可能な関係 $M(x, y)$ が存在し，すべての x_1，$\cdots$，x_n，y_1，$\cdots$，y_m に対して，

$$R(x_1, \cdots, x_n, y_1, \cdots, y_m) \text{ iff } M(\delta_n(x_1, \cdots, x_n), \delta_m(y_1, \cdots, y_m))$$

となる．

3.　万能体系

ここで，「……である数が……である再帰的に枚挙可能な集合に属する」や「……である数の n 個組が……である再帰的に枚挙可能な関係を満たす」という形式のすべての命題を表すことができるような「万能」体系 (U) を構成したい．（ここで使っている「数」という言葉は「正整数」を意味することを思い出そう．）

体系 (U) を構成する準備として，すべての二値体系（アルファベット $\{1, 2\}$ 上の初等形式体系）を単一の**有限**のアルファベットに「転写」する必要がある．そこで，二値体系と似た体系として**転写二値体系**（TDS と省略する）を定義する．ただし，変数と述語に個別の記号を用いるのではなく，v とアクセント記号（$'$）を使って，α をアクセント記号からなる文字列とするとき，**転写変数**を任意の文字列 vαv と定義する．同様に，**転写述語**を，p からなる文字列のあとにアクセント記号からなる文字列を続けたものと定

義し，p の個数によってその述語の**次数**を表すことにする．このとき，転写二値体系は，二値体系と似ているが，変数を表す個別の記号の代わりに転写変数を用い，述語を表す個別の記号の代わりに転写述語を用いる．これで，次のような記号による単一のアルファベット K_7 が得られた．

$$' \quad \mathtt{v} \quad \mathtt{p} \quad 1 \quad 2 \quad , \quad \rightarrow$$

K_7 から，すべての転写変数と転写述語，そして最終的には論理式が構成される．正整数に対する二値数項を構成するために用いる記号 1 と 2 は，上巻やここまでに示した初等形式体系の定義におけるアルファベット K に対応することに注意せよ．

あきらかに，どのような二値体系の表現可能性も，転写二値体系の表現可能性と等価である．

変数と述語を用いて「項」，「原子論理式」，「論理式」，「文」を定義したのと同じように，転写変数と転写述語を用いて「**転写項**」，「**転写原子論理式**」，「**転写論理式**」，「**転写文**」を定義する．

そして，**万能体系** (U) をつぎのように構成する．まず，アルファベット K_7 に記号 $\wedge$ を追加してアルファベット K_8 に拡張する．このとき，**基底**とは，$X_1 \wedge \cdots \wedge X_k$（$k = 1$ の場合は単一の論理式 X）という形式の文字列のことである．ここで，X および $X_1, \cdots, X_k$ はすべて転写論理式である．これらの転写論理式は，基底 $X_1 \wedge \cdots \wedge X_k$（または基底 X）の**成分**と呼ばれる．そして，アルファベット K_8 に記号 $\vdash$ を追加してアルファベット K_9 に拡張し，B を基底，X を転写文（変数を含まない転写論理式）とするとき，(U) の**文**を $B \vdash X$ という形式の記号列と定義する． 文 $B \vdash X$ は，公理図式が B の成分であるような TDS において X が証明可能ならば，**真**であるという．したがって，$X_1 \wedge \cdots \wedge X_k \vdash X$ が真となるのは，公理図式が $X_1, \cdots, X_k$ であるような TDS において X が証明可能であるとき，そしてそのときに限る．

(U) の**述語** H（転写述語と混同しないように）とは，B を基底，P を転写述語とするときに，$B \vdash P$ という形式の文字列のことである．$B \vdash P$ の**次数**は，P の次数（すなわち，P に現れる p の個数）と定義する．(U) において $B \vdash P$ という形式の n 次の述語 H は，文 $B \vdash Pa_1, \cdots, a_n$ が真になるような数の n 個組 $(a_1, \cdots, a_n)$ すべてからなる集合を表現するという．したがって，n 次の述語 $X_1 \wedge \cdots \wedge X_k \vdash P$ は，（(U) において）n 個組 $(a_1, \cdots, a_n)$ で，X_1, $\cdots$, X_k を公理図式とする TDS で $Pa_1, \cdots, a_n$ が証明可能であるようなものの集合を表現する．すなわち，関係または集合が表現可能となるのは，それが再帰的に枚挙可能なとき，そしてそのときに限る．この意味で，(U) はすべての再帰的に枚挙可能な関係に対する**万能体系**と呼ばれる．

T を (U) の真な文すべてからなる集合とし，T_0 を T の元の（**二値**ゲーデル符号化による）ゲーデル数からなる集合とする．

ここで，集合 T はアルファベット K_9 上の初等形式体系で形式的に表現可能であり，集合 T_0 が再帰的に枚挙可能であることを示したい．再帰的関数論全体の発展は，この重要な事実に基づいているのだ．

T を表現するような K_9 上の初等形式体系 $\mathcal{W}$ を構成する．そのためには，まず，$\mathcal{W}$ の含意記号は転写体系の含意記号と異なっていなければならないことに注意しよう．そこで，$\mathcal{W}$ の含意記号としては $\to$ を用い，転写体系の含意記号としては imp を用いる．同様にして，$\mathcal{W}$ の区切り記号としては通常のコンマを用い，転写体系の区切り記号としては com を用いる．$\mathcal{W}$ の変数は，（転写変数と混同しないように）文字 x, y, z, w やそれに添字をつけたものを使う．述語は（(U) の述語や転写述語と混同しないように）必要に応じて新たに導入する．

問題 11　次の性質や関係を表現する述語と公理図式を順に追加することで，$\mathcal{W}$ を構成せよ．

$\mathrm{N}(x)$：x は数（二値数項）

$\mathrm{Acc}(x)$：x はアクセント記号からなる文字列

$\mathrm{Var}(x)$：x は転写変数

$\mathrm{dv}(x, y)$：x と y は相異なる転写変数

$\mathrm{P}(x)$：x は転写述語

$\mathrm{t}(x)$：x は転写項

$\mathrm{F}_0(x)$：x は転写原子論理式

$\mathrm{F}(x)$：x は転写論理式

$\mathrm{S}_0(x)$：x は転写原子文

$\mathrm{S}(x)$: x は転写文

Sub(x, y, z, w)：x は転写変数，数項，転写述語，com，imp を組み合わせた文字列，y は転写変数で，w は x に現れるすべての y を z で置き換えた結果

pt(x, y)：x は転写論理式で，y は x のいくつかの（必ずしもすべてでなくてよい）転写変数を数項で置き換えた結果（このような論理式 y は x の部分代入例と呼ばれる）

in(x, y)：x は転写論理式で，y は x のすべて転写変数を数項で置き換えた結果（このような論理式 y は x の代入例と呼ばれる）

B(x)：x は基底

C(x, y)：x は基底 y の成分

T(x)：x は (U) の真な転写文

T_0 は形式的に表現可能なので，T_0 は Σ_1 であり，したがって，再帰的に枚挙可能である．

◉(U) の再帰的非可解性

ここで，T_0 の補集合 $\overline{T}_0$ が再帰的に枚挙可能ではなく，したがって，集合 T_0 は再帰的に枚挙可能であるが再帰的ではないことを示したい．

数の任意の集合 A に対して，A の**ゲーデル文**を，(U) の文 X で，X が真でそのゲーデル数 X_0 が A に属するか，または，X が真でなくそのゲーデル数が A に属さないかのいずれかであるようなものと定義する．言い換えると，(U) の文 X が真となるのは，$X_0 \in A$ であるとき，そしてそのときに限るならば，X は A のゲーデル文である．あきらかに，$\overline{T}_0$ に対するゲーデル文はありえない．なぜなら，そのような文は，それが真でないとき，そしてそのときに限り，真となる（すなわち，その文のゲーデル数が T_0 に属さないとき，そしてそのときに限り，真となる）が，これは不可能だからである．したがって，$\overline{T}_0$ が再帰的に枚挙可能でないことを示すには，再帰的に枚挙可能な任意の集合のゲーデル文が存在することを示せば十分である．

そのためには，K_7 の記号からなる任意の文字列 X に対して，X_0 を X のゲーデル数とするとき，X の**ノルム**を XX_0 と定義する．任意の二値数項 n 自体のゲーデル数は n_0 であり，それゆえ n のノルムは nn_0 である．ここで用いている二値ゲーデル符号化の利点として，連結に関して同型であるこ

と，すなわち，n が X のゲーデル数で，m が Y のゲーデル数ならば，nm は XY のゲーデル数であることを思い出そう．それゆえ，n が X のゲーデル数ならば，nn_0 は（X のノルム）Xn のゲーデル数である．したがって，X のノルムのゲーデル数は，X のゲーデル数のノルムである．

任意の数 x に対して，$\mathrm{norm}(x)$ を x のノルムとする．

問題 12　関係 $\mathrm{norm}(x) = y$ は再帰的に枚挙可能であることを示せ．

数の任意の集合 A に対して，$A^{\#}$ をノルムが A に属するようなすべての数からなる集合とする．

補題　A が再帰的に枚挙可能ならば，$A^{\#}$ も再帰的に枚挙可能である．

問題 13　この補題を証明せよ．

問題 14　この補題を使って，A が再帰的に枚挙可能ならば，A のゲーデル文が存在することを証明せよ．

すでにみたように，$\overline{T}_0$ のゲーデル文は存在しえない．それゆえ，問題 14 によって，集合 $\overline{T}_0$ は再帰的に枚挙可能とはなりえない．したがって，集合 T_0 は再帰的に枚挙可能であるが，再帰的ではない．

問題の解答

問題 1

（a）R_1 と R_2 がともに集合（すなわち，1 次の関係）の場合にはすでにこれを証明した．しかし，n 次の関係の場合の証明も本質的にはそれと同じである．R_1 と R_2 はともに n 次の関係でともに K 上で形式的に表現可能であるとする．R_1 と R_2 は，K 上の共通の初等形式体系で表現可能である．この初等形式体系において，P_1 が R_1 を表現し，P_2 が R_2 を表現するとき，Q を新たな述語として次の二つの公理を追加する．

$$\mathrm{P}_1\, x_1, \cdots, x_n \to \mathrm{Q}\, x_1, \cdots, x_n$$
$$\mathrm{P}_2\, x_1, \cdots, x_n \to \mathrm{Q}\, x_1, \cdots, x_n$$

このとき，Q は $R_1 \cup R_2$ を表現する．

$R_1 \cap R_2$ を表現するためには，前述の二つの公理の代わりに次の単一の公理を追加する．

$$\mathrm{P}_1\, x_1, \cdots, x_n \to \mathrm{P}_2\, x_1, \cdots, x_n \to \mathrm{Q}\, x_1, \cdots, x_n$$

このとき，Q は $R_1 \cap R_2$ を表現する．

（b）P は，(E) において関係 $R(x_1, \cdots, x_n, y)$ を表現するとする．Q を n 次の新たな述語とし，次の公理図式を追加する．

$$\mathrm{P}\, x_1, \cdots, x_n, y \to \mathrm{Q}\, x_1, \cdots, x_n$$

このとき，Q は，(E) において関係

$$\exists y R(x_1, \cdots, x_n, y)$$

を表現する．

（c）P は，(E) において関係 $R(x_1, \cdots, x_k)$ を表現するとする．Q を新たな述語とし，次の公理図式を追加する．

$$\mathrm{P}\, \alpha_1, \cdots, \alpha_k \to \mathrm{Q}\, x_1, \cdots, x_n$$

このとき，Q は，(E) において関係

$$\lambda x_1, \cdots, x_n R(\alpha_1, \cdots, \alpha_k)$$

を表現する．

問題 2　補関係については自明である．和集合と共通集合については，W_1 と W_2 を同じ次数でともに K 上で決定可能であると仮定する．このとき，$W_1, \overline{W}_2$, $\overline{W}_1, W_2$ はすべて K 上で形式的に表現可能である．問題 1 によって，$W_1 \cup W_2$ と $W_1 \cap W_2$ は K 上で形式的に表現可能であることが分かっている．あとは，$W_1 \cup$

W_2 と $W_1 \cap W_2$ それぞれの補集合が K 上で形式的に表現可能であることを示せばよい．しかし，これらの補集合はそれぞれ $\overline{W_1 \cup W_2}$ と $\overline{W_1 \cap W_2}$ であり，ブール真理集合の知識を用いると，それぞれ $\overline{W}_1 \cap \overline{W}_2$ と $\overline{W}_1 \cup \overline{W}_2$ に等しいことが分かる．$\overline{W}_1 \cap \overline{W}_2$ と $\overline{W}_1 \cup \overline{W}_2$ はそれぞれ集合の共通集合と和集合なので，K 上で形式的に表現可能であることが分かっている．したがって，$\overline{W_1 \cup W_2}$ と $\overline{W_1 \cap W_2}$ は K 上で形式的に表現可能であり，K 上で決定可能な二つの集合の和集合と共通集合は K 上で決定可能であることが分かる．

ここで，$R(x_1, \cdots, x_k)$ が K 上で決定可能であると仮定する．このとき，その補関係 $\overline{R}(x_1, \cdots, x_k)$ もまた K 上で決定可能である．なぜなら，それらの関係は互いに相補的だからである．α_i を変数 $x_1, \cdots, x_n$ のうちの一つか，または定項とするとき，明示的変換 $\lambda x_1, \cdots, x_n R(\alpha_1, \cdots, \alpha_k)$ と $\lambda x_1, \cdots, x_n \overline{R}(\alpha_1, \cdots, \alpha_k)$ もまた K 上で形式的に表現可能である．しかし，これらの関係は互いに相補的なので，K 上で決定可能な集合や関係の族は明示的変換の下でも同じく閉じていることが分かる．

問題 3

（a） 関係 $R(x_1, \cdots, x_n, y)$ が再帰的に枚挙可能であると仮定する．D を，R が述語 P で，$x < y$ が述語 E で，そして，関係「x の後者は y である」が述語 S で表現されるような二値体系とする．

$W(x_1, \cdots, x_n, y)$ を関係 $(\forall z \leq y) R(x_1, \cdots, x_n, z)$ とする．関係 W を表現するために，Q を新たな述語とし，次の二つの公理図式を追加する．

$$\mathrm{P}\, x_1, \cdots, x_n, 1 \to \mathrm{Q}\, x_1, \cdots, x_n, 1$$

$$\mathrm{Q}\, x_1, \cdots, x_n, z \to \mathrm{S}\, z, y \to \mathrm{P}\, x_1, \cdots, x_n, y \to \mathrm{Q}\, x_1, \cdots, x_n, y$$

このとき，Q は W を表現する．

関係 $(\exists z \leq y) R(x_1, \cdots, x_n, z)$ は，（$x_1, \cdots, x_n, y$ の間の関係として）関係 $\exists z (z \leq y \wedge R(x_1, \cdots, x_n, z)$ と同値である．$S(x_1, \cdots, x_n, y, z)$ を関係 $z \leq y \wedge R(x_1, \cdots, x_n, z)$ とする．S は再帰的に枚挙可能でなければならない．なぜなら，

$$S_1 = \lambda x_1, \cdots, x_n, y, z (z \leq y)$$

$$S_2 = \lambda x_1, \cdots, x_n, y, z R(x_1, \cdots, x_n, z)$$

とすると，S は S_1 と S_2 の共通集合 $S_1 \cap S_2$ であるからだ．

S_1 と S_2 は，それぞれ再帰的に枚挙可能な関係 $z \leq y$ と $R(x_1, \cdots, x_n, z)$ から明示的変換によって定義可能なので，ともに再帰的に枚挙可能であり，それらの共通集合 S も再帰的に枚挙可能である．したがって，関係 $(\exists z \leq y) R(x_1, \cdots, x_n, z)$ である存在量化 $\exists z S(x_1, \cdots, x_n, z)$ も再帰的に枚挙可能である．

（b） 関係 R が再帰的であると仮定する．したがって，R とその補関係 $\overline{R}$ はともに再帰的に枚挙可能である．R が再帰的に枚挙可能なので，（(a)によって）$\forall_F(R)$ と $\exists_F(R)$ も再帰的に枚挙可能である．$\overline{R}$ が再帰的に枚挙可能なので，（再び(a)によって）$\forall_F(R)$ と $\exists_F(\overline{R})$ も再帰的に枚挙可能である．しかし，容易に確かめられるように，$\forall_F(\overline{R})$ と $\exists_F(\overline{R})$ は，それぞれ $\exists_F(R)$ および $\forall_F(R)$ の補関係であり，したがって，$\exists_F(R)$ および $\forall_F(R)$ の補関係はともに再帰的に枚挙可能である．これは，$\exists_F(R)$ と $\forall_F(R)$ がともに再帰的であることを意味する．

問題 4　まず，任意の関係 $R(x_1, \cdots, x_n, y, z)$ に対して，次の 2 条件は同値であることに注意する．

（1） $\exists y \exists z R(x_1, \cdots, x_n, y, z)$

（2） $\exists w(\exists y \leq w)(\exists z \leq w)R(x_1, \cdots, x_n, y, z)$

あきらかに，(2) は (1) を含意する．つぎに，(1) が成り立つと仮定する．このとき，$R(x_1, \cdots, x_n, y, z)$ となる数 y と z が存在する．w を y と z の大きいほうとすると，$y \leq w$ かつ $z \leq w$ なので，そのような数 w に対して $(\exists y \leq w)(\exists z \leq w)R(x_1, \cdots, x_n, y, z)$ が成り立つ．したがって，(2) が成り立つ．

ここで，$R(x_1, \cdots, x_n, y)$ が Σ_1 であると仮定する．このとき，$R(x_1, \cdots, x_n, y)$ が $\exists z S(x_1, \cdots, x_n, y, z)$ と同値になるような Σ_0 関係 $S(x_1, \cdots, x_n, y, z)$ が存在する．したがって，$\exists y R(x_1, \cdots, x_n, y)$ は $\exists y \exists z S(x_1, \cdots, x_n, y, z)$ と同値であり，これはすでに示したように，Σ_1 である．（なぜなら，関係 $(\exists y \leq w)(\exists z \leq w)S(x_1, \cdots, x_n, y, z)$ は Σ_0 だからである．）

問題 5　$x \in A'$ iff $f(x) \in A$ であり，また，$f(x) \in A$ iff $\exists y(f(x) = y \wedge y \in A)$ である．まず，関係 $f(x) = y \wedge y \in A$ が Σ_1 であることを示す．

関係 $f(x) = y$ は Σ_1 であるから，$f(x) = y$ iff $\exists z S(x, y, z)$ であるような Σ_0 関係 $S(x, y, z)$ が存在する．

集合 A は Σ_1 なので，$x \in A$ iff $\exists w R(x, w)$ であるような Σ_0 関係 $R(x, y)$ が存在する．したがって，$f(x) = y \wedge y \in A$ となるのは

$$\exists z S(x, y, z) \wedge \exists w R(x, w)$$

であるとき，そしてそのときに限り，それは，$\exists z \exists w(S(x, y, z) \wedge R(x, w))$ であるとき，そしてそのときに限る．条件 $S(x, y, z) \wedge R(x, w)$ は Σ_0 なので，$\exists w(S(x, y, z) \wedge R(x, w))$ は Σ_1 であり，したがって，（問題 4 によって）条件 $\exists z \exists w(S(x, y, z) \wedge R(x, w))$ も Σ_1 である．

したがって，条件 $f(x) = y \wedge y \in A$ は Σ_1 であり，それゆえ，（再び，問題 4 によって）$\exists y(f(x) = y \wedge y \in A)$ も Σ_1 である．すなわち，A' は Σ_1 である．

問題 6　目標は，関係 $g(x)=y$ が Σ_1 であることの証明である．まず，$R_1(x,y)$ を Σ_0 関係 $(x=1 \wedge y=12) \vee (x=2 \wedge y=122)$ とする．すると，$R_1(x,y)$ が成り立つのは，x が 1 桁の 1 か 2 であり，$g(x)=y$ であるとき，そしてそのときに限る．

$R_2(x,y,x_1,y_1)$ を Σ_0 関係

$$(x=x_1 1 \wedge y=y_1 12) \vee (x=x_1 2 \wedge y=y_1 122)$$

とする．数の順序対の集合 S は，S に属するすべての対 (x,y) に対して，$R_1(x,y)$ であるか，または $(\exists x_1 \leq x)(\exists y_1 \leq y)((x_1,y_1) \in S \wedge R_2(x,y,x_1,y_1))$ であるならば，**特殊集合**と呼ぶ．S が特殊集合ならば，S に属するすべての対 (x,y) に対して，$g(x)=y$ でなければならないことは，x の長さ（すなわち，x に現れる 1 と 2 が個数）に関する数学的帰納法によって簡単に分かる．

つぎに，この逆，すなわち，$g(x)=y$ ならば (x,y) はある特殊集合に属することを示さなければならない．

それぞれの d_i を数字 1 または 2 とするとき，$g(x)=y$ の x は $x=d_1d_2\cdots d_n$ という形式でなければならない．それぞれの $i \leq n$ に対して，g_i を d_i の二値ゲーデル数とする．（すなわち，$d_i=1$ ならば $g_i=12$ であり，$d_i=2$ ならば $g_i=122$ である．）ここで，集合 S_x を

$$\{(d_1,g_1),(d_1d_2,g_1g_2),\cdots,(d_1d_2\cdots d_n,g_1g_2\cdots g_n)\}$$

とすると，S_x はあきらかに特殊集合であり，対 $(x,g(x))$（これは対 $(d_1d_2\cdots d_n,g_1g_2\cdots g_n)$ である）を含む．したがって，$g(x)=y$ ならば，$(x,y) \in S_x$ であり，(x,y) は特殊集合に属する．すなわち，

(1)　$g(x)=y$ となるのは,(x,y) が特殊集合に属するとき，そしてそのときに限る．

ここで，補題 K を用いる．任意の数 z に対して，S_z を $K(x,y,z)$ が成り立つような対 (x,y) すべてからなる集合とする．したがって，$(x,y) \in S_z$ iff $K(x,y,z)$ である．すなわち，S_z が特殊集合であるというのは，すべての x と y に対して $K(x,y,z)$ が次の Σ_0 条件を含意するということである．

$$R_1(x,y) \vee (\exists x_1 \leq x)(\exists y_1 \leq y)(K(x_1,y_1,z) \wedge R_2(x,y,x_1,y_1))$$

この条件を $A(x,y,z)$ と呼ぶ．したがって，S_z が特殊集合となるのは，次の条件 $C(z)$ が成り立つとき，そしてそのときに限る．

$$C(z) : \forall x \forall y (K(x,y,z) \supset A(x,y,z))$$

しかしながら，$C(z)$ は，次の Σ_0 条件 $P(z)$ と同値である．

$$P(z) : (\forall x \leq z)(\forall y \leq z)(K(x,y,z) \supset A(x,y,z))$$

$C(z)$ と $P(z)$ の同値性については，$C(z)$ が $P(z)$ を含意することはあきらかである．その逆を示すために，$P(z)$ が成り立つと仮定する．このとき，$C(z)$ が成り立つことを示さなければならない．x と y を任意の数として，$K(x,y,z)$ が成り立つならば，$A(x,y,z)$ も成り立つことを示さなければならない．$K(x,y,z)$ が成り立つならば，（補題 K の 2 番めの条件によって）$x \leq z$ と $y \leq z$ も真でなければならず，それゆえ，（$P(z)$ が成り立つという仮定によって）$A(x,y,z)$ が成り立つ．したがって，すべての x と y に対して，$K(x,y,z) \supset A(x,y,z)$ であり，$C(z)$ が成り立つ．

これで，$C(z)$ が $P(z)$ と同値であることが証明でき，したがって，S_z が特殊集合となるのは，$P(z)$ が成り立つとき，そしてそのときに限ることが分かった．

最後に，$g(x) = y$ となるのは，(x,y) がある特殊集合に属するとき，そしてそのときに限り，それは

$$\exists z((x,y) \in S_z \wedge S_z \text{は特殊集合})$$

であるとき，そしてそのときに限る．また，これは，

$$\exists z(K(x,y,z) \wedge P(z))$$

であるとき，そしてそのときに限る．したがって，関係 $g(x) = y$ は Σ_1 である．（なぜなら，$K(x,y,z) \wedge P(z)$ は Σ_0 だからである．）これで，再帰的に枚挙可能なすべての集合 A は Σ_1 であることの証明が完成した．

問題 7　$\delta(x,y) = z$ となるのは，

$$(x \leq y \wedge z = (y-1)^2 + x) \vee (y < x \wedge z = (x-1)^2 + x + y)$$

であるとき，そしてそのときに限る．条件 $z = (y-1)^2 + x$ は，

$$(\exists w \leq z)(y = w + 1 \wedge z = w^2 + x)$$

と書き直すことができる．また，条件 $z = (x-1)^2 + x + y$ は，

$$(\exists w \leq z)(x = w + 1 \wedge z = w^2 + x + y)$$

と書き直すことができる．$\delta(x,y) = z$ を表示する論理式は Σ_0 論理式として書き直すことができるので，関数 δ は Σ_0 であり，それゆえ，（命題 2 によって）再帰的である．

問題 8

（a）　ある x と y に対して，$z = \delta(x,y)$ である．このとき，$Kz = x$ かつ $Lz = y$ なので，$\delta(x,y) = \delta(Kz, Lz)$ である．したがって，z（これは $\delta(x,y)$ である）は，$\delta(Kz, Lz)$ に等しい．

（b）　$K(z) = x$ iff $(\exists y \leq z)(\delta(x,y) = z)$ であり，$L(z) = y$ iff $(\exists x \leq z)(\delta(x,y) = z)$ である．（$\delta(x,y) = z$ ならば，$x \leq z$ かつ $y \leq z$ であることを確かめるのは難しくない．）

問題 9　概念的には次のことが分かっている.

（a）　$\delta_n(x_1,\cdots,x_n)\in A$ iff $\exists y(\delta_n(x_1,\cdots,x_n)=y\wedge y\in A)$

（b）　$x\in A$ iff $\exists x_1\cdots\exists x_n(x=\delta_n(x_1,\cdots,x_n)\wedge R(x_1,\cdots,x_n))$

このような理解によってこの問題が解けることは，次のように言い換えられることから分かる.

（a）　集合 A が再帰的に枚挙可能であるというのは，$F_1(x)$ の成り立つすべての数 x からなる集合が A になるような，1 個の自由変数 x（と 1 個の存在量化子）をもつ Σ_1 論理式 F_1 の形式をした 1 次の関係 $R(x)$ が存在することを意味する．また，$\delta_n(x_1,\cdots,x_n)=y$ は再帰的であると証明したので，自由変数 $x_1,\cdots,x_n,y$ を含む Σ_0 論理式 F_2 で，それが数の $n+1$ 個組に対して成り立つのは，(その $n+1$ 個の数を適切に「代入」したときに) 等式 $\delta_n(x_1,\cdots,x_n)=y$ が真であるとき，そしてそのときに限るようなものがある．したがって，$\delta_n(x_1,\cdots,x_n)\in A$ は，論理式

$$\exists y(F_2(x_1,\cdots,x_n,y)\wedge F_1(y))$$

によって表示することができる．これは，Σ_1 論理式とみることもできる．なぜなら，F_1 に含まれる唯一の有界でない量化子は，ここまでに何度もやってきたような方法で先頭に移すことができるからである.

（b）　関係 $R(x_1,\cdots,x_n)$ は再帰的に枚挙可能なので，自由変数 $x_1,\cdots,x_n$ をもつ Σ_1 論理式 F_1 で，$F_1(x_1,\cdots,x_n)$ が成り立つのが，$R(x_1,\cdots,x_n)$ が真であるとき，そしてそのときに限るようなものが存在する．F_2 を本問(a)の論理式とすると，$x\in A$ は論理式 $\exists x_1\cdots\exists x_n(F_2(x_1,\cdots,x_n,x)\wedge F_1(x_1,\cdots,x_n))$ によって表示することができる.

問題 10

（a）　x が与えられたとき，δ_n は 1 対 1 かつ上への関数なので，x は，ただ一つの n 個組 $x_1,\cdots,x_n$ に対する $\delta_n(x_1,\cdots,x_n)$ に等しい．さらに，それぞれの $i\leq n$ に対して，$K_i^n(x)$ は x_i と定義されている．したがって，

$$\delta_n(K_1^n(x),K_2^n(x),\cdots,K_n^n(x))=\delta_n(x_1,\cdots,x_n)=x$$

となる.

（b）　(δ_2 の定義と問題 8 によって) $x=\delta_2(Kx,Lx)$ なので，$K_1^2(x)=K_1^2(\delta_2(Kx,Lx))=Kx$ および $K_2^2(\delta_2(Kx,Lx))=Lx$ が得られる.

（c）　$x=\delta_{n+1}(x_1,\cdots,x_{n+1})$ と仮定する．このとき，(δ_{n+1} の定義によって) $x=\delta(\delta_n(x_1,\cdots,x_n),x_{n+1})$ である．したがって，$K_x=\delta_n(x_1,\cdots,x_n)$ かつ $Lx=x_{n+1}$ である.

（d）　ある $x_1,\cdots,x_{n+1}$ に対して，$x=\delta_{n+1}(x_1,\cdots,x_n,x_{n+1})$ とすると，定義によって

$$K_i^{n+1}(x) = x_i$$

である．ここで，$i \leq n$ と仮定すると，（(c)によって）$Kx = \delta_n(x_1, \cdots, x_n)$ であり，それゆえ，

$$K_i^n(Kx) = K_i^n(\delta_n(x_1, \cdots, x_n)) = x_i$$

である．しかし，また，$K_i^{n+1}(x) = x_i$ でもある．したがって，（$i \leq n$ に対して）$K_i^{n+1}(x) = K_i^n(Kx)$ である．すなわち，（(c)によって）$K_{n+1}^{n+1}(x) = x_{n+1} = Lx$ である．

（e）$M(x, y) = R(K_1^n(x), \cdots, K_n^n(x), K_1^m(y), \cdots, K_m^m(y))$ とする．このとき，$R(x_1, \cdots, x_n, y_1, \cdots, y_m)$ iff $M(\delta_n(x_1, \cdots, x_n), \delta_m(y_1, \cdots, y_m))$ である．

問題 11　$\mathrm{N}(x)$：x は数

$$\mathrm{N}\,\mathsf{1}$$
$$\mathrm{N}\,\mathsf{2}$$
$$\mathrm{N}\,x \to \mathrm{N}\,y \to \mathrm{N}\,xy$$

$\mathrm{Acc}(x)$：x はアクセント記号からなる文字列

$$\mathrm{Acc}\,'$$
$$\mathrm{Acc}\,x \to \mathrm{Acc}\,x'$$

$\mathrm{Var}(x)$：x は転写変数

$$\mathrm{Acc}\,x \to \mathrm{Var}\,\mathsf{v}x\mathsf{v}$$

$\mathrm{dv}(x, y)$：x と y は相異なる転写変数

$$\mathrm{Acc}\,x \to \mathrm{Acc}\,y \to \mathrm{dv}\,\mathsf{v}x\mathsf{v}, \mathsf{v}xy\mathsf{v}$$
$$\mathrm{dv}\,x, y \to \mathrm{dv}\,y, x$$

$\mathrm{P}(x)$：x は転写述語

$$\mathrm{Acc}\,x \to \mathrm{P}\,\mathsf{p}x$$
$$\mathrm{P}\,x \to \mathrm{P}\,\mathsf{p}x$$

$\mathrm{t}(x)$：x は転写項

$$\mathrm{N}\,x \to \mathrm{t}\,x$$
$$\mathrm{Var}\,x \to \mathrm{t}\,x$$
$$\mathrm{t}\,x \to \mathrm{t}\,y \to \mathrm{t}\,xy$$

$\mathrm{F}_0(x)$：x は転写原子論理式

$$\mathrm{Acc}\,x \to \mathrm{t}\,y \to \mathrm{F}_0\,\mathsf{p}xy$$
$$\mathrm{F}_0\,x \to \mathrm{t}\,y \to \mathrm{F}_0\,\mathsf{p}x\,\mathsf{com}\,y$$

$\mathrm{F}(x)$：x は転写論理式

$$\mathrm{F}_0\,x \to \mathrm{F}\,x$$
$$\mathrm{F}_0\,x \to \mathrm{F}\,y \to \mathrm{F}\,x\,\mathsf{imp}\,y$$

$\mathrm{S}_0(x)$：x は転写原子文

$$\mathrm{Acc}\,x \to \mathrm{N}\,y \to \mathrm{S}_0\,\mathsf{p}xy$$
$$\mathrm{S}_0\,x \to \mathrm{N}\,y \to \mathrm{S}_0\,\mathsf{p}x\,\mathsf{com}\,y$$

$\mathrm{S}(x)$：x は転写文

$$\mathrm{S}_0\,x \to \mathrm{S}\,y$$
$$\mathrm{S}_0\,x \to \mathrm{S}\,y \to \mathrm{S}\,x\,\mathsf{imp}\,y$$

$\mathrm{Sub}(x,y,z,w)$：x は転写変数，数項，転写述語，com，imp を組み合わせた文字列，y は転写変数で，w は x に現れるすべての y を z で置き換えた結果

$$\mathrm{N}\,x \to \mathrm{Var}\,y \to \mathrm{N}\,z \to \mathrm{Sub}\,x,y,z,x$$
$$\mathrm{Var}\,x \to \mathrm{N}\,z \to \mathrm{Sub}\,x,x,z,z$$
$$\mathrm{dv}\,x,y \to \mathrm{N}\,z \to \mathrm{Sub}\,x,y,z,x$$
$$\mathrm{P}\,x \to \mathrm{Var}\,y \to \mathrm{N}\,z \to \mathrm{Sub}\,x,y,z,x$$
$$\mathrm{Var}\,y \to \mathrm{N}\,z \to \mathrm{Sub}\,\mathsf{com},y,z,\mathsf{com}$$
$$\mathrm{Var}\,y \to \mathrm{N}\,z \to \mathrm{Sub}\,\mathsf{imp},y,z,\mathsf{imp}$$
$$\mathrm{Sub}\,x,y,z,w \to \mathrm{Sub}\,x_1,y,z,w_1 \to \mathrm{Sub}\,xx_1,y,z,ww_1$$

$\mathrm{pt}(x,y)$：x は転写原子論理式で，y は x の部分代入例

$$\mathrm{F}\,x \to \mathrm{Sub}\,x,y,z,w \to \mathrm{pt}\,x,w$$
$$\mathrm{pt}\,x,y \to \mathrm{pt}\,y,z \to \mathrm{pt}\,x,z$$

$\mathrm{in}(x,y)$：x は転写原子論理式で，y は x の代入例

$$\mathrm{pt}\,x,y \to \mathrm{S}\,y \to \mathrm{in}\,x,y$$

$\mathrm{B}(x)$：x は基底

$$\mathrm{F}\,x \to \mathrm{B}\,x$$
$$\mathrm{B}\,x \to \mathrm{F}\,y \to \mathrm{B}\,x \wedge y$$

$\mathrm{C}(x,y)$：x は基底 y の成分

$$\mathrm{F}\,x \to \mathrm{C}\,x,x$$
$$\mathrm{C}\,x,y \to \mathrm{F}\,z \to \mathrm{C}\,x,y \wedge z$$
$$\mathrm{C}\,x,y \to \mathrm{F}\,z \to \mathrm{C}\,x,z \wedge y$$

$\mathrm{T}(x)$：x は (U) の真な転写文

$$\mathrm{C}\,x, y \rightarrow \mathrm{in}\,x, x_1 \rightarrow \mathrm{T}\,y \vdash x_1$$

$$\mathrm{T}\,y \vdash x \rightarrow \mathrm{T}\,y \vdash x\,\mathsf{imp}\,z \rightarrow \mathrm{S}_0\,x \rightarrow \mathrm{T}\,y \vdash z$$

問題 12　D を，述語 G と次の公理図式をもつ二値体系とする．

$$\mathrm{G}\,1, 12$$

$$\mathrm{G}\,2, 122$$

$$\mathrm{G}\,x, z \rightarrow \mathrm{G}\,y, w \rightarrow \mathrm{G}\,xy, zw$$

このとき，G は関係「x のゲーデル数は y である」を表現する．これに，述語 M と次の公理図式を追加する．

$$\mathrm{G}\,x, y \rightarrow \mathrm{M}\,x, xy$$

このとき，M は関係 $\mathrm{norm}(x) = y$ を表現する．

問題 13　集合 A は再帰的に枚挙可能だと仮定する．D を，A が集合 A を表現し，M が関係「x のノルムは y である」を表現するような二値体系とする．これに述語 B と次の公理図式を追加する．

$$\mathrm{M}\,x, y \rightarrow \mathrm{A}\,y \rightarrow \mathrm{B}\,x$$

このとき，B は集合 $A^{\#}$ を表現する．

注　初等形式体系や二値体系を用いなくても，A が Σ_1 ならば $A^{\#}$ も Σ_1 であり，したがって，A が再帰的に枚挙可能ならば $A^{\#}$ も再帰的に枚挙可能であることを直接示せる．A が Σ_1 ならば $A^{\#}$ も Σ_1 であることを示すのは，よい練習問題である．

問題 14　次の美しい証明は，ゲーデルの不完全性定理における有名な対角線論法を修正したものであり，ゲーデルが数理体系に対して行ったことを再帰的関数論に対して行うものである．

集合 A は再帰的に枚挙可能であると仮定する．このとき，（補題によって）$A^{\#}$ も再帰的に枚挙可能になる．H を，$A^{\#}$ を表現する (U) の述語とすると，すべての数 n に対して，Hn が真となるのは，$n \in A^{\#}$ であるとき，そしてそのときに限り，それは，$nn_0 \in A$ であるとき，そしてそのときに限る．

したがって，Hn が真となるのは，$nn_0 \in A$ であるとき，そしてそのときに限る．

ここで，n を H のゲーデル数 h とすると，Hh が真となるのは，$hh_0 \in A$ であるとき，そしてそのときに限ることが得られる．

しかしながら，hh_0 は Hh のゲーデル数である．したがって，Hh が真となるのは，そのゲーデル数が A に属するとき，そしてそのときに限る．すなわち，Hh は A のゲーデル文である．

第 5 章

再帰的関数論

1. 枚挙定理と反復定理

それでは，再帰的関数論における二つの基本定理に取り組もう．その一つは，エミール・ポスト [20, 21] とスティーブン・クリーネ [18] による枚挙定理であり，もう一つは，クリーネ [18] による反復定理である．反復定理は，マーチン・デーヴィス [8] も独立に発見した．いったん，これら二つの結果を証明したならば，前章の万能体系 (U) は目的を果たしたので，もはや不要となる．

◉枚挙定理

再帰的に枚挙可能なすべての集合を（重複を許す）無限列 $\omega_1, \omega_2, \cdots, \omega_n, \cdots$ に並べて，関係「ω_x は y を含む」が x と y の間の再帰的に枚挙可能な関係になるようにしたい．

任意の数（二値数項）y に対して，y の二値ゲーデル数を y_0 と表記することを思い出そう．ここで，任意の x と y に対して，$r(x,y)$ を xy_0（x の後ろに y_0 を続ける）と定義する．

万能体系 (U) の真な文すべてからなる集合を T と表記し，T に属する文のゲーデル数からなる集合を T_0 と表記する．ここで，ω_n は，$r(n,x) \in T_0$ となる x すべてからなる集合と定義する．すなわち，$x \in \omega_n$ iff $r(n,x) \in T_0$ である．

問題 1 （a）ω_n が再帰的に枚挙可能であることを証明せよ．（b）すべての再帰的に枚挙可能な集合 A に対して，$A = \omega_n$ となる n が存在することを証明せよ．

$A = \omega_n$ となるとき，n を集合 A の**指標**と呼ぶことにする．集合 A が再帰的に枚挙可能となるのは，A が指標をもつとき，そしてそのときに限ることを示したので，再帰的に枚挙可能な集合すべてを無限列 $\omega_1, \omega_2, \cdots, \omega_n, \cdots$ として並べて，ω_x は y を含むという関係（これは関係 $r(x, y) \in T_0$ である）が再帰的に枚挙可能な関係になるようにできる．

つぎに，それぞれの $n \geq 2$ に対して，再帰的に枚挙可能な n 次の関係すべてを無限列 $R^n_1, R^n_2, \cdots, R^n_i, \cdots$ として数え上げて，関係 $R^n_x(y_1, \cdots, y_n)$ が変数 $x, y_1, \cdots, y_n$ の間の再帰的に枚挙可能な関係であるようにできることを示したい．そのためには，対関数 $\delta(x, y)$ や n 個組関数 $\delta_n(x_1, \cdots, x_n)$ とあわせて，すでに定義した再帰的に枚挙可能な集合の指標を使うとうまくいく．単純に関係 $R^n_i(x_1, \cdots, x_n)$ を $\delta_n(x_1, \cdots, x_n) \in \omega_i$ と定義する．ω_i は再帰的に枚挙可能であり，関数 $\delta_n(x_1, \cdots, x_n)$ も再帰的に枚挙可能なので，（第 4 章の問題 9 (a) によって）$R^n_i(x_1, \cdots, x_n)$ も再帰的に枚挙可能である．また，再帰的に枚挙可能な任意の関係 $R(x_1, \cdots, x_n)$ に対して，$R(x_1, \cdots, x_n)$ が成り立つような数 $\delta_n(x_1, \cdots, x_n)$ の集合 A は，（第 4 章の問題 9 (b) によって）再帰的に枚挙可能である．したがって，集合 A はある指標 i をもち，$R(x_1, \cdots, x_n)$ iff $\delta_n(x_1, \cdots, x_n) \in \omega_i$ であり，また，$\delta_n(x_1, \cdots, x_n) \in \omega_i$ iff $R^n_i(x_1, \cdots, x_n)$ である．すなわち，$R = R^n_i$ である．このようにして，再帰的に枚挙可能なすべての関係は指標をもつ．（数の集合は 1 次の関係とみなせるので，$x \in \omega_n$ を R^1_n と書くこともある．）

これで，次の定理が証明された．

定理 E（枚挙定理）　それぞれの n に対して，再帰的に枚挙可能な n 次の関係すべてからなる集合を無限列 $R^n_1, R^n_2, \cdots, R^n_x, \cdots$ として数え上げて，$x, y_1, \cdots, y_n$ の間の関係 $R^n_x(y_1, \cdots, y_n)$ が再帰的に枚挙可能であるようにできる．

それぞれの n に対して，$U^{n+1}(x, y_1, \cdots, y_n)$ を（$x, y_1, \cdots, y_n$ の間の）関係 $R^n_x(y_1, \cdots, y_n)$ とする．これらの関係を万能関係と呼ぶ．たとえば，U^2 は，再帰的に枚挙可能なすべての集合に対する万能関係であり，U^3 は再帰的に枚挙可能なすべての 2 次の関係に対する万能関係である．

場合によっては，$R_x^n(y_1, \cdots, y_n)$ ではなく，$R_x(y_1, \cdots, y_n)$ と表記する．なぜなら，項数から上つき添字 n は分かるからである．また，$U^{n+1}(x, y_1, \cdots, y_n)$ ではなく，$U(x, y_1, \cdots, y_n)$ と表記する．

◉反復定理

再帰的関数論の基本となる二つ目の道具は，反復定理である．その単純な形式と，それよりも一般的な形式を，このあとすぐに述べ，そして証明する．これらの定理の重要性と威力を十分に理解するために，読者はまず次の練習問題を解いてみるとよい．

練習問題 1　再帰的に枚挙可能な任意の集合 A と B に対して，それらの和集合 $A \cup B$ は再帰的に枚挙可能であることは分かっている．それだけでなく，i が A の指標であり，j が B の指標ならば，$\varphi(i, j)$ が $A \cup B$ の指標になるような再帰的関数 $\varphi(i, j)$ が存在するという意味で，和集合を効率よく見つけることができる．言い換えると，再帰的関数 $\varphi(i, j)$ が存在し，すべての数 i と j に対して，$\omega_{\varphi(i,j)} = \omega_i \cup \omega_j$ となる．これを証明せよ．

任意の関係 $R(x, y)$ に対して，その**逆関係**とは，関係 $\check{R}$ で，$\check{R}(x, y)$ iff $R(y, x)$ となるようなものである．

練習問題 2　再帰的関数 $t(i)$ で，すべての数 i に対して，関係 $R_{t(i)}(x, y)$ が関係 $R_i(x, y)$ の逆関係，すなわち，$R_{t(i)}(x, y)$ iff $R_i(y, x)$ となるようなものが存在することを示せ．（これは，「再帰的に枚挙可能な 2 項関係の指標が与えられたとき，その逆関係の指標を効率的に見つけられる」ということができる．）

任意の関数 $f(x)$ と数の集合 A に対して，$f^{-1}(A)$ は，$f(n) \in A$ となるような数 n すべてからなる集合のことである．すなわち，$n \in f^{-1}(A)$ iff $f(n) \in A$ である．

練習問題 3　$f(x)$ を任意の再帰的関数とする．このとき，再帰的関数 $\varphi(i)$ が存在して，すべての数 i に対して，次の等式が成り立つことを証明せよ．

$$\omega_{\varphi(i)} = f^{-1}(\omega_i)$$

これらの練習問題を解いた読者は，おそらく，その都度，万能体系 (U) に立ち戻ったにちがいない．これから紹介する反復定理によって，そのようなことは今回限りになるだろう．

定理 1（単純反復定理）　$R(x, y)$ を再帰的に枚挙可能な任意の関係とする．このとき，再帰的関数 $t(i)$ が存在して，すべての数 x と i に対して，$x \in \omega_{t(i)}$ iff $R(x, i)$ となる．

問題 2　定理 1 を証明せよ．（ヒント：万能体系 (U) において，再帰的に枚挙可能な関係 $R(x, y)$ は，ある述語 H によって表現される．区切り記号 com のゲーデル数 c といっしょに，H のゲーデル数 h を考えよ．）

定理 2（反復定理）　$R(x_1, \cdots, x_m, y_1, \cdots, y_n)$ を再帰的に枚挙可能な任意の関係とする．このとき，再帰的関数 $\varphi(i_1, \cdots, i_n)$ が存在して，すべての $x_1, \cdots, x_m, i_1, \cdots, i_n$ に対して

$$R(x_1, \cdots, x_m, i_1, \cdots, i_n) \text{ iff } R_{\varphi(i_1, \cdots, i_n)}(x_1, \cdots, x_m)$$

となる．

定理 2 を証明するためには，定理 1 と，（第 4 章の問題 10 (e) によって）再帰的に枚挙可能な任意の関係 $R(x_1, \cdots, x_m, y_1, \cdots, y_n)$ に対して，再帰的に枚挙可能な関係 $M(x, y)$ が存在し，

$$R(x_1, \cdots, x_m, y_1, \cdots, y_n) \text{ iff } M(\delta_m(x_1, \cdots, x_m), \delta_n(y_1, \cdots, y_n))$$

となる，という事実を用いるのが一つの方法である．

問題 3　定理 2 を証明せよ．

この反復定理を用いると，先ほどの三つの練習問題の単純で洗練された解が得られることをみてみよう．

練習問題 1 では，$R(x, y_1, y_2)$ を再帰的に枚挙可能な関係

$$x \in \omega_{y_1} \vee x \in \omega_{y_2}$$

とすると，反復定理によって，再帰的関数 $\varphi(i_1, i_2)$ が存在して，すべての数 x, i_1, i_2 に対して，$x \in \omega_{\varphi(i_1, i_2)}$ iff $R(x, i_1, i_2)$ であり，また，$R(x, i_1, i_2)$ iff $x \in \omega_{i_1} \vee x \in \omega_{i_2}$ である．

それゆえ，$\omega_{\varphi(i_1,i_2)} = \omega_{i_1} \cup \omega_{i_2}$ である．

練習問題2では，$R(x_1,x_2,y)$ を再帰的に枚挙可能な関係 $R_y(x_2,x_1)$ とする．この関係が再帰的に枚挙可能なのは，再帰的に枚挙可能な関係 $U(x_1,x_2,y)$ から明示的に定義できるからである．このとき，反復定理によって，再帰的関数 $\varphi(i)$ が存在して，すべての x と i に対して，$R_{\varphi(i)}(x_1,x_2)$ iff $R(x_1,x_2,i)$ であり，また，$R(x_1,x_2,i)$ iff $R_i(x_2,x_1)$ である．

練習問題3では，与えられた再帰的関数 $f(x)$ に対して，再帰的に枚挙可能な関係 $R(x,y)$，すなわち $f(x) \in \omega_y$ を考える．（これは，$\exists z(f(x) = z \wedge z \in \omega_y)$ と同値なので，再帰的に枚挙可能である．）このとき，単純反復定理によって，再帰的関数 $t(i)$ が存在して，すべての x と i に対して，$x \in \omega_{t(i)}$ iff $R(x,i)$ であり，また，$R(x,i)$ iff $f(x) \in \omega_i$ である．したがって，$\omega_{t(i)} = f^{-1}(\omega_i)$ である．

反復定理のさらに重要な応用は，この後すぐに登場する．

◉極大数え上げ

すべての再帰的に枚挙可能な集合の可算列 $A_1, A_2, \cdots, A_n, \cdots$ は，関係 $x \in A_y$ が再帰的に枚挙可能ならば，**再帰的に枚挙可能な数え上げ**という．再帰的に枚挙可能な数え上げ $A_1, A_2, \cdots, A_n, \cdots$ は，すべての再帰的に枚挙可能な数え上げ $B_1, B_2, \cdots, B_n, \cdots$ に対して，再帰的関数 $f(i)$ が存在して，すべての i に対して条件 $A_{f(i)} = B_i$ が成り立つならば，**極大数え上げ**という．（形式ばらずに言えば，これは，再帰的に枚挙可能な集合の B 指標が与えられたならば，その集合の A 指標を効率的に見つけられる，ということを意味する．）

次の定理も，反復定理を適用して得られる．

定理3　枚挙定理によって与えられる数え上げ $\omega_1, \omega_2, \cdots, \omega_n, \cdots$ は極大である．

問題4　定理3を証明せよ．

反復定理と枚挙定理を組み合わせることで，次の定理が簡単に得られる．

定理 4（一様反復定理）　m と n を任意の数とする．このとき，再帰的関数 $\varphi(i, i_1, \cdots, i_n)$（$S_n^m(i, i_1, \cdots, i_n)$ と表記することもある）が存在して，すべての $x_1, \cdots, x_m, i_1, \cdots, i_n$ に対して

$$R_{\varphi(i,i_1,\cdots,i_n)}(x_1, \cdots, x_m) \text{ iff } R_i(x_1, \cdots, x_m, i_1, \cdots, i_n)$$

となる．

問題 5　定理 4 を証明せよ．

2.　再帰定理

さまざまな形式で述べることのできる再帰定理は，再帰的関数論やメタ数学において多くの応用がある．ときに**不動点定理**とも呼ばれるこの定理の驚くべき本質を説明するために，次のような数学的に「意外な事実」について考えてみよう．

次のうち，真であるとしても，あなたにとって信じがたい事実はどれだろうか．

（1）　$\omega_n = \omega_{n+1}$ となるような数 n が存在する．

（2）　任意の再帰的関数 $f(x)$ に対して，$\omega_{f(n)} = \omega_n$ となるような数 n が存在する．

（3）　ω_n の唯一の元が n である，すなわち，$\omega_n = \{n\}$ であるような数 n が存在する．

（4）　任意の再帰的関数 $f(x)$ に対して，$\omega_n = \{f(n)\}$ となるような数 n が存在する．

（5）　数 n で，すべての数 x に対して，$x \in \omega_n$ iff $n \in \omega_x$ となるようなものが存在する．

信じられないかもしれないが，これらの命題はすべて真なのである．これらは，すべて次に述べる定理の特別な場合である．

再帰的に枚挙可能な関係 $R(x, y)$ を考える．数 n と，集合 $\{x : R(x, n)\}$，すなわち，$R(x, n)$ が成り立つような数 x すべてからなる集合を考える．この集合は，再帰的に枚挙可能であり，したがって，ある n^* に対する ω_{n^*} である．関係 R が与えられたとき，どの n^* はどの n に対応するだろうか．n^*

が n そのものになるように n を選ぶことができたとしたら，面白くないだろうか．実際には，そうできるのである．

定理 5（弱再帰定理）　再帰的に枚挙可能な任意の関係 $R(x,y)$ に対して，$\omega_n=\{x:R(x,n)\}$ となる（言い換えると，すべての x に対して，$x\in\omega_n$ iff $R(x,n)$ となる）ような数 n が存在する．

この証明の最初の部分だけを示し，残りは問題として出題し，証明を完成させるのは読者に委ねる．

関係 $R_y(x,y)$ は，x と y の間の関係として再帰的に枚挙可能である．したがって，単純反復定理によって，再帰的関数 $t(y)$ が存在して，すべての x と y に対して，$x\in\omega_{t(y)}$ iff $R_y(x,y)$ となる．

ここで，$R(x,y)$ を再帰的に枚挙可能な任意の関係とする．このとき，関係 $R(x,t(y))$ もまた x と y の間の再帰的に枚挙可能な関係であり，それゆえ，ある指標 m をもつ．したがって，$R_m(x,y)$ iff $R(x,t(y))$ である．そこで，うまい方法を使うと $\cdots$．

問題 6　この証明を完成させよ．

定理5の帰結として，次の定理が得られる．

定理 6　任意の再帰的関数 $f(x)$ に対して，$\omega_{f(n)}=\omega_n$ となるような数 n が存在する．

問題 7（a）定理6を証明せよ．（b）残りの4個の「意外な事実」を証明せよ．

考察　ここでは，定理5の系として定理6を導いた．逆に，まず定理6を証明することができるならば，次のようにして定理6の系として定理5が得られる．定理6を仮定して，再帰的に枚挙可能な関係 $R(x,y)$ を考える．このとき，反復定理によって，再帰的関数 $f(x)$ が存在して，すべての x と y に対して

$$x\in\omega_{f(y)} \text{ iff } R(x,y)$$

となる．しかし，定理6によって，$\omega_{f(n)}=\omega_n$ となるような数 n が存在する．したがって，すべての x に対して，$x\in\omega_n$ iff $x\in\omega_{f(n)}$ であり，その一

方で，$x \in \omega_{f(n)}$ iff $R(x,n)$ である．すなわち，$x \in \omega_n$ iff $R(x,n)$ となる．

◉決定不能問題とライスの定理

前述の「意外な事実」のうちのいくつかは，弱再帰定理のどちらかといえば取るに足りない応用のように見えるかもしれない．ここからは，弱再帰定理のもっと重要な応用を調べる．

性質 $P(n)$ は，その性質を持つ n すべてからなる集合が再帰的集合であるならば，**決定可能**と呼ぶことにする．たとえば，$P(n)$ を，ω_n が有限集合であるという性質とする．この性質が決定可能であるかどうかを問うことは，すべての有限集合の指標すべてからなる集合が再帰的かどうかを問うということである．

これまでの文献に現れた典型的な性質 $P(n)$ には次のようなものがある．

（1）　ω_n は無限集合である．

（2）　ω_n は空集合である．

（3）　ω_n は再帰的である．

（4）　$\omega_n = \omega_1$ である．

（5）　ω_n は 1 を含む．

（6）　関係 $R_n(x,y)$ は一価的，すなわち，それぞれの x に対して，$R_n(x,y)$ となるような y はたかだか一つしかない．

（7）　関係 $R_n(x,y)$ は関数的，すなわち，それぞれの x に対して，$R_n(x,y)$ となるような y がちょうど一つだけある．

（8）　すべての数は $R_n(x,y)$ の定義域に属する，すなわち，それぞれの（正整数）x に対して，$R_n(x,y)$ となるような y が少なくとも一つある．

（9）　すべての数は $R_n(x,y)$ の値域に属する，すなわち，それぞれの（正整数）y に対して，$R_n(x,y)$ となるような x が少なくとも一つある．

この 9 個の性質それぞれに対して，それが決定可能かどうかを問うことができる．このような問いは，個別の方法で答えが得られている再帰的関数論の典型的な問いである．これから紹介するライスの定理は，数多くのこのような問いを一網打尽に解決する．

数の集合 A は，それが再帰的に枚挙可能なある集合の指標を含めば，その集合のほかの指標もすべて同じように含むとき，言い換えると，すべてのiとjに対して，$i \in A$かつ$\omega_i = \omega_j$ならば，$j \in A$であるとき，**外延的**と呼ばれる．

定理R（ライスの定理）　外延的な再帰的集合は$\mathbb{N}$と$\emptyset$だけである．

このあとすぐに，ライスの定理[23]は前述の9個の性質と関係していることが分かるが，まずはライスの定理を証明しよう．そのためには，次の補題が必要になる．

補題　Aを，$\mathbb{N}$と$\emptyset$以外の任意の再帰的集合とする．このとき，再帰的関数$f(x)$が存在して，すべてのnに対して，$n \in A$ iff $f(n) \notin A$となる．

問題8　（a）この補題を証明せよ．（ヒント：Aが$\mathbb{N}$でも$\emptyset$でもなければ，少なくとも一つの数$a \in A$と少なくとも一つの数$b \notin A$が存在する．この二つの数aとbを使って関数$f(x)$を定義せよ．）（b）そして，ライスの定理を証明せよ．（ヒント：補題の関数$f(x)$を使い，その関数$f(x)$に定理6を適用せよ．）

◉ライスの定理の応用

前述の9個の性質のうちの最初のものである，ω_nは無限集合であるという性質を考えよう．あきらかに，ω_iは無限集合で，$\omega_i = \omega_j$ならば，ω_jも無限集合である．したがって，すべての無限集合の指標からなる集合は外延的である．また，ω_nが無限集合となるようなnが少なくとも一つ存在し，ω_nが無限集合でないようなnが少なくとも一つ存在する．したがって，ライスの定理によって，すべての無限集合の指標からなる集合は再帰的ではない．

ほかの8個の性質についても同じ論証が適用され，したがって，9個の性質はどれも決定可能ではないのである．

◉強再帰定理

弱再帰定理によって，任意の数iに対して，$\omega_n = \{x : R_i(x, n)\}$となる数$n$が存在する．数$i$が与えられたとき，このような$n$を$i$の再帰的関数として効率的に見つけることができるだろうか．すなわち，再帰的関数$\varphi(i)$

で，すべての数 i に対して，$\omega_{\varphi(i)} = \{x : R_i(x, \varphi(i))\}$ となるようなものが存在するだろうか．その答えは肯定的である．これがマイヒルの有名な不動点定理であり，それは次の定理の特別な場合である．

定理 7（強再帰定理）　$M(x, y, z)$ を再帰的に枚挙可能な任意の関係とする．このとき，再帰的関数 $\varphi(i)$ が存在して，すべての i に対して

$$\omega_{\varphi(i)} = \{x : M(x, i, \varphi(i))\}$$

となる．

この重要な定理に対して，2 通りの証明を与えよう．一つ目の証明は，伝統的な方針に沿ったもので，反復定理を 2 度適用する必要がある．二つ目の証明は，それとは異なる方針に沿ったもので，反復定理を 1 度だけしか使わなくてよい．

一つ目の証明は，次のように始まる．（読者は，問題 9 (a)で，この証明を完成させなければならない．）

弱再帰定理の証明と同じように，（単純）反復定理によって，再帰的関数 $d(y)$ が存在して，すべての y に対して $\omega_{d(y)} = \{x : R_y(x, y)\}$ となる．ここで，与えられた再帰的に枚挙可能な関係 $M(x, y, z)$ に対して，x, y, z の間の再帰的に枚挙可能な関係 $M(x, z, d(y))$ を考える．もう一度，反復定理を適用すると，再帰的関数 $t(i)$ で，すべての i, x, y に対して，$R_{t(i)}(x, y)$ iff $M(x, i, d(y))$ となるようなものが存在する．すると，$\cdots$.

二つ目の証明（読者は，問題 9 (b) でこれを完成させなければならない）では，$S(x, y, z)$ を再帰的に枚挙可能な関係 $R_z(x, y, z)$ とする．このとき，反復定理によって，再帰的関数 $t(y, z)$ が存在して，すべての y と z に対して，$\omega_{t(y,z)} = \{x : S(x, y, z)\}$ となる，したがって，$\omega_{t(y,z)} = \{x : R_z(x, y, z)\}$ となる．

ここで，与えられた再帰的に枚挙可能な関係 $M(x, y, z)$ に対して，関係 $M(x, y, t(y, z))$ は再帰的に枚挙可能であり，したがって，ある指標 h をもつ．すなわち，$R_h(x, y, z)$ iff $M(x, y, t(y, z))$ である．すると，$\cdots$.

問題 9　（a）一つ目の証明を完成させよ．（b）二つ目の証明を完成させよ．

定理 7 の特別な場合として，次の定理が得られる．

定理 8（マイヒルの不動点定理）　再帰的関数 $\varphi(y)$ で，すべての y に対して，$\omega_{\varphi(y)} = \{x : R_y(x, \varphi(y))\}$ となるようなものが存在する．

問題 10　なぜ，これが定理 7 の特別な場合なのか．

◉創造的集合，生産的集合，生成的集合，万能集合

集合 A が再帰的に枚挙可能でないというのは，A の再帰的に枚挙可能な任意の部分集合 ω_i が与えられたときに，A に属するが ω_i には属さない数 n が存在するということである．この n は，いわば，ω_i が A 全体ではないことの証拠である．集合 A は，再帰的関数 $\varphi(x)$ で，すべての数 i に対して，ω_i が A の部分集合ならば $\varphi(i) \in A - \omega_i$ となる（すなわち，$\varphi(i)$ は A に属するが ω_i には属さない）ようなものが存在するならば，**生産的**と呼ばれる．このような関数 $\varphi(x)$ は，A の**生産的関数**と呼ばれる．

集合 A は，その補集合 $\overline{A}$ が生産的ならば，**余生産的**と呼ばれる．これは，再帰的関数 $\varphi(x)$ で，すべての数 i に対して，ω_i は A と互いに素ならば，$\varphi(i)$ が A にも ω_i にも属さないようなものが存在するという条件と同値である．このような関数 $\varphi(x)$ は，A の**余生産的関数**と呼ばれる．

集合 A は，余生産的かつ再帰的に枚挙可能ならば，**創造的**と呼ばれる．したがって，創造的な集合 A は，再帰的に枚挙可能であり，再帰的関数 $\varphi(i)$ で，任意の数 i に対して，ω_i が A と互いに素ならば，$\varphi(i)$ が A にも ω_i にも属さないようなもの（これは，$\overline{A}$ が再帰的に枚挙可能でないという事実の証拠である）が存在する集合である．このような関数 $\varphi(x)$ は，A の**創造的関数**と呼ばれる．

◉ポストの集合 C と K

創造的集合の単純な例として，ポストの集合 C，すなわち，$x \in \omega_x$ となるような数 x すべてからなる集合がある．すなわち，任意の数 i に対して，$i \in C$ iff $i \in \omega_i$ である．ω_i が C と互いに素ならば，i は ω_i にも C にも属さず，それゆえ，恒等関数 $I(x)$ が C の創造的関数になる．

創造的集合のそれほど自明ではない例として，$x \in \omega_y$ となるような数

$\delta(x, y)$ すべてからなる集合 K がある．集合 K もまた，ポストにより導入され [20]，**完全集合**と呼ばれることもある．K が創造的であることの証明は，C が創造的であることの証明ほど自明ではなく，この後で分かるように反復定理を用いる．

◉完全生産性と完全創造性

集合 A が再帰的に枚挙可能でないのは，すべての再帰的に枚挙可能な集合 ω_i に対して，ω_i が A の部分集合であるかどうかにかかわらず，$A \neq \omega_i$ という事実を裏付ける次の条件を満たす数 j が存在するとき，そしてそのときに限るということもできる．その条件とは，$j \in A$ iff $j \notin \omega_i$ というものである．A の**完全生産的関数**とは，再帰的関数 $\varphi(x)$ で，すべての数 i に対して，$\varphi(i) \in A$ iff $\varphi(i) \notin \omega_i$ となるもののことである．集合 A は，A の完全生産的関数が存在すれば，**完全生産的**と呼ばれる．

集合 A は，再帰的に枚挙可能でかつその補集合 $\overline{A}$ の完全生産的関数 $\varphi(x)$ が存在するならば，**完全創造的**と呼ばれる．そして，このような関数 $\varphi(x)$ は，A の**完全創造的関数**と呼ばれる．したがって，A の完全創造的関数は，再帰的関数 $\varphi(x)$ で，すべての数 i に対して，$\varphi(i) \in A$ iff $\varphi(i) \in \omega_i$ となるものである．

$x \in \omega_x$ であるような x すべてからなるポストの集合 C は，あきらかに創造的なだけでなく，完全創造的である．なぜなら，恒等関数が C の完全創造的関数になるからである．それゆえ，完全創造的な集合は存在する．ポストは，C が創造的なだけでなく，完全創造的であるという事実に着目しなかったようにみえる．ポストがその事実に着目していたとしたら，再帰的関数論の多くの結果がもっと早い時期に明らかになっていたのではないかと推測する．

このあと，任意の生産的な集合が実際には完全生産的であり，したがって，任意の創造的な集合は完全創造的であることが分かる．この重要な結果は，ジョン・マイヒル [19] によるもので，強再帰定理の帰結であることが分かる．

◉生成的集合

完全創造的な集合についての多くの重要な結果は，その集合が再帰的に枚挙可能であるという事実を使っていない．そこで，集合 A は，再帰的関数 $\varphi(x)$ で，すべての数 i に対して，$\varphi(i) \in A$ iff $\varphi(i) \in \omega_i$ となるようなものが存在するならば，**生成的**と定義する．このような関数 $\varphi(x)$ は，A の**生成的関数**と呼ばれる．したがって，生成的な集合は，完全創造的な集合に似ているが，必ずしも再帰的に枚挙可能ではない．集合 A が生成的になるのは，その補集合 $\overline{A}$ が完全生産的であるとき，そしてそのときに限る．ここでは，生成的な集合に重点を置く．

◉多対一還元可能性

集合 A から集合 B への（**多対一**）**還元**とは，再帰的関数 $f(x)$ で，$A = f^{-1}(B)$，すなわち，すべての数 x に対して，$x \in A$ iff $f(x) \in B$ となるもののことである．集合 A から B への（多対一）還元が存在するならば，A は B に（**多対一**）**還元可能**という．再帰的関数論の文献には，ほかにも重要な種類の還元可能性が登場するが，この章では，**還元可能**は多対一還元可能を意味するものとする．

定理 9　A が B に還元可能で，A が生成的ならば，B も生成的である．

もっと具体的な形で定理 9 を述べ，証明しておくと便利である．再帰的に枚挙可能な任意の関係 $R(x, y)$ に対して，反復定理によって，$\omega_{t(i)} = \{x : R(x, i)\}$ となるような再帰的関数 $t(y)$ が存在する．このような関数 $t(y)$ を，関係 $R(x, y)$ の**反復関数**と呼ぼう．これで，より具体的な形で定理 9 を述べ，証明することができる．

定理 9*　$f(x)$ が A を B に還元し，$\varphi(x)$ が A の生成的関数であり，$t(y)$ が関係 $f(x) \in \omega_y$ の反復関数であるならば，$f(\varphi(t(x)))$ は B の生成的関数である．

問題 11　定理 9* を証明せよ．

◉万能集合

集合 A は，再帰的に枚挙可能なすべての集合が A に還元可能ならば，**万能**と呼ばれる．

ポストの完全集合 K は，あきらかに万能集合である．

問題 12　その理由を述べよ．

定理 10　すべての万能集合は生成的である．

問題 13　定理 10 を証明せよ．（ヒント：定理 9 を使う．）

◉一様万能集合

2 引数の任意の関数 $f(x,y)$ と，任意の数 i に対して，f_i とは，それぞれの x に数 $f(x,i)$ を割り当てる関数のことである．すなわち，$f_i(x)=f(x,i)$ である．

$f(x,y)$ を再帰的関数とする．集合 A は，すべての i と x に対して，$x\in\omega_i$ iff $f(x,i)\in A$ となるならば，言い換えると，f_i が ω_i を A に還元するとき，そしてそのときに限るならば，**$f(x,y)$ の下で一様万能**と呼ばれる．そして，A は，ある再帰的関数 $f(x,y)$ の下で一様万能ならば，**一様万能集合**という．

定理 11　すべての万能集合は一様万能集合である．

問題 14　定理 11 を証明せよ．（ヒント：ポストの集合 K は，万能集合であるだけでなく，一様万能集合でもあるという事実を使う．この事実が成り立つ理由は何か．）

練習問題　A は $f(x,y)$ の下で一様万能集合であり，$t(y)$ を $f(x,x)\in\omega_y$ の反復関数と仮定する．このとき，関数 $f(t(x),t(x))$ は，A の生成的関数であることを示せ．

注　この練習問題を，すべての万能集合が一様万能集合であるという事実と合わせると，すべての万能集合が生成的であることの別証明が得られる．そして，この事実のこれまでの証明とは異なり，すでに構成された再帰的に枚挙可能な生成的集合の存在（たとえば，ポストの集合 C）に頼る必要が無い．実際には，この2通りの証明は，ポストの集合 K の相異なる生成的関数を生み出していると見ることができる．

すべての万能集合が生成的であることが示せたので，逆に，すべての生成的集合が万能集合であり，したがって，集合が生成的なのは，それが万能集合であるとき，そしてそのときに限ることを示したい．

まず，B が $\varphi(x)$ の下で生成的集合ならば，（すなわち，$\varphi(x)$ は B の生成的関数であるならば），すべての i に対して，次の(1)–(2)が成り立つ．

（1） $\omega_i = \mathbb{N}$ ならば，$\varphi(i) \in B$ である．（$\mathbb{N}$ は，正整数すべてからなる集合である．）

（2） $\omega_i = \emptyset$ ならば，$\varphi(i) \notin B$ である．（$\emptyset$ は空集合である．）

問題 15　なぜこれが成り立つのか．

問題 16　A を再帰的に枚挙可能な任意の集合とする．このとき，再帰的関数 $t(y)$ が存在して，すべての数 i に対して，次の(1)–(2)が同時に成り立つことを証明せよ．

（1） $i \in A$ ならば，$\omega_{t(i)} = \mathbb{N}$ である．

（2） $i \notin A$ ならば，$\omega_{t(i)} = \emptyset$ である．（ヒント：$y \in A$ であるとき，そしてそのときに限り，$M(x,y)$ と定義する．関係 $M(x,y)$ は再帰的に枚挙可能であり，したがって，反復定理によって，再帰的関数 $t(y)$ で，すべての i に対して，$\omega_{t(i)} = \{x : M(x,i)\}$ となるようなものが存在する．）

定理 12　すべての生成的集合は万能集合である．

問題 17　定理12を証明せよ．（ヒント：これは，問題15と16から，きわめて簡単に導くことができる．）

つぎに，すべての余生産的な集合は生成的であることを示したい．すると，定理12によって，すべての余生産的な集合（したがってすべての創造的な集合）は万能集合であるというマイヒルの結果がえられる．（集合が創造的になるのは，その集合が余生産的かつ再帰的に枚挙可能であるとき，そしてそのときに限ることを思い出そう．）

◉弱余生産性

再帰的関数 $\varphi(x)$ の下で，集合 A は，すべての数 i に対して，ω_i が A と互いに素ならば $\varphi(i)$ は A にも ω_i にも属さないとき，余生産的ということを思い出そう．あきらかに，これは，それよりも弱い次の条件を含意する．

C_1:　すべての i に対して，ω_i が A と互いに素であり**高々 1 個の元しかもたない**ならば，数 $\varphi(i)$ は A にも ω_i にも属さない．

驚くべきことに，再帰的関数に対するこの弱い条件は，A が生成的（したがって万能集合）であることを保証するのに十分なのである．

この弱い条件 C_1 は，次のさらに弱い条件を含意する．

C_2:　すべての数 i に対して

（1）$\omega_i = \emptyset$ ならば，$\varphi(i) \notin A$ となる．

（2）$\omega_i = \{\varphi(i)\}$ ならば，$\varphi(i) \in A$ となる．

問題 18　なぜ，条件 C_1 は条件 C_2 を含意するのか．

$\varphi(x)$ が再帰的で条件 C_2 が成り立つならば，A は $\varphi(x)$ の下で**弱余生産的**という．

定理 13（マイヒルの結果に基づく）　A が余生産的ならば（実際には，弱余生産的でさえあれば），A は生成的である．

定理 13 を証明するためには，次の補題が必要になる．

補題　$\varphi(x)$ を任意の再帰的関数とする．このとき，再帰的関数 $t(y)$ で，すべての y に対して，

$$\omega_{t(y)} = \omega_y \cap \{\varphi(t(y))\}$$

となるようなものが存在する．

問題 19　この補題を証明せよ．（ヒント：$M(x, y, z)$ を再帰的に枚挙可能な関係 $x \in \omega_y \wedge x = \varphi(z)$ とする．ここで，定理 7（強再帰定理）を使う．）

問題 20　定理 13 を証明せよ．（ヒント：$\varphi(x)$ を A の弱余生産的関数と仮定する．$t(y)$ を前述の補題と同じように $\varphi(x)$ に関する再帰的関数とする．

このとき，関数 $\varphi(t(y))$ は A の生成的関数であることを示せ．）

定理 13 と 12 から，次の定理が得られる．

定理 14（マイヒル）　A が生産的ならば（実際には，弱生産的でさえあれば），A は万能集合である．

◉考察

マイヒルがやったように，余生産性から（あるいは弱余生産性からでも）万能集合であることを直接導くこともできる．その証明の概略は次のとおりである．集合 B は $\varphi(x)$ の下で弱余生産的であり，A は，B に還元したい集合であると仮定する．再帰的に枚挙可能な（x, y, z の間の）関係 $y \in A \wedge x = \varphi(z)$ に強再帰定理を適用すると，再帰的関数 $t(y)$ で，すべての y に対して，$y \in A$ ならば $\omega_{t(y)} = \{\varphi(y)\}$ であり，$y \notin A$ ならば $\omega_{t(y)} = \emptyset$ であるようなものが得られる．このとき，関数 $\varphi(t(x))$ は A を B に還元していると見ることができる．この証明の詳細を埋めるのは，ためになる練習問題だということが分かるだろう．

◉再帰的同型写像

集合 A から集合 B の上への再帰的な 1 対 1 関数 $\varphi(x)$ があれば，A は B と**再帰的に同型**という．関数 $\varphi(x)$ は，A から B への**再帰的同型写像**と呼ばれ，$\varphi(x)$ が A から B への再帰的同型写像ならば，A は $\varphi(x)$ の下で B と再帰的に同型という．

A が $\varphi(x)$ の下で B と再帰的に同型ならば，あきらかに，B は逆関数 $\varphi^{-1}(x)$ の下で A と再帰的に同型である．（$\varphi^{-1}(x) = y$ iff $\varphi(y) = x$ であることを思い出そう．）

練習問題　A は B に再帰的に同型と仮定する．このとき，A が再帰的に枚挙可能（または再帰的，生産的，生成的，創造的，万能集合）ならば，B は再帰的に枚挙可能（または再帰的，生産的，生成的，創造的，万能集合）であることを証明せよ．

マイヒル [19] は，任意の二つの創造的集合は再帰的に同型であるというよく知られた結果を証明した.

おまけ問題　万能集合は再帰的になりえるだろうか.

問題の解答

問題 1

（a）前章で，関係 $g(x)-y$（すなわち，$x_0=y$）が再帰的に枚挙可能であることを示した．したがって，関係 $r(x,y)=z$ は再帰的に枚挙可能である．なぜなら，その関係は

$$\exists w(g(y)=w \wedge xw=z)$$

と同値だからである．それゆえ，任意の数 n に対して，（x と y の間の）関係 $r(n,x)=y$ は再帰的に枚挙可能である．また，再帰的に枚挙可能な任意の集合 A に対して，（x の性質である）条件 $r(n,x)\in A$ は再帰的に枚挙可能である．なぜなら，その条件は $\exists y(r(n,x)=y \wedge y\in A)$ と同値だからである．とくに，T_0 は再帰的に枚挙可能なので，条件 $\exists y(r(n,x)=y \wedge y\in T_0)$ は再帰的に枚挙可能であり，これは条件 $x\in\omega_n$ である．したがって，ω_n は再帰的に枚挙可能である．

（b）(U) において，すべての再帰的に枚挙可能な集合 A は，ある述語 H によって表現される．したがって，すべての数 x に対して，$x\in A$ iff $Hx\in T$ となる．h を H のゲーデル数とすると，すべての x に対して，$Hx\in T$ iff $r(h,x)\in T_0$ であり，また，$r(h,x)\in T_0$ iff $x\in\omega_h$ である．すなわち，$A=\omega_h$ である．

問題 2　(U) において，関係 $R(x,y)$ はある述語 H によって表現されていて[訳注 1]，すべての数 i と x に対して，$R(i,x)$ iff $Hi\,\mathsf{com}\,x\in T$ である．また，h, i_0, c, x_0 を，それぞれ H, i, com, x の（二値法表記による）ゲーデル数とするとき，$Hi\,\mathsf{com}\,x\in T$ iff $hi_0cx_0\in T_0$ である．したがって，$R(i,x)$ iff $r(hi_0c,x)\in T_0$ であり，また，$r(hi_0c,x)\in T_0$ iff $x\in\omega_{hi_0c}$ である．ここで hy_0c を $t(y)$ とすると，$t(i)=hi_0c$ であり，$R(i,x)$ iff $x\in\omega_{t(i)}$ である．

問題 3　再帰的に枚挙可能な関係 $R(x_1,\cdots,x_m,y_1,\cdots,y_n)$ が与えられたときに，再帰的に枚挙可能な関係 $M(x,y)$ で，すべての数 x_1, $\cdots$, x_m, i_1, $\cdots$, i_n に対して，

(1)　　$R(x_1,\cdots,x_m,i_1,\cdots,i_n)$ iff $M(\delta_m(x_1,\cdots,x_m),\delta_n(i_1,\cdots,i_n))$

が成り立つようなものを考える．ここで，関係 $M(x,y)$ に対して定理 1 を適用すると，再帰的関数 $t(i)$ が存在し，すべての x と i に対して，$x\in\omega_{t(i)}$ iff $M(x,i)$ となる．このとき，x として $\delta_m(x_1,\cdots,x_m)$ を，i として $\delta_n(i_1,\cdots,i_n)$ をとると，

(2)　　$\delta_m(x_1,\cdots,x_m)\in\omega_{t(\delta_n(i_1,\cdots,i_n))}$ iff $M(\delta_m(x_1,\cdots,x_m),\delta_n(i_1,\cdots,i_n))$

[訳注 1]　実際には，$R'(y,x)$ iff $R(x,y)$ となる逆関係 $R'(y,x)$ を考え，その逆関係を $R(y,x)$ として議論がすすめられている．

が得られる．式 (1) と (2) から

$$(3)\qquad R(x_1,\cdots,x_m,i_1,\cdots,i_n) \text{ iff } \delta_m(x_1,\cdots,x_m)\in\omega_{t(\delta_n(i_1,\cdots,i_n))}$$
$$\text{iff } R_{t(\delta_n(i_1,\cdots,i_n))}(x_1,\cdots,x_m)$$

が得られる．したがって，$t(\delta_n(i_1,\cdots,i_n))$ を $\varphi(i_1,\cdots,i_n)$ とすると，

$$R(x_1,\cdots,x_m,i_1,\cdots,i_n) \text{ iff } R_{\varphi(i_1,\cdots,i_n)}(x_1,\cdots,x_m)$$

が得られる．

問題 4　この再帰的に枚挙可能な数え上げ ω_1, ω_2, $\cdots$, ω_n, $\cdots$ が極大であることを示す．再帰的に枚挙可能な数え上げ B_1, B_2, $\cdots$, B_n, $\cdots$ が与えられたとき，$R(x,y)$ を再帰的に枚挙可能な関係 $x\in B_y$ とする．このとき，（単純）反復定理によって，再帰的関数 $f(x)$ が存在して，すべての x と i に対して，$x\in\omega_{f(i)}$ iff $R(x,i)$ となるようなもの，すなわち，$x\in\omega_{f(i)}$ iff $x\in B_i$ である．したがって，$x\in\omega_{f(i)}$ iff $x\in B_i$ である．すなわち，$\omega_{f(i)}=B_i$ である．

問題 5　$S(x_1,\cdots,x_m,y,y_1,\cdots,y_n)$ となるのは，$R_y(x_1,\cdots,x_m,y_1,\cdots,y_n)$ であるとき，そしてそのときに限る，と定義する．関係 S は再帰的に枚挙可能であり（その理由が分かるだろうか?）したがって，反復定理によって，再帰的関数 $\varphi(i,i_1,\cdots,i_n)$ で，すべての x_1, $\cdots$, x_m, i, i_1, $\cdots$, i_n に対して，$R_{\varphi(i,i_1,\cdots,i_n)}(x_1,\cdots,x_m)$ iff $S(x_1,\cdots,x_m,i,i_1,\cdots,i_n)$ であり，また，$S(x_1,\cdots,x_m,i,i_1,\cdots,i_n)$ iff $R_i(x_1,\cdots,x_m,i_1,\cdots,i_n)$ である．

問題 6　そのうまいやり方とは，y を m とすることである．すると，$R_m(x,m)$ iff $R(x,t(m))$ であとが分かる．しかし，また，$R_m(x,m)$ iff $x\in\omega_{t(m)}$ であることも分かっている．したがって，$x\in\omega_{t(m)}$ iff $R(x,t(m))$ である．すなわち，n を数 $t(m)$ とすると，$x\in\omega_n$ iff $R(x,n)$ である．

問題 7

（a）　与えられた再帰的関数 $f(x)$ に対して，$R(x,y)$ を関係 $x\in\omega_{f(y)}$ とする．（$\exists z(f(y)=z\wedge x\in\omega_z)$ と同値な）この関係は再帰的に枚挙可能であり，したがって，定理 5 によって，ある n が存在し，すべての x に対して，$x\in\omega_n$ iff $R(x,n)$ となる．しかし，$R(x,n)\equiv x\in\omega_{f(n)}$ であり，すべての x に対して，$x\in\omega_n$ iff $x\in\omega_{f(n)}$ である．したがって，$\omega_n=\omega_{f(n)}$ である．

（b）　「意外な事実」

事実 1 は，(a)の特別な場合，具体的には $f(x)=x+1$ の場合にすぎない．

事実 2 は，定理 6 そのものである．

事実 3 は，$f(x)=x$ であるような事実 4 の特別な場合にすぎない．したがって，

事実 4 を示さなければならない．$f(x)$ は再帰的関数なので，関係 $x = f(y)$ は再帰的に枚挙可能である．したがって，定理 5 によって，ある n が存在し，すべての x に対して，$x \in \omega_n$ iff $x = f(n)$ となる．これは，$f(n)$ が ω_n の唯一の元であることを意味する．すなわち，$\omega_n = \{f(n)\}$ である．

事実 5 については，$R(x, y)$ を関係 $y \in \omega_x$ とする．この関係は再帰的に枚挙可能であり，したがって，ある数 n が存在し，すべての x に対して，$x \in \omega_n$ iff $R(x, n)$ となる．しかし，$R(x, n)$ iff $n \in \omega_x$ である．すなわち，すべての x に対して，$x \in \omega_n$ iff $n \in \omega_x$ である．

問題 8

（a）A は再帰的であり，$A \neq \mathbb{N}$ かつ $A \neq \emptyset$ であることが前提として与えられている．$A \neq \emptyset$ なので，$a \in A$ となるような数 a が少なくとも一つあり，$A \neq \mathbb{N}$ なので，$b \notin A$ となるような数 b が少なくとも一つある．$f(x)$ を，$x \in A$ ならば b，$x \notin A$ ならば a と定義する．A は再帰的なので，A とその補集合 $\overline{A}$ はともに再帰的に枚挙可能である．ここで，関数 $f(x)$ は再帰的である．なぜなら，関係 $f(x) = y$ は再帰的に枚挙可能な関係 $(x \in A \wedge y = b) \vee (x \in \overline{A} \wedge y = a)$ と同値だからである．$x \in A$ ならば（$f(x) = b$ なので）$f(x) \notin A$ であり，$x \notin A$ ならば（$f(x) = a$ なので）$f(x) \in A$ である．したがって，$x \in A$ iff $f(x) \notin A$ である．

（b）A を，$\mathbb{N}$ でも $\emptyset$ でもない再帰的集合とする．$f(x)$ を補題と同じようにとる．定理 6 によって，$\omega_n = \omega_{f(n)}$ となるような n が存在する．したがって，n と $f(n)$ は，再帰的に枚挙可能な同じ集合の指標であるが，その一方は A に属し，もう一方は A に属さない．それゆえ，A は外延的ではない．

問題 9

（a）$R_{t(i)}(x, y)$ iff $M(x, i, d(y))$ という主張において，y を $t(i)$ とすると，$R_{t(i)}(x, t(i))$ iff $M(x, i, d(t(i)))$ という主張が得られる．しかし，$\omega_{d(t(i))} = \{x : R_{t(i)}(x, t(i))\}$ もまた真である．（なぜなら，任意の n に対して，$\omega_{d(n)} = \{x : R_n(x, n)\}$ だからである．）したがって，$\omega_{d(t(i))} = \{x : M(x, i, d(t(i)))\}$ である．ここで，$\varphi(i)$ を $d(t(i))$ とすると，$\omega_{\varphi(i)} = \{x : M(x, i, \varphi(i))\}$ が得られる．

（b）証明の一部として述べたように，$R_h(x, y, z)$ iff $M(x, y, t(y, z))$ である．この z を h とすると，$R_h(x, y, h)$ iff $M(x, y, t(y, h))$ である．しかし，$\omega_{t(y,h)} = \{x : R_h(x, y, h)\}$ なので，$\omega_{t(y,h)} = \{x : M(x, y, (t(y, h)))\}$ が得られる．したがって，$\varphi(y)$ を $t(y, h)$ とすると，$\omega_{\varphi(y)} = \{x : M(x, y, \varphi(y))\}$ が得られる．

問題 10　マイヒルの不動点定理は，強再帰定理において $M(x, y, z)$ を関係 $R_y(x, z)$ とした場合である．

問題 11　f は A を B に還元するので，すべての x に対して，$f(x) \in B$ iff $x \in A$ である．任意の数 i に対して，x を $\varphi(t(i))$ とすると次の同値関係が得られる．

$$(1) \qquad f(\varphi(t(i))) \in B \text{ iff } \varphi(t(i)) \in A$$

また，$\varphi(t(i)) \in A$ iff $\varphi(t(i)) \in \omega_{t(i)}$ である．（なぜなら，$\varphi(x)$ は A の生成的関数だからである．）したがって，

$$(2) \qquad f(\varphi(t(i))) \in B \text{ iff } \varphi(t(i)) \in \omega_{t(i)}$$

が得られる．つぎに，$t(y)$ は関係 $f(x) \in \omega_y$ の反復関数なので，すべての x と y に対して，$x \in \omega_{t(i)}$ iff $f(x) \in \omega_i$ である．ここで，x を $\varphi(t(i))$ とすると

$$(3) \qquad \varphi(t(i)) \in \omega_{t(i)} \text{ iff } f(\varphi(t(i))) \in \omega_i$$

が得られる．式 (2) と (3) によって，$f(\varphi(t(i))) \in B$ iff $f(\varphi(t(i))) \in \omega_i$ であることが分かり，したがって，$f(\varphi(t(x)))$ は B の生成的関数である．

問題 12　任意の数 i に対して，$x \in \omega_i$ iff $\delta(x,i) \in K$ である．φ_i をそれぞれの x に数 $\delta(x,i)$ を割り当てる関数とする．すなわち，$\varphi_i(x) = \delta(x,i)$ である．その結果として，$x \in \omega_i$ iff $\varphi_i(x) \in K$ であり，したがって，φ_i は ω_i を K に還元する．

問題 13　A を万能集合と仮定する．ポストの集合 C は，再帰的に枚挙可能かつ生成的である．C は再帰的に枚挙可能であり，A は万能なので，C は A に還元可能である．このとき，C は生成的なので，（定理 9 によって）A も生成的になる．

問題 14　ポストの集合 K はあきらかに再帰的関数 $\delta(x,y)$ の下で一様万能集合である．ここで，A を万能集合と仮定する．このとき，K は，ある再帰的関数 $f(x)$ の下で A に還元可能である．すると，A は関数 $f(\delta(x,y))$ の下で一様万能集合でなければならない．なぜなら，任意の数 i と x に対して $x \in \omega_i$ iff $\delta(x,i) \in K$ であり，また，$\delta(x,i) \in K$ iff $f(\delta(x,i)) \in A$ であるからである．したがって，$x \in \omega_i$ iff $f(\delta(x,i)) \in A$ である．

問題 15　$\varphi(x)$ は B の生成的関数であることが前提として与えられている．したがって，すべての数 i に対して

$$(a) \qquad \varphi(i) \in \omega_i \text{ iff } \varphi(i) \in B$$

が成り立つ．

（1）$\omega_i = \mathbb{N}$ と仮定すると，(a) によって，$\varphi(i) \in \mathbb{N}$ iff $\varphi(i) \in B$ である．しかし，$\varphi(i)$ は $\mathbb{N}$ に属するので，$\varphi(i) \in B$ である．

（2）$\omega_i = \emptyset$ と仮定すると，(a) によって，$\varphi(i) \in \emptyset$ iff $\varphi(i) \in B$ である．しかし，$\varphi(i) \notin \emptyset$ なので，$\varphi(i) \notin B$ である．

問題 16　すべての x に対して $M(x,y)$ iff $y \in A$ とし，$t(y)$ を関係 $M(x,y)$ の反復関数とする．すなわち，t を，すべての x と i に対して，$x \in \omega_{t(i)}$ となるのは，$M(x,i)$ であるとき，そしてそのときに限り，それは，$i \in A$ であるとき，そしてそのときに限るような再帰的関数とする．すなわち，$x \in \omega_{t(i)}$ iff $i \in A$ である．

（1）　$i \in A$ ならば，すべての x に対して，$x \in \omega_{t(i)}$ となる．これは，$\omega_{t(i)} = \mathbb{N}$ を意味する．

（2）　$i \notin A$ ならば，すべての x に対して，$x \notin \omega_{t(i)}$ となる．これは $\omega_{t(i)}$ が空集合 $\emptyset$ であることを意味する．

問題 17　B を生成的集合と仮定する．このとき，B が万能集合であることを示したい．$\varphi(x)$ を B の生成的関数とする．B に還元したい再帰的に枚挙可能な任意の集合 A を考える．$t(y)$ を，問題 16 と同じように A に結びつけた再帰的関数とすると，関数 $\varphi(t(x))$ が A を B に還元すると主張する．

（1）　$i \in A$ ならば，（問題 16 (1) によって）$\omega_{t(i)} = \mathbb{N}$ である．したがって，（問題 15 (a) の i を $t(i)$ とすると）$\varphi(t(i)) \in B$ である．

（2）　$i \notin A$ ならば，（問題 16 (2) によって）$\omega_{t(i)} = \emptyset$ である．したがって，（問題 15 (b) の i を $t(i)$ とすると）$\varphi(t(i)) \notin B$ である．

すなわち，$i \in A$ ならば $\varphi(t(i)) \in B$ であり，$i \notin A$ ならば $\varphi(t(i)) \notin B$ である．後者は，$\varphi(t(i)) \in B$ ならば $i \in A$ であるのと同じことである．したがって，$i \in A$ iff $\varphi(t(i)) \in B$ であり，関数 $\varphi(t(x))$ は A を B に還元する．

問題 18　条件 C_1 が成り立つと仮定する．

（1）　$\omega_i = \emptyset$ ならば，あきらかに $\emptyset$ は A と互いに素であり，したがって，条件 C_1 によって，$\varphi(i) \notin A$ である．（また，$\varphi(i) \notin \omega_i$ でもある．）

（2）　$\omega_i = \{\varphi(i)\}$ と仮定する．ω_i が A と互いに素ならば，条件 C_1 によって，$\varphi(i) \notin \omega_i$ である．したがって，$\varphi(i) \notin \{\varphi(i)\}$ となるが，これは起こりえない．すなわち，$\varphi(i) \in A$ である．

問題 19　$M(x,y,z)$ を $x \in \omega_y \wedge x = \varphi(z)$ と定義する．強再帰定理（定理 7）によって，

$$
\begin{aligned}
\omega_{t(y)} &= \{x : M(x, y, (t(y)))\} \\
&= \{x : x \in \omega_y \wedge x = \varphi(t(y))\} \\
&= \{x : x \in \omega_y\} \cap \{x : x = \varphi(t(y))\} \\
&= \omega_y \cap \{\varphi(t(y))\}
\end{aligned}
$$

となるような再帰的関数 $t(y)$ がある．

問題 20　任意の数 y に対して，$\varphi(t(y)) \in \omega_y$ iff $\varphi(t(y)) \in A$ を示したい．

（1）$\varphi(t(y)) \in \omega_y$ と仮定すると，$\omega_y \cap \{\varphi(t(y))\} = \{\varphi(t(y))\}$ である．しかし，（補題によって）$\omega_y \cap \{\varphi(t(y))\} = \omega_t(y)$ でもある．このとき，（条件 C_2 の i を $t(y)$ とすると，A は $\varphi(x)$ の下で弱余生産的なので）$\varphi(t(y)) \in A$ が得られる．すなわち，$\varphi(t(y)) \in \omega_y$ ならば $\varphi(t(y)) \in A$ である．

（2）$\varphi(t(y)) \notin \omega_y$ と仮定すると，$\omega_y \cap \{\varphi(t(y))\} = \emptyset$ である．再び補題によって，$\omega_y \cap \{\varphi(t(y))\} = \omega_t(y)$ である．したがって，$\omega_t(y) = \emptyset$ である．再び，条件 C_2 の i を $t(y)$ とすると，$\varphi(t(y)) \notin A$ が得られる．したがって，$\varphi(t(y)) \notin \omega_y$ ならば $\varphi(t(y)) \notin A$ である．これは，$\varphi(t(y)) \in A$ ならば $\varphi(t(y)) \in \omega_y$ であるというのと同値である．すなわち，$\varphi(t(y))$ は A の生成的関数である．

おまけ問題の答　もちろん，なりえない．万能集合は生成的であり，生成的集合 A は再帰的でない．なぜなら，A が再帰的であったとすると，その補集合 $\overline{A}$ は再帰的に枚挙可能になり，したがって，$n \in A$ iff $n \in \overline{A}$ となるような数 n がなければならないが，それは不可能である．

第 6 章

二重化による一般化

次章で数学的体系に適用するために，これまでの結果を二重化したものが必要になる．

◉二重再帰定理

これから考える二重再帰定理の準備として，反復定理によって，再帰的関数 d で，任意の y と z に対して，$\omega_{d(y,z)} = \{x : R_y(x, y, z)\}$ となるようなものが存在することに注意する．この重要な役割を演じる関数 d を，**二重対角関数**と呼ぶことにしよう．

定理 1（弱二重再帰定理） 再帰的に枚挙可能な任意の関係 $M_1(x, y, z)$ と $M_2(x, y, z)$ に対して，次の(1)–(2)が成り立つような数 a と b が存在する．

（1） $\omega_a = \{x : M_1(x, a, b)\}$

（2） $\omega_b = \{x : M_2(x, a, b)\}$

問題 1 定理 1 を証明せよ．（ヒント：二重対角関数 d を用いて関係 $M_1(x, d(y, z), d(z, y))$ と $M_2(x, d(z, y), d(y, z))$ を考えよ．）

◉強二重再帰定理

ここで，定理 1 において，関係 $M_1(x, y, z)$ と $M_2(x, y, z)$ の指標 i と j の再帰的関数として数 a と b が決まることを示したい．これは，このあとすぐに定理 2 の帰結であることが分かる定理 3 の特別な場合である．

定理 2（強二重再帰定理）　$M_1(x, y_1, y_2, z_1, z_2)$ と $M_2(x, y_1, y_2, z_1, z_2)$ を再帰的に枚挙可能な任意の関係とする．このとき，再帰的関数 $\varphi_1(i, j)$ と $\varphi_2(i, j)$ で，すべての数 i と j に対して次の (1)–(2) が成り立つようなものが存在する．

（1）　$\omega_{\varphi_1(i,j)} = \{x : M_1(x, i, j, \varphi_1(i, j), \varphi_2(i, j))\}$

（2）　$\omega_{\varphi_2(i,j)} = \{x : M_2(x, i, j, \varphi_1(i, j), \varphi_2(i, j))\}$

問題 2　定理 2 を証明せよ．（ヒント：ここでも二重対角関数 d を用いる．このとき，反復定理によって，再帰的関数 $t_1(i, j)$ と $t_2(i, j)$ で，すべての数 i, j, x, y, z に対して，次の (1)–(2) が成り立つようなものが存在する．

（1）　$R_{t_1(i,j)}(x, y, z)$ iff $M_1(x, i, j, d(y, z), d(z, y))$

（2）　$R_{t_2(i,j)}(x, y, z)$ iff $M_2(x, i, j, d(z, y), d(y, z))$）

定理 2 の自明な系として次の定理が得られる．

定理 3　$M_1(x, y, z_1, z_2)$ と $M_2(x, y, z_1, z_2)$ を再帰的に枚挙可能な任意の関係とする．このとき，再帰的関数 $\varphi_1(i, j)$ と $\varphi_2(i, j)$ で，すべての数 i と j に対して次の (1)–(2) が成り立つようなものが存在する．

（1）　$\omega_{\varphi_1(i,j)} = \{x : M_1(x, i, \varphi_1(i, j), \varphi_2(i, j))\}$

（2）　$\omega_{\varphi_2(i,j)} = \{x : M_2(x, j, \varphi_1(i, j), \varphi_2(i, j))\}$

次の定理は，定理 3 の特別な場合である．

定理 4（強二重マイヒルの定理）　再帰的関数 $\varphi_1(i, j)$ と $\varphi_2(i, j)$ で，すべての数 i と j に対して次の (1)–(2) が成り立つようなものが存在する．

（1）　$\omega_{\varphi_1(i,j)} = \{x : R_i(x, \varphi_1(i, j), \varphi_2(i, j))\}$

（2）　$\omega_{\varphi_2(i,j)} = \{x : R_j(x, \varphi_1(i, j), \varphi_2(i, j))\}$

問題 3　（a）定理 3 が定理 2 の系である理由を述べよ．（b）定理 4 が定理 3 の特別な場合である理由を述べよ．

◉考察

ここで与えた強二重再帰定理の証明には，反復定理を 3ヶ所で使っている．実際には，強二重再帰定理は，反復定理を 1 度使うだけで証明することができるし，それには何通りかの方法がある．

何人かの再帰的関数論の研究者は，強（一重）再帰定理の帰結として**弱二重再帰定理**を導く方法を見つけた．それに続いて，私は，強（一重）再帰定理の帰結として，強二重再帰定理を導く方法を見つけた．

私は，[32] でより詳細に再帰定理について調べる中でこれらを示した．そこでは，再帰定理のいくつかの変形についても取り扱っている．

◉さらなる二重化

順序対 (A_1, A_2) は，再帰的関数 $f(x)$ が同時に A_1 を B_1 に還元し，A_2 を B_2 に還元するならば，$f(x)$ の下で順序対 (B_1, B_2) に**還元可能**ということにする．これは，$A_1 = f^{-1}(B_1)$ かつ $A_2 = f^{-1}(B_2)$ であるということだ．言い換えると，すべての数 x に対して次の(1)–(3)が成り立つということである．

（1）　$x \in A_1$ ならば，$f(x) \in B_1$ である．

（2）　$x \in A_2$ ならば，$f(x) \in B_2$ である．

（3）　$x \notin A_1 \cup A_2$ ならば，$f(x) \notin B_1 \cup B_2$ である．

この(1)と(2)がともに成り立つならば，(3)が必ずしも成り立たなくても，(A_1, A_2) は再帰的関数 $f(x)$ の下で順序対 (B_1, B_2) に**半還元可能**であるという．

順序対 (U_1, U_2) は，互いに素で再帰的に枚挙可能な集合の対 (A, B) すべてが (U_1, U_2) に還元可能ならば，**二重万能対**という．また，順序対 (U_1, U_2) は，互いに素で再帰的に枚挙可能な集合の対 (A, B) すべてが (U_1, U_2) に半還元可能ならば，**半二重万能対**という．

互いに素な対 (A, B) は，互いに素で再帰的に枚挙可能な集合の対 (ω_i, ω_j) すべてに対して次の(1)–(2)が成り立つならば，再帰的関数 $\varphi(x, y)$ の下で**二重生成的**であるという．

（1）　$\varphi(i, j) \in A$ iff $\varphi(i, j) \in \omega_i$

（2）　$\varphi(i, j) \in B$ iff $\varphi(i, j) \in \omega_j$

この章では，順序対 (A, B) が二重生成的となるのは，それが二重万能対であるとき，そしてそのときに限ることを示す．

互いに素な対 (A, B) は，互いに素で再帰的に枚挙可能な集合の対 (ω_i, ω_j) すべてに対して次の条件が成り立つならば，再帰的関数 $g(x, y)$ の下で**二重余生産的**であるという．ω_i が A と互いに素で ω_j が B と互いに素ならば，$g(i, j)$ は集合 ω_i, ω_j, A, B のいずれにも属さない．

あきらかに，(A, B) が二重生成的ならば，(A, B) は二重余生産的である．その逆もまた真であるが，それは自明ではない．それを証明するためには，強二重再帰定理と同じようなものが必要になる．

これらはすべて，これから取り組もうとしている主題である実効的分離不能性と密接に関連している．

◉実効的分離不能性

まず，非常に有効な原理を論じておかなければならない．二つの再帰的に枚挙可能な集合 A と B を考える．これらはともに Σ_1 であり，したがって，Σ_0 関係 $R_1(x, y)$ と $R_2(x, y)$ で，すべての x に対して，次の(1)–(2)が成り立つようなものが存在する．

（1）　$x \in A$ iff $\exists y R_1(x, y)$

（2）　$x \in B$ iff $\exists y R_2(x, y)$

ここで，次の条件によって集合 A' と B' を定義する．

$$x \in A' \text{ iff } \exists y(R_1(x, y) \wedge (\forall z \leq y)(\sim R_2(x, z)))$$
$$x \in B' \text{ iff } \exists y(R_2(x, y) \wedge (\forall z \leq y)(\sim R_1(x, z)))$$

集合 A' と B' はともに再帰的に枚挙可能であり，互いに素である．

問題 4　集合 A' と B' が互いに素となる理由は．

これで，次の原理が得られた．

分離原理　再帰的に枚挙可能な任意の集合 A と B に対して，$A - B \subseteq A'$ かつ $B - A \subseteq B'$ となるような互いに素で再帰的に枚挙可能な集合 A' と B' が存在する．

互いに素な集合の対 (A, B) は，B と互いに素で A を部分集合とする再帰的な集合がない，あるいはこれと同じことであるが，A と互いに素で B を部分集合とする再帰的な集合がない（これらが同じことであるのは，C が A

と互いに素で B を部分集合とする再帰的な集合ならば，その補集合 $\overline{C}$ は B と互いに素で A を部分集合とする再帰的な集合だからである）ならば，**再帰的に分離不能**という．集合の対 (A, B) は，再帰的に分離不能でない（すなわち，B と互いに素で A を部分集合とする再帰的な集合，または，A と互いに素で B を部分集合とする再帰的な集合が存在する）ならば，**再帰的に分離可能**という．あきらかに，再帰的に分離可能な集合の対 (A, B) は互いに素でなければならない．

ここで，(A, B) が再帰的に分離不能であるというのは，A と B をそれぞれ部分集合とする互いに素で再帰的に枚挙可能な任意の集合 ω_i と ω_j に対して，ω_i にも ω_j にも属さない数 n が存在する（すなわち，ω_i は ω_j の補集合ではない）ということと同値である．

問題 5　再帰的分離不能性に対する前述の2通りの特徴づけが同値である理由は．

互いに素な対 (A, B) は，再帰的関数 $\zeta(x, y)$（ギリシア文字 ζ は「ゼータ」と読む）で，A と B をそれぞれ部分集合とする互いに素で再帰的に枚挙可能な任意の集合 ω_i と ω_j に対して，数 $\zeta(i, j)$ が ω_i にも ω_j にも属さないようなものが存在するとき，**実効的に分離不能**と呼ばれる．（$\zeta(i, j)$ は，いわば，ω_i が ω_j の補集合でないことの証拠である．）このような関数 $\zeta(x, y)$ を，**実効的分離不能関数**と呼ぶ．

互いに素な対 (A, B) は，再帰的関数 $\zeta(x, y)$ で，A と B をそれぞれ部分集合とする再帰的に枚挙可能な任意の集合 ω_i と ω_j に対して，それらが互いに素であっても素でなくても，数 $\zeta(i, j)$ は ω_i と ω_j の両方に属すか，または，いずれにも属さない（言い換えると，$\zeta(i, j) \in \omega_i$ iff $\zeta(i, j) \in \omega_j$ となる）ようなものが存在するとき，**実効的に完全分離不能**と呼ぼう．このような関数 $\zeta(x, y)$ を，**実効的完全分離不能関数**と呼ぶ．（ω_i と ω_j が互いに素だとしたら，この $\zeta(x, y)$ はあきらかに ω_i にも ω_j にも属さない．したがって，(A, B) の任意の実効的完全分離不能関数は，(A, B) の実効的分離不能関数でもある．）

(A, B) が実効的に分離不能で，A と B がともに再帰的に枚挙可能ならば，(A, B) は実効的に完全分離不能であるという，自明でない結果をのちほど示す．私の知る限り，この証明には，強二重再帰定理が必要である．

◉クリーネによる実効的に完全分離不能な対の構成

再帰的に枚挙可能な集合の対で，実効的に完全分離不能なものを構成する方法はいくつかある．次の方法は，クリーネ [18] によるものである．

(A_1, A_2) を互いに素な対とするとき，再帰的関数 $k(x, y)$ は，すべての数 i と j に対して次の(1)–(2)が成り立つならば，(A_1, A_2) の**クリーネ関数**と呼ぶことにする．

（1）　$k(i, j) \in \omega_i - \omega_j$ ならば，$k(i, j) \in A_2$ である．

（2）　$k(i, j) \in \omega_j - \omega_i$ ならば，$k(i, j) \in A_1$ である．

命題 1　$k(x, y)$ が互いに素な対 (A_1, A_2) のクリーネ関数ならば，(A_1, A_2) は $k(x, y)$ の下で実効的に完全分離不能である．

問題 6　命題 1 を証明せよ．

互いに素な対 (A_1, A_2) は，(A_1, A_2) のクリーネ関数が存在するならば，**クリーネ対**と呼ぶことにする．

命題 1 によって，任意のクリーネ対は，実効的に完全分離可能である．

定理 5　再帰的に枚挙可能な集合のクリーネ対 (K_1, K_2) が存在する．

問題 7　定理 5 を証明せよ．（ヒント：対関数 $\delta(x, y)$ を用いる．A_1 を $\delta(i, j) \in \omega_j$ となるようなすべての数 $\delta(i, j)$ からなる集合とし，A_2 を $\delta(i, j) \in \omega_i$ となるようなすべての数 $\delta(i, j)$ からなる集合とする．このとき，$\delta(x, y)$ は対 $(A_1 - A_2, A_2 - A_1)$ のクリーネ関数であることを示せ．そして，分離原理を用いて，再帰的に枚挙可能な集合 K_1 と K_2 を得る．）

定理 5 と命題 1 から，次の定理が得られる．

定理 6　再帰的に枚挙可能な集合の対で，実効的に完全分離不能なものが存在する．その証拠は，クリーネ対 (K_1, K_2) である．

命題 2　(A_1, A_2) がクリーネ対であり，(A_1, A_2) は (B_1, B_2) に半還元可能であり，B_1 と B_2 が互いに素ならば，(B_1, B_2) はクリーネ対である．

問題8　命題2を証明せよ．（ヒント：$f(x)$ を，(A_1, A_2) から (B_1, B_2) に半還元させる関数とし，$k(x, y)$ を (A_1, A_2) のクリーネ関数とする．このとき，反復定理によって，$\omega_{t(y)} = \{x : f(x) \in \omega_y\}$ となるような再帰的関数 $t(y)$ が存在する．関数 $k(x, y)$, $f(x)$, $t(y)$ から，(B_1, B_2) のクリーネ関数を構成せよ．）

定理7　互いに素な半二重万能対は，すべて実効的に完全分離不能である．

問題9　定理7はなぜ成り立つのか．

◉二重生成的な対

互いに素な対 (A, B) は，再帰的関数 $\varphi(x, y)$ が存在して，すべての互いに素な対 (ω_i, ω_j) に対して，次の(1)–(2)が成り立つならば，**二重生成的**と呼ばれることを思い出そう．

（1）　$\varphi(i, j) \in A$ iff $\varphi(i, j) \in \omega_i$

（2）　$\varphi(i, j) \in B$ iff $\varphi(i, j) \in \omega_j$

このような関数 $\varphi(x, y)$ を，(A, B) の**二重生成的関数**と呼ぶ．

問題10　(A, B) が二重生成的と呼ばれるならば，A と B はともに生成的集合であることを証明せよ．

次の定理は重要である．

定理8　(A, B) が実効的に完全分離不能であり，A と B がともに再帰的に枚挙可能ならば，(A, B) は二重生成的である．

問題11　定理8を証明せよ．（ヒント：ある再帰的関数 $\zeta(x, y)$ の下で (A, B) は実効的に完全分離不能である．このとき，反復定理によって，再帰的関数 $t_1(n)$, $t_2(n)$ で，すべての x と n に対して，次の(1)–(2)が成り立つようなものが存在する．

（1）　$\omega_{t_1(n)} = \{x : x \in \omega_n \vee x \in A\}$

（2）　$\omega_{t_2(n)} = \{x : x \in \omega_n \vee x \in B\}$

$\varphi(i, j) = \zeta(t_1(j), t_2(i))$ とするとき，(A, B) は関数 $\varphi(i, j)$ の下で二重生成的であることを示せ．）

クリーネ対 (K_1, K_2) は実効的に完全分離不能であり，K_1 と K_2 はともに再帰的に枚挙可能なので，定理 8 によって，対 (K_1, K_2) は二重生成的になる．したがって，再帰的に枚挙可能な集合の二重生成的な対が存在する．

◉二重生成的と二重万能対

(A_1, A_2) は互いに素な対で，関数 $g(x, y)$ の下で二重生成的であると仮定する．このとき，すべての数 i と j に対して，次の 3 条件が成り立つ．

C_1:　$\omega_i = \mathbb{N}$ かつ $\omega_j = \emptyset$ ならば，$g(i, j) \in A_1$ である．

C_2:　$\omega_i = \emptyset$ かつ $\omega_j = \mathbb{N}$ ならば，$g(i, j) \in A_2$ である．

C_3:　$\omega_i = \emptyset$ かつ $\omega_j = \emptyset$ ならば，$g(i, j) \notin A_1 \cup A_2$ である．

問題 12　これを証明せよ．

問題 13　(A_1, A_2) は互いに素な対で，$g(x, y)$ は前述の条件 C_1 と C_2 が成り立つような再帰的関数と仮定する．任意の再帰的に枚挙可能な集合の互いに素な対 (B_1, B_2) に対して，次の(1)–(2)を満たす再帰的関数が存在する．

（1）　(B_1, B_2) は，$g(t_1(x), t_2(x))$ の下で (A_1, A_2) に半還元可能である．

（2）　さらに条件 C_3 も成り立つならば，(B_1, B_2) は $g(t_1(x), t_2(x))$ の下で (A_1, A_2) に還元可能である．

（ヒント：前章の問題 16 の結果を用いよ．）

問題 12 と 13 から，すぐに次の定理が得られる．

定理 9　すべての二重生成的な対は二重万能対である．

これで，互いに素な対 (A, B) に対して，実効的に完全分離不能であることと，二重生成的であることと，二重万能対であることは，すべて同じであることが分かった．それでは，全体像を完成させよう．

◉二重余生産性

$g(x, y)$ を再帰的関数とし，互いに素な対 (A, B) が，すべての i と j に対して，ω_i が ω_j と互いに素で，ω_i は A と互いに素かつ ω_j は B と互いに素であるとき，$g(i, j)$ は 4 個の集合 ω_i, ω_j, A, B のいずれにも属さないなら

ば，対 (A, B) は $g(x, y)$ の下で**二重余生産的**であると定義したことを思い出そう．

ここで，(A, B) が再帰的関数 $g(x, y)$ の下で二重余生産的ならば，すべての数 i と j に対して，次の3条件が成り立つことを主張する．

D_0:　$\omega_i = \omega_j = \emptyset$ ならば，$g(i, j) \notin A \cup B$ である．

D_1:　$\omega_i = \{g(i, j)\}$ かつ $\omega_j = \emptyset$ ならば，$g(i, j) \in A$ である．

D_2:　$\omega_i = \emptyset$ かつ $\omega_j = \{g(i, j)\}$ ならば，$g(i, j) \in B$ である．

問題 14　(A, B) が再帰的関数 $g(x, y)$ の下で二重余生産的ならば，条件 D_0, D_1, D_2 が成り立つことを証明せよ．

(A, B) は，条件 D_0, D_1, D_2 が成り立つならば，再帰的関数 $g(x, y)$ の下で**弱二重余生産的**であるということにする．

このとき，次の定理を証明したい．

定理 10　(A, B) が再帰的関数 $g(x, y)$ の下で二重余生産的ならば（あるいは，弱二重余生産的でさえあれば），(A, B) は二重生成的である（したがって，二重万能対でもある）．

定理10を証明するためには，次の補題が必要になる．

補題　$g(x, y)$ を任意の再帰的関数とする．このとき，再帰的関数 $t_1(i, j)$, $t_2(i, j)$ で，すべての数 i と j に対して

（1）　$\omega_{t_1(i,j)} = \omega_i \cap \{g(t_1(i, j), t_2(i, j))\}$

（2）　$\omega_{t_2(i,j)} = \omega_j \cap \{g(t_1(i, j), t_2(i, j))\}$

となるようなものが存在する．

この補題を証明するためには，強二重再帰定理，というより，むしろその系である定理3が必要になる．

問題 15　この補題を証明せよ．（ヒント：$M_1(x, y, z_1, z_2)$ を再帰的に枚挙可能な関係 $x \in \omega_y \wedge x = g(z_1, z_2)$ とし，$M_2(x, y, z_1, z_2)$ を M_1 と同じ関係とする．そして，定理3を用いる．）

問題 16　そして，定理10を証明せよ．（ヒント：(A, B) は $g(x, y)$ の下

で弱二重余生産的であると仮定する．補題によって，再帰的関数 $t_1(x,y)$, $t_2(x,y)$ で，すべての i と j に対して

（1）　$\omega_{t_1(i,j)} = \omega_i \cap \{g(t_1(y_1,y_2),t_2(y_1,y_2))\}$

（2）　$\omega_{t_2(i,j)} = \omega_j \cap \{g(t_1(y_1,y_2),t_2(y_1,y_2))\}$

となるようなものが存在する．$\varphi(x,y) = g(t_1(x,y),t_2(x,y))$ として，(A,B) が $\varphi(x,y)$ の下で二重生成的であることを示せ．）

今度は，次の定理を証明したい．

定理 11　(A,B) が実効的に分離不能であり，A と B はともに再帰的に枚挙可能ならば，(A,B) は二重生成的である（したがって，二重万能対である）．

問題 17　定理 11 を証明せよ．（ヒント：（a）まず，A を再帰的に枚挙可能な任意の集合とする．このとき，再帰的関数 $t(i)$ で，すべての i に対して，$\omega_{t(i)} = \omega_i \cup A$ となるようなものが存在することを証明せよ．（b）つぎに，(A,B) は $g(x,y)$ の下で実効的に分離不能であり，A と B はともに再帰的に枚挙可能な集合と仮定する．$t_1(i)$, $t_2(i)$ を再帰的関数で，すべての i に対して，$\omega_{t_1(i)} = \omega_i \cup A$ かつ $\omega_{t_2(i)} = \omega_i \cup B$ とする．このとき，$g(x,y) = \zeta(t_1(y),t_2(x))$ とすると，(A,B) は関数 $g(x,y)$ の下で二重生成的であることを示せ.）

問題の解答

問題 1　m を関係 $M_1(x, d(y,z), d(z,y))$ の指標とし，n を関係 $M_2(x, d(z,y), d(y,z))$ の指標とする．このとき，次の (1)–(2) が成り立つ．

(1)　$$R_m(x,y,z) \text{ iff } M_1(x, d(y,z), d(z,y))$$

(2)　$$R_n(x,y,z) \text{ iff } M_2(x, d(z,y), d(y,z))$$

(1) において，y を m とし，z を n とする．そして，(2) において，y を n とし，z を m とすると，その結果は次のようになる．

(1′)　$$R_m(x,m,n) \text{ iff } M_1(x, d(m,n), d(n,m))$$

(2′)　$$R_n(x,n,m) \text{ iff } M_2(x, d(m,n), d(n,m))$$

ここで，((1′) によって）$\omega_{d(m,n)} = \{x : R_m(x,m,n)\} = \{x : M_1(x, d(m,n), d(n,m))\}$ であり，((2′) によって）$\omega_{d(n,m)} = \{x : R_n(x,n,m)\} = \{x : M_2(x, d(m,n), d(n,m))\}$ である．したがって，$a = d(m,n)$ および $b = d(n,m)$ とすると

$$\omega_a = \{x : M_1(x,a,b)\}, \quad \omega_b = \{x : M_2(x,a,b)\}$$

が得られる．

問題 2　$t_1(i,j)$ と $t_2(i,j)$ をヒントで述べた関数とし，$d(x,y)$ を二重対角関数として，

$$\varphi_1(i,j) = d(t_1(i,j), t_2(i,j))$$
$$\varphi_2(i,j) = d(t_2(i,j), t_1(i,j))$$

と定義する．これら二つの関数によって定理 2 が成り立つことを示そう．

t_1 と t_2 の定義によって，すべての数 i, j, x, y, z に対して，次の (1)–(2) が成り立つ．

(1)　$$R_{t_1(i,j)}(x,y,z) \text{ iff } M_1(x,i,j, d(y,z), d(z,y))$$

(2)　$$R_{t_2(i,j)}(x,y,z) \text{ iff } M_2(x,i,j, d(z,y), d(y,z))$$

(1) において，y を $t_1(i,j)$，z を $t_2(i,j)$ とする．そして，(2) において，y を $t_2(i,j)$，z を $t_1(i,j)$ とすると

(1′)　$$R_{t_1(i,j)}(x, t_1(i,j), t_2(i,j)) \text{ iff } M_1(x,i,j, \varphi_1(i_1,i_2), \varphi_2(i_1,i_2))$$

(2′)　$$R_{t_2(i,j)}(x, t_2(i,j), t_1(i,j)) \text{ iff } M_2(x,i,j, \varphi_1(i_1,i_2), \varphi_2(i_1,i_2))$$

が得られる．また，

(3)　$$\omega_{\varphi_1(i,j)} = \omega_{d(t_1(i,j), t_2(i,j))} = \{x : R_{t_1(i,j)}(x, t_1(i,j), t_2(i,j))\}$$

(4)　$$\omega_{\varphi_2(i,j)} = \omega_{d(t_2(i,j), t_1(i,j))} = \{x : R_{t_2(i,j)}(x, t_2(i,j), t_1(i,j))\}$$

である．(3) と (1′) から，$\omega_{\varphi_1(i,j)} = \{x : M_1(i,j,\varphi_1(i,j),\varphi_2(i,j))\}$ が得られる．(4) と (2′) から，$\omega_{\varphi_2(i,j)} = \{x : M_2(i,j,\varphi_1(i,j),\varphi_2(i,j))\}$ が得られる．

問題 3

（a）与えられた再帰的に枚挙可能な関係 $M_1(x,y,z_1,z_2)$ と $M_2(x,y,z_1,z_2)$ に対して，$M_1(x,y_1,z_1,z_2)$ iff $M'_1(x,y_1,y_2,z_1,z_2)$ であり，$M_2(x,y_2,z_1,z_2)$ iff $M'_2(x,y_1,y_2,z_1,z_2)$ であるような新たな関係を定義する．ここで，定理 2 を関係 M'_1 と M'_2 に適用する．

（b）これは，$M_1(x,y,z_1,z_2)$ と $M_2(x,y,z_1,z_2)$ をともに関係 $R_y(x,z_1,z_2)$ とすることによって，定理 3 から導くことができる．

問題 4　$x \in A'$ かつ $x \in B'$ ならば，次のようにして矛盾が生じる．数 n と m で，次の条件を満たすものがなければならない．

（1）$R_1(x,n)$

（2）$R_2(x,m)$

（3）$R_2(x,m)$ ならば，$m > n$（なぜなら，$(\forall z \leq n) \sim R_2(x,z)$ となるからである．）

（4）$R_1(x,n)$ ならば，$n > m$（なぜなら，$(\forall z \leq m) \sim R_1(x,z)$ となるからである．）

(1) と (4) から，$n > m$ が導かれる．(2) と (3) から，$m > n$ もまた真であることになるが，これは不可能である．

問題 5　互いに素な集合の対 (A,B) が再帰的に分離不能であることの特徴づけとして次の 2 条件が同値であることを示す．

C_1:　B と互いに素で A を部分集合とする再帰的な集合はない．

C_2:　A と B をそれぞれ部分集合とする互いに素で再帰的に枚挙可能な任意の集合 ω_i と ω_j に対して，ω_i は ω_j の補集合ではない．

条件 C_1 が条件 C_2 を含意することを示すために，条件 C_1 を仮定する．そして，ω_i と ω_j は互いに素で，それぞれ A と B を部分集合とするものと仮定する．ω_i が ω_j の補集合だとしたら，ω_i は B と互いに素で A を部分集合とする再帰的な集合になってしまうが，これは条件 C_1 に反する．それゆえ，ω_i は ω_j の補集合ではない．これで，条件 C_2 が証明できた．

逆に，条件 C_2 が成り立つと仮定する．A' を B と互いに素で A を部分集合とする任意の集合とする．このとき，A' は再帰的にはなりえず，したがって条件 C_1 は成り立たないことを示そう．A' が再帰的な集合 ω_i ならば，その補集合 $\overline{\omega}_i$ は，A と互いに素で B を部分集合とする再帰的に枚挙可能な集合 ω_j でなければならないが，これは条件 C_2 に反する．したがって，A' は再帰的ではない．

問題6　$k(x,y)$ は再帰的関数で，すべての i と j に対して，

（1）　$k(i,j)\in\omega_i-\omega_j$ ならば，$k(i,j)\in A_2$

（2）　$k(i,j)\in\omega_j-\omega_i$ ならば，$k(i,j)\in A_1$

が成り立つことが与えられている．ここで，A_1 を部分集合とする任意の再帰的に枚挙可能な集合 ω_i と，A_2 を部分集合とする任意の再帰的に枚挙可能な集合 ω_j を考える．このとき，$k(i,j)\in\omega_i$ iff $k(i,j)\in\omega_j$ となること（したがって，$k(x,y)$ の下で (A_1,A_2) は実効的に完全分離不能であること）を示さなければならない．

$k(i,j)\in\omega_i-\omega_j$ ならば，（(1) によって）$k(i,j)\in A_2$ であり，したがって，（$A_2\subseteq\omega_j$ なので）$k(i,j)\in\omega_j$ である．しかし，$\omega_i-\omega_j$ に属する数が ω_j に属することはありえない．それゆえ，$k(i,j)\notin\omega_i-\omega_j$ である．対称的な論証によって，$k(i,j)\notin\omega_j-\omega_i$ である．その結果として，$k(i,j)\in\omega_i$ iff $k(i,j)\in\omega_j$ である．

これで証明は完成した．

問題7　$\delta(i,j)\in\omega_j$ iff $\delta(i,j)\in A_1$ であり，$\delta(i,j)\in\omega_i$ iff $\delta(i,j)\in A_2$ であるので，$\delta(i,j)\in\omega_j-\omega_i$ iff $\delta(i,j)\in A_1-A_2$ であり，$\delta(i,j)\in\omega_i-\omega_j$ iff $\delta(i,j)\in A_2-A_1$ である．したがって，$\delta(x,y)$ は，(A_1-A_2,A_2-A_1) のクリーネ関数である．すると，分離原理によって，$A_1-A_2\subseteq K_1$ かつ $A_2-A_1\subseteq K_2$ となるような再帰的に枚挙可能な集合 K_1 と K_2 が存在する．$\delta(x,y)$ は (A_1-A_2,A_2-A_1) のクリーネ関数であり，$A_1-A_2\subseteq K_1$ かつ $A_2-A_1\subseteq K_2$ であることから，$\delta(x,y)$ は，再帰的に枚挙可能な集合の対 (K_1,K_2) のクリーネ関数である．（一般に，$\zeta(x,y)$ が対 (B_1,B_2) のクリーネ関数であり，B_1', B_2' は互いに素で，それぞれ B_1, B_2 を部分集合とするならば，$\zeta(x,y)$ は (B_1',B_2') のクリーネ関数でなければならないことは簡単に確かめられる．）

問題8　ヒントで述べたように，$f(x)$ を (A_1,A_2) から (B_1,B_2) に半還元する関数とし，$t(y)$ を反復定理によって与えられる再帰的関数で，すべての x と y に対して，$x\in\omega_{t(y)}$ iff $f(x)\in\omega_y$ であるようなものとする．（したがって，$\omega_t(y)=\{x:f(x)\in\omega_y\}$ である．）また，$f(x)\in\omega_y$ iff $x\in f^{-1}(\omega_y)$ であり，したがって，$x\in\omega_{t(y)}$ iff $x\in f^{-1}(\omega_y)$ である．k を（互いに素な）クリーネ対 (A_1,A_2) のクリーネ関数とする．ここで，$k'(x,y)$ を関数 $f(k(t(x),t(y)))$ として，$k'(x,y)$ が対 (B_1,B_2) のクリーネ関数であることを示そう．（読者はこの先を読み進める前に，この時点でこれを示すことに挑戦してみるとよい．）

まず，$k'(i,j)\in\omega_j-\omega_i$ ならば，$k'(i,j)\in B_1$ であることを示す．

$k'(i,j)\in\omega_j-\omega_i$ と仮定すると，$f(k(t(i),t(j)))\in\omega_j-\omega_i$ であり，したがって，

$$k(t(i),t(j))\in f^{-1}(\omega_j-\omega_i)$$

となる．しかし，

$$f^{-1}(\omega_j - \omega_i) = f^{-1}(\omega_j) - f^{-1}(\omega_i) = \omega_{t(j)} - \omega_{t(i)}$$

である．（なぜなら，すでに示したように，$f^{-1}(\omega_j) = \omega_{t(j)}$ かつ $f^{-1}(\omega_i) = \omega_{t(i)}$ だからである．）したがって，

$$k(t(i), t(j)) \in \omega_{t(j)} - \omega_{t(i)}$$

となり，（$k(x, y)$ は (A_1, A_2) のクリーネ関数なので）$k(t(i), t(j)) \in A_1$ が得られ，それゆえ，（$f(x)$ の下で (A_1, A_2) は (B_1, B_2) に半還元可能なので）$f(k(t(i), t(j))) \in B_1$ である．すなわち，$k'(i, j) \in B_1$ である．

これで，$k'(i, j) \in \omega_j - \omega_i$ ならば $k'(i, j) \in B_1$ であることが証明できた．

同様にして，$k'(i, j) \in \omega_i - \omega_j$ ならば $k'(i, j) \in B_2$ であることが示せる．したがって，$k'(x, y)$ は (B_1, B_2) のクリーネ関数である．

問題 9　(A, B) が半二重万能対ならば，定義によって，クリーネ対 (K_1, K_2) は (A, B) に半還元可能である．したがって，今度は (A, B) が（命題 2 によって）クリーネ対になり，それゆえ（命題 1 によって）実効的に完全分離不能となる．

問題 10　$\varphi(x, y)$ を (A, B) の二重生成的関数と仮定する．c を空集合の任意の指標とすると，すべての数 i に対して，集合 ω_i は ω_c と互いに素になる．したがって，（x の関数）$\varphi(x, c)$ は A の生成的関数である．なぜなら，すべての数 i に対して，ω_i は ω_c と互いに素であり，（二重生成的な対の条件(1)によって）$\varphi(i, c) \in A$ iff $\varphi(i, c) \in \omega_i$ であるからである．同様にして，（x の関数）$\varphi(c, x)$ は，集合 B の二重生成的関数である．

問題 11　集合 $\{x : x \in \omega_n \vee x \in A\}$ は $\omega_n \cup A$ にすぎず，集合 $\{x : x \in \omega_n \vee x \in B\}$ は $\omega_n \cup B$ にすぎない．ヒントで述べた t_1 と t_2 を使うと

（1）　$\omega_{t_1(n)} = \omega_n \cup A$

（2）　$\omega_{t_2(n)} = \omega_n \cup B$

が得られる．したがって，すべての n に対して A と ω_n はともに $\omega_{t_1(n)}$ の部分集合であり，すべての n に対して B と ω_n はともに $\omega_{t_2(n)}$ の部分集合である．また，ヒントにあるように

$$\varphi(x, y) = \zeta(t_1(y), t_2(x))$$

とする．

数 i と j が与えられたときに，$k = \varphi(i, j)$ とする．したがって，$k = \zeta(t_1(j), t_2(i))$ である．(A, B) は $\zeta(x, y)$ の下で実効的に完全分離不能であり，$A \subseteq \omega_{t_1(j)}$ かつ $B \subseteq \omega_{t_2(i)}$ であり（すべての n に対して $A \subseteq \omega_{t_1(n)}$ かつ $B \subseteq \omega_{t_2(n)}$

であることを思い出そう），$\zeta(x,y)$ は (A,B) の実効的完全分離不能関数なので，

(a) $$k \in \omega_{t_1(j)} \text{ iff } k \in \omega_{t_2(i)}$$

となる．

ここで，互いに素な任意の対 (ω_i,ω_j) を考える．$k \in A$ iff $k \in \omega_i$ であり，$k \in B$ iff $k \in \omega_j$ であることを示したい．そうすれば，(A,B) は $\varphi(x,y)$ の下で二重生成的になる．

$k \in A$ と仮定すると，（すべての n に対して $A \subseteq \omega_{t_1(n)}$ なので）$k \in \omega_{t_1(j)}$ である．それゆえ，((a) によって）$k \in \omega_{t_2(i)}$ となる．したがって，($\omega_{t_2(i)} = \omega_i \cup B$ なので）$k \in \omega_i \cup B$ が得られる．しかし，B は A と互いに素なので，$k \notin B$ である．したがって，$k \in \omega_i$ である．これで，$k \in A$ ならば $k \in \omega_i$ であることが証明された．

逆に，$k \in \omega_i$ と仮定すると，($\omega_i \subseteq \omega_{t_2(i)}$ なので）$k \in \omega_{t_2(i)}$ である．したがって，((a) によって）$k \in \omega_{t_1(j)}$ であり，$\omega_{t_1(j)} = \omega_j \cup A$ なので，$k \in \omega_j \cup A$ となる．しかし，ω_j は ω_i と互いに素なので，$k \notin \omega_j$ であり，それゆえ，$k \in A$ となる．すなわち，$k \in \omega_i$ ならば，$k \in A$ である．

これで，$k \in A$ iff $k \in \omega_i$ が証明された．同様にして，$k \in B$ iff $k \in \omega_j$ も証明できる．

問題 12　(A_1,A_2) は $g(x,y)$ の下で二重生成的であることが与えられている．

（a）　$\omega_i = \mathbb{N}$ かつ $\omega_j = \emptyset$ であると仮定する．もちろん，ω_i は ω_j と互いに素なので，$g(i,j) \in \mathbb{N}$ iff $g(i,j) \in A_1$ である．（そして，$g(i,j) \in \emptyset$ iff $g(i,j) \in A_2$ である．）しかし，$g(i,j) \in \mathbb{N}$ なので，$g(i,j) \in A_1$ が得られる．

（b）　同様にして，$\omega_i = \emptyset$ かつ $\omega_j = \mathbb{N}$ ならば，$g(i,j) \in A_2$ である．

（c）　$\omega_i = \emptyset$ かつ $\omega_j = \emptyset$ ならば，$\emptyset$ はあきらかに $\emptyset$ と互いに素なので，$g(i,j) \in A_1$ iff $g(i,j) \in \emptyset$ であり，$g(i,j) \in \emptyset$ iff $g(i,j) \in A_2$ である．しかし，$g(i,j) \notin \emptyset$ なので，$g(i,j) \notin A_1$ かつ $g(i,j) \notin A_2$ である．

問題 13　B を再帰的に枚挙可能な任意の集合とする．このとき，前章の問題 16 によって，再帰的関数 $t(y)$ で，すべての数 i に対して，$i \in B$ ならば $\omega_{t(i)} = \mathbb{N}$ となり，$i \notin B$ ならば $\omega_{t(i)} = \emptyset$ となるようなものが存在する．

ここで，(B_1,B_2) を互いに素で再帰的に枚挙可能な集合の任意の対とする．このとき，再帰的関数 $t_1(i)$, $t_2(i)$ で，任意の数 i に対して，次の(1)–(4)が成り立つようなものが存在する．

（1）　$i \in B_1$ ならば，$\omega_{t_1(i)} = \mathbb{N}$ である．

（2）　$i \notin B_1$ ならば，$\omega_{t_1(i)} = \emptyset$ である．

（3）　$i \in B_2$ ならば，$\omega_{t_2(i)} = \mathbb{N}$ である．

（4） $i \notin B_2$ ならば，$\omega_{t_2(i)} = \emptyset$ である．

ここで，関数 $g(x,y)$ と対 (A_1, A_2) の間に条件 C_1 と C_2 が成り立つと仮定する．

（a） $i \in B_1$ と仮定すると，（(1)によって）$\omega_{t_1(i)} = \mathbb{N}$ である．B_2 は B_1 と互いに素なので，$i \notin B_2$ であり，それゆえ，（(4)によって）$\omega_{t_2(i)} = \emptyset$ である．したがって，対 $(\omega_{t_1(i)}, \omega_{t_2(i)})$ は $(N, \emptyset)$ であり，$g(t_1(i), t_2(i)) \in A_1$ となる．これで，$i \in B_1$ ならば $g(t_1(i), t_2(i)) \in A_1$ であることが証明された．

（b） $i \in B_2$ ならば $g(t_1(i), t_2(i)) \in A_2$ となることの証明も同様である．したがって，(B_1, B_2) は，関数 $g(t_1(x), t_2(x))$ の下で (A_1, A_2) に半還元可能である．

（c） さらに，条件 C_3 も成り立つと仮定する．ここで，$i \notin B_1$ かつ $i \notin B_2$ であると仮定すると，(2)と(4)によって，$\omega_{t_1(i)} = \emptyset$ かつ $\omega_{t_2(i)} = \emptyset$ であり，それゆえ，（条件 C_3 によって）$g(t_1(i), t_2(i)) \notin A_1$ かつ $g(t_1(i), t_2(i)) \notin A_2$ である．したがって，$g(t_1(x), t_2(x))$ は (B_1, B_2) を (A_1, A_2) に還元する．

問題 14　(A, B) は再帰的関数 $g(x,y)$ の下で二重余生産的であることが与えられている．

D_0:　これは自明である．

D_1:　$\omega_i = \{g(i,j)\}$ かつ $\omega_j = \emptyset$ と仮定し，$g(i,j) \in A$ であることを示さなければならない．次の条件を考える．

（1）ω_i は ω_j と互いに素

（2）ω_j は B と互いに素

（3）ω_i は A と互いに素

この3条件がすべて成り立つとしたら，（二重余生産性の定義によって）$g(i,j)$ は集合 A, B, ω_i, ω_j のいずれにも属さない．$g(i,j)$ は，ω_i に属さない，すなわち，$\{g(i,j)\}$ に属さないことになるが，これはありえない．それゆえ，この3条件すべてが成り立つということはありえないが，(1)と(2)は成り立っているので，(3)は成り立たない，すなわち，ω_i は A と互いに素ではないということだ．したがって，$\{g(i,j)\}$ は A と互いに素でなく，$g(i,j) \in A$ である．これで，条件 D_1 が証明できた．

D_2:　条件 D_2 も，条件 D_1 と同じようにして証明できる．

問題 15　定理3によって，再帰的関数 $t_1(i,j)$ と $t_2(i,j)$ で，すべての数 i と j に対して，

（1）　$\omega_{t_1(i,j)} = \{x : M_1(x, i, t_1(i,j), t_2(i,j))\}$

（2）　$\omega_{t_2(i,j)} = \{x : M_2(x, j, t_1(i,j), t_2(i,j))\}$

が成り立つようなものが存在する．したがって，

（1′）　$\omega_{t_1(i,j)} = \{x : x \in \omega_i \wedge x = g(t_1(i,j), t_2(i,j))\}$

$$= \omega_i \cap \{g(t_1(i,j), t_2(i,j))\}$$

（2′）　$\omega_{t_2(i,j)} = \{x : x \in \omega_j \wedge x = g(t_1(i,j), t_2(i,j))\}$
$\qquad\qquad = \omega_j \cap \{g(t_1(i,j), t_2(i,j))\}$
が得られる．

問題 16　互いに素な任意の対 (ω_i, ω_j) を考える．$t_1(y_1, y_2)$, $t_2(y_1, y_2)$ を補題によって与えられる再帰的関数とする．$\varphi(i,j) = g(t_1(i,j), t_2(i,j))$ とすると，補題によって

（a）　$\omega_{t_1(i,j)} = \omega_i \cap \{\varphi(i,j)\}$

（b）　$\omega_{t_2(i,j)} = \omega_j \cap \{\varphi(i,j)\}$

となる．このとき，まず，

（1）　$\varphi(i,j) \in \omega_i$ ならば，$\varphi(i,j) \in A$

（2）　$\varphi(i,j) \in \omega_j$ ならば，$\varphi(i,j) \in B$

を示したい．(1) を示すために，$\varphi(i,j) \in \omega_i$ と仮定する．すると，$\omega_i \cap \{\varphi(i,j)\} = \{\varphi(i,j)\}$ である．したがって，(a) によって，$\omega_{t_1(i,j)}$ は集合 $\{\varphi(i,j)\}$ である．

$\varphi(i,j) \in \omega_i$ であり，ω_i は ω_j と互いに素なので，$\varphi(i,j) \notin \omega_j$ であり，それゆえ，$\omega_j \cap \{\varphi(i,j)\} = \emptyset$ である．すると，(b) によって，$\omega_{t_2(i,j)} = \emptyset$ である．したがって，$\omega_{t_1(i,j)}$ は 1 元集合 $\{\varphi(i,j)\}$ であり，$\omega_{t_2(i,j)}$ は空集合 $\emptyset$ である．すると，「弱二重余生産的」の定義の条件 D_1 によって，$g(t_1(i,j), t_2(i,j)) \in A$ である．すなわち，$\varphi(i,j) \in A$ となり，これで (1) が証明された．

（条件 D_1 の代わりに条件 D_2 を用いると）(2) も同じように証明できる．

あとは，(1) と (2) の逆を証明すればよい．そのためには，まず

（3）　$\varphi(i,j) \in A \cup B$ ならば，$\varphi(i,j) \in \omega_i \cup \omega_j$

を示す．これと同値な，$\varphi(i,j) \notin \omega_i \cup \omega_j$ ならば $\varphi(i,j) \notin A \cup B$ という命題を証明しよう．

$\varphi(i,j) \notin \omega_i \cup \omega_j$ と仮定すると，$\varphi(i,j) \notin \omega_i$ かつ $\varphi(i,j) \notin \omega_j$ である．$\varphi(i,j) \notin \omega_i$ なので，$\omega_i \cap \{\varphi(i,j)\} = \emptyset$ である．このとき，(a) によって，$\omega_{t_1(i,j)} = \emptyset$ となる．同様にして，$\varphi(i,j) \notin \omega_j$ なので，$\omega_{t_2(i,j)} = \emptyset$ となる．すると，「弱二重余生産的」の定義の条件 D_0 によって

$$g(t_1(i,j), t_2(i,j)) \notin A \cup B$$

となる．したがって，$\varphi(i,j) \notin A \cup B$ である．これで，$\varphi(i,j) \notin \omega_i \cup \omega_j$ ならば $\varphi(i,j) \notin A \cup B$ であることが証明された．それゆえ，$\varphi(i,j) \in A \cup B$ ならば，$\varphi(i,j) \in \omega_i \cup \omega_j$ であり，これは (3) である．

それでは，(1) の逆を証明するために，$\varphi(i,j) \in A$ と仮定する．このとき，$\varphi(i,j) \in A \cup B$ なので，$\varphi(i,j) \in \omega_i \cup \omega_j$ である．$\varphi(i,j) \in A$ なので，（B は A と互いに素であることから）$\varphi(i,j) \notin B$ である．それゆえ，$\varphi(i,j) \notin \omega_j$ とな

る．（なぜなら，$\varphi(i,j) \in \omega_j$ ならば，(2)によって $\varphi(i,j)$ は B に属することになるが，これはありえないからである．）$\varphi(i,j) \in \omega_i \cup \omega_j$ であるが $\varphi(i,j) \notin \omega_j$ なので，$\varphi(i,j) \in \omega_i$ である．すなわち，$\varphi(i,j) \in A$ ならば $\varphi(i,j) \in \omega_i$ であり，これは(1)の逆である．(2)の逆も同様にして証明することができる．

問題 17

（a） A が再帰的に枚挙可能だと仮定する．$M(x,y)$ を再帰的に枚挙可能な関係 $x \in \omega_y \vee x \in A$ とする．反復定理によって，再帰的関数 $t(i)$ で，すべての i に対して，$\omega_{t(i)} = \{x : M(x,i)\}$ となるようなものが存在する．したがって，

$$\omega_{t(i)} = \{x : x \in \omega_i \vee x \in A\} = \omega_i \cup A$$

である．

（b） (A,B) が $\zeta(x,y)$ の下で実効的に分離不能であり，A と B はともに再帰的に枚挙可能だと仮定する．ここで，(ω_i, ω_j) を互いに素な対で，ω_i は A と互いに素で，ω_j は B と互いに素であるようなものとする．ω_i は ω_j とも A とも互いに素なので，ω_i は $\omega_j \cup A$ と互いに素である．B は ω_j とも A とも互いに素なので，B は $\omega_j \cup A$ と互いに素である．したがって，ω_i と B はともに $\omega_j \cup A$ と互いに素なので，$\omega_i \cup B$ は $\omega_j \cup A$ と互いに素である．

すなわち，$\omega_j \cup A$ と $\omega_i \cup B$ は，それぞれ A と B を部分集合とする互いに素な集合である．(a)によって，$\omega_{t_1(j)} = \omega_j \cup A$ かつ $\omega_{t_2(i)} = \omega_i \cup B$ となるような再帰的関数 t_1 と t_2 が存在する．それゆえ，$\omega_{t_1(j)}$ と $\omega_{t_2(i)}$ は，それぞれ A と B を部分集合とする互いに素な集合である．対 (A,B) は $\zeta(x,y)$ の下で実効的に分離不能だと仮定したのだから，（$g(i,j)$ として定義した）$\zeta(t_1(j), t_2(i))$ は，$\omega_{t_1(j)}$ にも $\omega_{t_2(i)}$ にも属さない．しかし，$\omega_{t_1(j)} = \omega_j \cup A$ かつ $\omega_{t_2(i)} = \omega_i \cup B$ であり，これは，$g(i,j)$ がもちろん（A や B だけでなく）ω_i にも ω_j にも属さないことを意味する．これで，(A,B) は関数 $g(x,y)$ の下で二重再帰的であることが分かった．

第 7 章

メタ数学とのつながり

上巻では，ペアノ算術の体系を調べた．その体系に関するいくつかの結果は，ほかの形式体系に関する結果と同様，論理結合子と量化子の用い方に依存しているが，すべてがそうというわけではない．論理結合子と量化子の用い方に依存しないような結果は，私が [28] で導入した**表現体系**と呼ばれるより抽象的な体系へとうまく一般化することができる．この章では，ペアノ算術やほかの体系の多くの結果は本質的には再帰的関数論の結果の装いを変えたものであることを示すという観点から，私が**単純体系**と呼ぶ体系を使ってさらに一般化を行う．

以降では，**数**とは自然数を意味するものとし，**関数**とはその引数と値が自然数であるようなものを意味する．関数のすべての引数は，自然数の集合全体に渡るものとする．

1. 単純体系

単純体系 $\mathcal{S}$ とは，互いに素な集合の対 (P, R) に，次の条件 C_1 を満たす関数 $\mathrm{neg}(x)$ と関数 $r(x, y)$ を合わせたもののことである．

任意の数 h と n に対して，$\mathrm{neg}(h)$ を h' と略記し，$r(h, n)$ を $h(n)$（場合によっては $r_h(n)$）と略記する．

C_1:　任意の数 h と n に対して，$h'(n) \in P$ iff $h(n) \in R$ であり，$h'(n) \in R$ iff $h(n) \in P$ である．

◉想定する応用

算術の一階述語体系 $\mathcal{F}$ に，単純体系 $\mathcal{S}$ を次のように対応させる．$\mathcal{F}$ のすべての文を，そのゲーデル数の大きさに従って無限列 $S_1, S_2, \cdots, S_n, \cdots$ として並べる．この n を文 S_n の**指標**という．特定の変数 x を一つ決め，x を唯一の自由変数とするすべての論理式を，それらのゲーデル数の大きさに従って無限列 $\varphi_1(x), \varphi_2(x), \cdots, \varphi_n(x), \cdots$ として並べる．この n を $\varphi_n(x)$ の**指標**という．2 変数 x と y だけを自由変数とするすべての論理式を，それらのゲーデル数の大きさに従って無限列 $\psi_1(x,y), \psi_2(x,y), \cdots, \psi_n(x,y), \cdots$ として並べる．そして，任意の数 n, x, y に対して，$s(n,x,y)$ を文 $\psi_n(\overline{x},\overline{y})$ の指標と定義する．

$\mathcal{F}$ に**対応づけられた**単純体系 $\mathcal{S}$ に対して，P を証明可能な文の指標すべての集合とし，R を反証可能な文の指標すべての集合とする．任意の数 h と n に対して，$r(h,n)$ を文 $\varphi_h(\overline{n})$（すなわち，$\varphi_h(x)$ の中の x の自由な出現すべてに数 $\overline{n}$（n の名前）を代入した結果）の指標とする．また，h'（これは $\mathrm{neg}(h)$ の省略表記である）を論理式 $\sim\varphi_h(x)$ の指標とする．もちろん，$\varphi_{h'}(x)$ が証明可能（反証可能）となるのは，$\varphi_h(x)$ が反証可能（証明可能）であるとき，そしてそのときに限る．そして，この (P,R), $\mathrm{neg}(h)$, $r(x,y)$ が単純体系を構成する．その結果として，単純体系に対して一般に証明したことは，どんなことであれペアノ算術やそのほかの体系に対しても成り立つ．

一般の単純体系に戻ると，想定した応用に合わせれば，P の元を**証明可能な数**と呼び，R の元を**反証可能な数**と呼んでもよい．数は，それが P か R のいずれかに属するならば**決定可能**と呼び，そうでなければ**決定不能**と呼ぶ．$\mathcal{S}$ は，すべての数が決定可能ならば**完全**と呼び，そうでなければ**不完全**と呼ぶ．

二つの数は，それらの一方が P に属するときはもう一方も P に属し，それらの一方が R に属するときはもう一方も R に属するならば，**同値**と呼ぶ．

関数 $r(x,y)$ を体系 $\mathcal{S}$ の集合に対する**表現関数**と呼び，数 h は $h(n) \in P$ となるようなすべての数 n からなる集合 A を**表現する**という．したがって，h が A を表現するというのは，すべての n に対して，$h(n) \in P$ iff $n \in A$ ということである．ある数 h が A を表現するならば，$\mathcal{S}$ において A は**表現可能**であるという．

h が A を表現し，h' が A の補集合 $\overline{A}$ を表現するならば，h は A を**完全に表現する**という．

h は，すべての数 n に対して

（1）　$n \in A$ ならば，$h(n) \in P$

（2）　$n \in \overline{A}$ ならば，$h(n) \in R$

となるならば，A を定義するという．

ある数 h が A を定義する（完全に表現する）ならば，A は**定義可能**（**完全表現可能**）であるという．

h は，すべての数 n に対して，$h(n) \in R$ iff $n \in A$ ならば，A を**反表現する**という．ある数 h が A を反表現するならば，$\mathcal{S}$ において A は**反表現可能**であるという．

問題 1

（a）　h が A を定義するのは，h が A を完全に表現するとき，そしてそのときに限ることを示せ．

（b）　h が A を反表現するのは，h' が A を表現するとき，そしてそのときに限り，したがって，A が反表現可能なのは，A が表現可能であるとき，そしてそのときに限ることを示せ．

任意の関数 $f(x)$ と集合 A に対して，$f^{-1}(A)$ は，$f(n) \in A$ となるようなすべての数 n からなる集合のことである．したがって，$n \in f^{-1}(A)$ iff $f(n) \in A$ である．

$r(x, y)$ を集合の表現関数とするとき，$r_h(n)$ は $r(h, n)$ であり，$r_h(n) = h(n)$ であることを思い出そう．

問題 2　h が A を表現するのは，$A = r_h^{-1}(P)$ であるとき，そしてそのときに限ることを示せ．また，h が A を反表現するのは，$A = r_h^{-1}(R)$ であるとき，そしてそのときに限ることを示せ．

問題 3　$\mathcal{S}$ において，ある集合 A が表現されていて，その補集合 $\overline{A}$ は表現されないならば，$\mathcal{S}$ は不完全であることを証明せよ．

任意の集合 A に対して，A^* は，$h(h) \in A$ となるようなすべての数 h からなる集合のことである．

問題 4　P^* の補集合 $\overline{P^*}$ も，R^* の補集合 $\overline{R^*}$ も，$\mathcal{S}$ において表現可能でないことを証明せよ．

数 h の**対角化**とは，数 $h(h)$ のことである．数 h の**歪対角化**とは，数 $h(h')$ のことである．

問題 3 と 4 から，$\mathcal{S}$ において，P^* か R^* のいずれかが表現可能ならば，$\mathcal{S}$ は不完全であることが導かれる．次の問題は，それよりも強い結果を主張している．

問題 5　次の (a)–(b) を証明せよ．

（a）　h が R^* を表現するならば，その対角化 $h(h)$ は決定不能である．

（b）　h が P^* を表現するならば，その歪対角化 $h(h')$ は決定不能である．

次の問題は，さらに強い結果を主張している．

問題 6　次の (a)–(b) を証明せよ．

（a）　P^* と互いに素で R^* を部分集合とする集合を h が表現するならば，$h(h)$ は決定不能である．

（b）　R^* と互いに素で P^* を部分集合とする集合を h が表現するならば，$h(h')$ は決定不能である．

これが，問題 5 よりも強い結果になっているのはなぜか．

◉考察

ゲーデルの本来の不完全性の証明は，本質的に集合 P^* を表現するというものである．([28] において，私は，R^* が表現可能であることからも不完全性が導けることを指摘した．）P^* を表現するために，ゲーデルは，その体系が ω 無矛盾であることを仮定した．R^* を表現するのではなく，P^* と互いに素で R^* を部分集合とするような集合を表現することによって，ω 無矛盾の仮定を取り除いたのは，ジョン・バークレー・ロッサーである [24].

◉対角関数 $d(x)$

$d(x)$ を $r(x,x)$ と定義する．これは，$x(x)$ である．任意の集合 A に対して，集合 A^* は $d^{-1}(A)$ であることに注意しよう．

問題 7　任意の集合 A と B に対して，次の(a)–(c)が成り立つことを証明せよ．

（a）　$A \subseteq B$ ならば，$f^{-1}(A) \subseteq f^{-1}(B)$ である．

（b）　A が B と互いに素ならば，$f^{-1}(A)$ は $f^{-1}(B)$ と互いに素である．

（c）　$f^{-1}(\overline{A})$ は $f^{-1}(A)$ の補集合である．

とくに，$f(x)$ を $d(x)$ とすると

(a′)　$A \subseteq B$ ならば，$A^* \subseteq B^*$ である．

(b′)　A が B と互いに素ならば，A^* は B^* と互いに素である．

(c′)　$\overline{A}^* = \overline{A^*}$ である．

◉許容的関数

関数 $f(x)$ は，すべての数 h に対して，数 k で，すべての n に対して数 $k(n)$ が $h(f(n))$ と同値になるようなものが存在するならば，**許容的**と呼ぶ．

◉分離

互いに素な対 (A, B) が与えられたときに，数 h が，A を部分集合とする集合を表現し，数 B を部分集合とする集合を反表現するならば，（$\mathcal{S}$ において）B から A を**分離する**という．

h が，A そのものを表現し，B そのものを反表現するならば，B から A を**完全分離する**という．

次の問題が鍵となる．

問題 8　$f(x)$ が許容的であると仮定して，次の(a)–(b)を証明せよ．

（a）　A が表現可能ならば，$f^{-1}(A)$ も表現可能である．A が反表現可能ならば，$f^{-1}(A)$ も反表現可能である．

（b）　互いに素な対 (A, B) が $\mathcal{S}$ において完全分離可能ならば，対 $(f^{-1}(A), f^{-1}(B))$ も完全分離可能である．

◉正規体系

$\mathcal{S}$ は，その対角関数 $d(x)$ が許容的であるならば，**正規体系**と呼ぶことにする．これは，すべての数 h に対して，数 $h^{\#}$ で，すべての n に対して数 $h^{\#}(n)$ が $h(d(n))$ と同値になるようなものが存在するということである．

問題 9　$\mathcal{S}$ を正規体系と仮定する．A が $\mathcal{S}$ において表現可能ならば，A^* は $\mathcal{S}$ において必ず表現可能になるだろうか．

問題 10　任意の正規体系において，P も R も表現可能ではないことを示せ．

◉不動点

h の不動点とは，$h(n)$ が n と同値になるような数 n のことである．

問題 11　$\mathcal{S}$ が正規体系ならば，すべての数 h は不動点をもつことを証明せよ．

問題 12　次の (a)–(b) を証明せよ．

（a）　h が R を表現するならば，h の任意の不動点は決定不能である．

（b）　h が P を表現するならば，h' の任意の不動点は決定不能である．

練習問題　次の奇妙な事実が成り立つことを示せ．

（1）　P と互いに素で R を部分集合とする集合を h が表現するならば，$h(h)$ は決定不能である．

（2）　R と互いに素で P を部分集合とする集合を h が表現するならば，$h(h')$ は決定不能である．

次の結果はのちほど重要な使い方をすることになる．

問題 13　P^* と互いに素で R^* を部分集合とする集合 A は，$\mathcal{S}$ において定義可能とはなりえないことを示せ．（ヒント：$R^* \subseteq A$ であり，h が $\mathcal{S}$ において A を定義するならば，h は A と P^* の両方に属する（したがって，A は P^* と互いに素ではない）ことを示せ．）

練習問題　$P^* \subseteq A$ であり，h が $\mathcal{S}$ において A を定義するならば，h' は A と R^* の両方に属する．（したがって，A は R^* と互いに素ではない．）

2.　標準単純体系

ここからは，再帰的関数論に関係してくる．単純体系 $\mathcal{S}$ は，集合 P と R がともに再帰的に枚挙可能であり，関数 $\mathrm{neg}(x)$, $r(x, y)$, $s(x, y, z)$ が再帰的ならば，**標準単純体系**と呼ぶことにする．以降では，$\mathcal{S}$ は標準単純体系であると仮定する．（関数 $s(n,x,y)$ は文 $\psi_n(\overline{x},\overline{y})$ の指標であることを思い出そう．）

問題 14　任意の集合 A に対して，次の(1)–(2)が成り立つことを示せ．

（1）　A が再帰的に枚挙可能ならば，A^* も再帰的に枚挙可能である．

（2）　A が再帰的ならば，A^* も再帰的である．

より一般的に，任意の再帰的関数 $f(x)$ に対して，次の(1)–(2)が成り立つことを示せ．

（1′）　A が再帰的に枚挙可能ならば，$f^{-1}(A)$ も再帰的に枚挙可能である．

（2′）　A が再帰的ならば，$f^{-1}(A)$ も再帰的である．

問題 15　$\mathcal{S}$ において表現可能なすべての集合は再帰的に枚挙可能であり，$\mathcal{S}$ において定義可能なすべての集合は再帰的であることを示せ．

問題 16　次の(a)–(b)が成り立つことを示せ．

（a）　再帰的に枚挙可能であるが再帰的ではない集合で，$\mathcal{S}$ において表現可能なものが存在すれば，$\mathcal{S}$ は不完全である．

（b）　再帰的に枚挙可能な集合がすべて $\mathcal{S}$ において表現可能ならば，$\mathcal{S}$ は不完全である．

課題　すべての再帰的に枚挙可能な集合が $\mathcal{S}$ で表現可能というわけではないが，すべての再帰的な集合は $\mathcal{S}$ において表現可能であると仮定しよう．これで，$\mathcal{S}$ が不完全であることを保証するのに十分だろうか．読者は，この答えを独力で求めようとしてみてもよい．答えは，本文中でのちほど示す．

◉決定不能性と不完全性

文献中では，「決定不能」という用語が2通りの異なる意味で使われていて，場合によっては混乱を招く．一方では，体系の文がその体系で証明可能でも反証可能でもないならば，その体系で**決定不能**と呼ばれる．また一方では，証明可能な文の集合が再帰的に決定可能（可解）でない（あるいは，有効なゲーデル符号化の下で，証明可能な文のゲーデル数の集合が再帰的でない）ならば，その体系そのものが**決定不能**と呼ばれる．

したがって，単純体系 $\mathcal{S}$ は，集合 P が再帰的でないならば，**決定不能**と呼ぶことにする．

この2種類の**決定不能**は，異なることを意味しているが，次のような重要な関連がある．

定理1 $\mathcal{S}$ が決定不能（な標準体系）ならば，$\mathcal{S}$ は不完全である（$\mathcal{S}$ において決定不能な数，すなわち，P にも R にも属さない数が存在する）．

問題17 定理1を証明せよ．

1961年より前に，再帰的に枚挙可能な集合がすべて表現可能な体系は，決定不能であることが知られていた．[28] において，私は，これよりも強い，**再帰的**な集合がすべて表現可能であるような体系は決定不能であるという事実を証明した．私の証明は，単純体系を用いている．

定理2 再帰的な集合がすべて $\mathcal{S}$ において表現可能ならば，$\mathcal{S}$ は決定不能である．

問題18 定理2を証明せよ．（ヒント：P が再帰的ならば P^* も再帰的であるという問題14ですでに証明した事実を使う．）

注 標準体系 $\mathcal{S}$ に対して，再帰的な集合がすべて $\mathcal{S}$ において表現可能ならば，定理2によって，$\mathcal{S}$ は決定不能であり，したがって，定理1によって，不完全である．したがって，再帰的な集合がすべて標準体系 $\mathcal{S}$ において表現可能ならば，$\mathcal{S}$ は不完全である．これが，問題16の後に提示した問いの答えである．

◉再帰的分離不能性

問題19 対 (P, R) が再帰的に分離不能ならば，必然的に $\mathcal{S}$ は決定不能になるだろうか．

問題20 任意の再帰的関数 $f(x)$ と互いに素な任意の対 (A, B) に対して，対 $(f^{-1}(A), f^{-1}(B))$ が再帰的に分離不能ならば，対 (A, B) も再帰的に分離不能であることを示せ．この結果として，(P^*, R^*) が再帰的に分離不能ならば，(P, R) も再帰的に分離不能であることを示せ．

今度は，次の定理を証明したい．

定理 3　再帰的な集合がすべて $\mathcal{S}$ において**定義可能**ならば，対 (P^*, R^*) は再帰的に分離不能であり，したがって，(P, R) も再帰的に分離不能である．

問題 21　定理3を証明せよ．（ヒント：問題13を用いる．）

互いに素な対 (A, B) が与えられたとき，数 h が A を部分集合とする集合を表現し，B を部分集合とする集合を反表現するならば，h は（$\mathcal{S}$ において）B から A を**分離する**ということ，そして，h が A を表現し B を反表現するならば，h は B から A を**完全分離する**ということを思い出そう．

今度は，次の定理を証明したい．この定理からは興味深い系が導かれる．

定理 4　ある互いに素な対 (A_1, A_2) が $\mathcal{S}$ において再帰的に分離不能であるが，$\mathcal{S}$ において分離可能ならば，対 (P, R) は再帰的に分離不能である．

系 1　$\mathcal{S}$ においてある再帰的に分離不能な対が分離可能ならば，$\mathcal{S}$ は決定不能である．

系 2　$\mathcal{S}$ においてある再帰的に分離不能な対が分離可能ならば，（$\mathcal{S}$ を標準体系と仮定すると）$\mathcal{S}$ は不完全である．

注　系2は，本質的にゲーデルの定理のクリーネによる**対称的**な形式 [18] である．クリーネはこれを再帰的に分離不能な集合の特定の対に対して証明した．しかし，その証明は，再帰的に枚挙可能な集合の再帰的に分離不能な任意の対に対してもうまくいく．

問題 22　定理4を証明せよ．

◉ロッサー体系

$\mathcal{S}$ は，再帰的に枚挙可能な任意の集合 A と B に対して，$B - A$ から $A - B$ を分離するような数 h が存在するならば，**ロッサー体系**と呼ぶことにする．（A と B が互いに素ならば，もちろん，このような h は B から A を分離する．）

ロッサー体系 $\mathcal{S}$ は，互いに素で再帰的に枚挙可能な任意の集合 A と B に対して，B から A を**完全**分離するような数 h が存在するならば，**完全ロッサー体系**と呼ぶことにする．

ペアノ算術のような体系の不完全性のゲーデルによる証明は，ある種の再帰的に枚挙可能な集合を表現することを含んでいたが，再帰的に枚挙可能な集合を表現する当時知られていた唯一の方法は ω 無矛盾性を前提としていた．しかしながら，アンジェイ・エーレンフォイヒトとソロモン・フェファーマンは，ω 無矛盾性を仮定することなく，すべての再帰的に枚挙可能な集合をペアノ算術において表現する方法を見つけた．単純体系の言葉でいえば，彼らが示したのは，$\mathcal{S}$ がロッサー体系で，1 引数の再帰的関数がすべて許容的ならば，再帰的に枚挙可能集合はすべて $\mathcal{S}$ において表現可能ということである．そのあと，単純体系についてはもっと強い結果である次の定理が見つかった．

定理 5（[22] に基づく）　$\mathcal{S}$ がロッサー体系で，1 引数の再帰的関数がすべて許容的ならば，$\mathcal{S}$ は完全ロッサー体系である．

定理 5 は，次の二つの命題の自明な帰結である．

命題 1　$\mathcal{S}$ がロッサー体系ならば，$\mathcal{S}$ において完全分離可能な二重万能対が存在する．

命題 2　ある二重万能対が $\mathcal{S}$ において完全分離可能で，1 引数の再帰的関数がすべて許容的ならば，互いに素で再帰的に枚挙可能な集合の対はすべて $\mathcal{S}$ において完全分離可能である．

問題 23　命題 1 と 2 を証明せよ．（ヒント：命題 1 については，クリーネ対 (K_1, K_2)（または，ほかの再帰的に枚挙可能な集合の実効的に分離不可能な対）が $\mathcal{S}$ において分離可能ならば，$\mathcal{S}$ において完全分離可能な二重万能対が存在することを示せ．）

◉実効的ロッサー体系

$\mathcal{S}$ は，再帰的関数 $\Pi(x,y)$ で，任意の数 i と j に対して，$\Pi(i,j)$ が $(\omega_j - \omega_i)$ から $(\omega_i - \omega_j)$ を分離するようなものがあるならば，**実効的ロッサー体系**と呼ぶことにする．このような関数 $\Pi(x,y)$ は**ロッサー関数**と呼ばれる．

実効的ロッサー体系は，次のようないくつかの非常に興味深い性質をもつ．その一つは，すべての実効的ロッサー体系は完全ロッサー体系である（これと定理5は，一方がもう一方を含意することのない結果である）ということだ．

このことや，いくつかのさらなる結果のための鍵となるのは，次の命題である．

命題3　$\mathcal{S}$ を実効的ロッサー体系とし，$R_1(x,y)$, $R_2(x,y)$ を再帰的に枚挙可能な任意の関係とする．このとき，数 h で，任意の n に対して次の(1)–(2)が成り立つようなものが存在する．

（1）　$R_1(n,h) \wedge \sim R_2(n,h)$ ならば，$h(n) \in P$

（2）　$R_2(n,h) \wedge \sim R_1(n,h)$ ならば，$h(n) \in R$

問題24　命題3を証明せよ．（ヒント：$\Pi(x,y)$ を $\mathcal{S}$ のロッサー関数とするとき，関係 $R_1(x,\Pi(y,z))$, $R_2(x,\Pi(y,z))$ に弱二重再帰定理を適用せよ．）

これで，次の定理を証明することができる．

定理6　$\mathcal{S}$ が実効的ロッサー体系ならば，$\mathcal{S}$ は完全ロッサー体系である．

問題25　定理6を証明せよ．（ヒント：$R_1(x,y)$ を関係 $x \in A \vee y(x) \in R$ とし，$R_2(x,y)$ を関係 $x \in B \vee y(x) \in P$ とする．ただし，$y(x) = r(y,x)$ であることに注意する．そして，命題3を $R_1(x,y)$ と $R_2(x,y)$ に適用せよ．）

◉ロッサー不動点性

$\mathcal{S}$ は，任意の再帰的関数 $f_1(x)$ と $f_2(x)$ に対して，ある数 h が存在して，$\omega_{f_1(n)}$ が $\omega_{f_2(n)}$ と互いに素であるようなすべての n に対して

（1）　$h(n) \in \omega_{f_1(n)}$ ならば，$h(n) \in P$

（2）　$h(n) \in \omega_{f_2(n)}$ ならば，$h(n) \in R$

が成り立つならば，**ロッサー不動点性**をもつという．

定理7　すべての実効的ロッサー体系は，ロッサー不動点性をもつ．

問題26　定理7を証明せよ．（ヒント：与えられた再帰的関数 $f_1(x)$ と

$f_2(x)$ に対して，命題 3 を関係 $y(x) \in \omega_{f_1(x)}$ と $y(x) \in \omega_{f_2(x)}$ に適用せよ．）

◉一様完備不能性

単純体系 $\mathcal{S}$ の**主要部**とは，対 (P, R) のことである．

(P', R') を単純体系 $\mathcal{S}'$ の主要部とし，$\mathcal{S}$ と $\mathcal{S}'$ において表現関数 $r(x, y)$ と関数 $\mathrm{neg}(x)$ が同じであるとき，$P \subseteq P'$ かつ $R \subseteq R'$ ならば，$\mathcal{S}'$ は単純体系 $\mathcal{S}$ の**拡大**と呼ぶ．

ここで，それぞれの $\mathcal{S}_{n+1}$ が $\mathcal{S}_n$ の拡大であるような，無限列 $\mathcal{S} = \mathcal{S}_1, \mathcal{S}_2, \cdots, \mathcal{S}_n, \cdots$ を考える．このような列は，関係 $x \in P_y$ と $x \in R_y$ がともに再帰的に枚挙可能ならば，**再帰的に枚挙可能な列**と呼ばれる．$\mathcal{S}_1, \mathcal{S}_2, \cdots, \mathcal{S}_n, \cdots$ を $\mathcal{S}$ の拡大であるような任意の再帰的に枚挙可能な列とするとき，ある数 h が存在して，すべての n に対して数 $h(n)$ が $\mathcal{S}_n$ において決定不能な数（すなわち，$h(n)$ は $P_n \cup R_n$ に属さない）ならば，体系 $\mathcal{S}$ は**一様完備不能**と呼ばれる．

次の定理は主要結果のひとつである．

定理 8　すべての実効的ロッサー体系は一様完備不能である．

問題 27　定理 8 を証明せよ．（ヒント：$\mathcal{S}$ の拡大であるような再帰的に枚挙可能な列が与えられたとき，再帰的関数 $f_1(x)$ と $f_2(x)$ で，すべての n に対して集合 $\omega_{f_1(n)}$ は R_n であり，$\omega_{f_2(n)}$ は P_n であるようなものが存在することを示せ．そこで，ロッサー不動点性を使う．）

*　　*　　*

この章を終える前に，タルスキの標準的な定式化 [39] における単純体系と一階算術体系の関係についてもう少し述べておきたい．

この章のはじめのほうで定義したような一階述語体系 $\mathcal{F}$ とそれに対応する単純体系 $\mathcal{S}$ を考えよう．

$\mathcal{F}$ は，それに対応する単純体系 $\mathcal{S}$ がここで定義したようなロッサー体系であるとき，そしてそのときに限り，**ロッサー体系**，もっと詳しくいうと集合に対するロッサー体系と呼ばれる．これは，A と B を再帰的に枚挙可能な任意の集合の対とするとき，論理式 $\varphi_h(x)$ で，すべての n に対して，$n \in$

$A - B$ ならば，$\mathcal{F}$ において $\varphi_h(\overline{n})$ が証明可能であり，$n \in B - A$ ならば，$\mathcal{F}$ において $\varphi_h(\overline{n})$ が反証可能である（対応する単純体系 $\mathcal{S}$ の言葉でいえば，$n \in A - B$ ならば，$h(n) \in P$ であり，$n \in B - A$ ならば，$h(n) \in R$ である）ようなものが存在することと同値である．

互いに素で再帰的に枚挙可能な任意の集合の対 A と B に対して，述語 H で，すべての n に対して，$n \in A$ となるのは，$H(n)$ が証明可能であるとき，そしてそのときに限り，また，$n \in B$ となるのは，$H(n)$ が反証可能であるとき，そしてそのときに限るようなものがあるならば，体系 $\mathcal{F}$ は **（集合に対する）完全ロッサー体系**と呼ばれる．

文献中では，関数 $f(x)$ は，ある論理式 $\psi(x, y)$ で，すべての n と m に対して次の条件が成り立つようなものがあるならば，**定義可能**と呼ばれる．

（1）　$f(n) = m$ ならば，$\psi(\overline{n}, \overline{m})$ は証明可能

（2）　$f(n) \neq m$ ならば，$\psi(\overline{n}, \overline{m})$ は反証可能

（3）　文 $\forall x \forall y((\psi(\overline{n}, x) \land \psi(\overline{n}, y)) \supset x = y)$ は証明可能

私の知る限り，**許容的関数**という用語は，私自身の著作を除いて文献中には見当たらない．しかしながら，論理式 $F(x, y)$ が関数 $f(x)$ を定義するならば，任意の論理式 $H(x)$ に対して，$G(x)$ を論理式 $\exists y(F(x, y) \land H(y))$ とすると，すべての n に対して $G(\overline{n})$ が $H(\overline{f(n)})$ と同値なだけでなく，この体系で文 $G(\overline{n}) \equiv H(\overline{f(n)})$ が証明可能になることが確かめられる．詳細については，[31] 第 8 章の定理 2 を参照されたい．そこでは，本書で「定義可能」と呼んでいることに対して「強定義可能」という用語を使っている．

したがって，すべての定義可能な関数 $f(x)$ は実際には許容的である．エーレンフォイヒト-フェファーマンの定理は，すべての再帰的関数 $f(x)$ が**定義可能**である無矛盾な任意のロッサー体系は，完全ロッサー体系であるというものだ．

一階述語体系 $\mathcal{F}$ の文脈において，論理式 $\psi(x, y)$ は，すべての n と m に対して次の条件が成り立つならば，関係 $R_2(x, y)$ から関係 $R_1(x, y)$ を分離すると呼ばれる．

（1）　$R_1(n, m)$ ならば，$\psi(\overline{n}, \overline{m})$ は証明可能である．

（2）　$R_2(n, m)$ ならば，$\psi(\overline{n}, \overline{m})$ は反証可能である．

$\mathcal{F}$ は，再帰的に枚挙可能な任意の関係 $R_1(x, y)$，$R_2(x, y)$ に対して，

$R_2(x,y) \wedge \sim R_1(x,y)$ から $R_1(x,y) \wedge \sim R_2(x,y)$ を分離する論理式 $\psi(x,y)$ が存在するならば，**二項関係に対するロッサー体系**と呼ばれる．シェファードソンの定理は，二項関係に対する無矛盾なロッサー体系はすべて集合に対する完全ロッサー体系になるというものだ．シェファードソンの定理と，1 引数の再帰的関数がすべて定義可能な無矛盾なロッサー体系はすべて集合に対する完全ロッサー体系になるというパトナム-スマリヤンの定理は，一方がもう一方を含意するとはいえないように思われる．

（[27] にある）シェファードソンの定理は，すべての実効的ロッサー体系が完全ロッサー体系であるという私の証明とそれほど大きな違いはない．実際には，この定理 6 とその証明は，シェファードソンの定理と証明からかなりの部分を借用している．

問題の解答

問題1

（a）　あきらかに，h が A を完全表現するならば，h は A を定義する．その逆を示すために，h が A を定義すると仮定する．このとき，すべての n に対して

（1）$n \in A$ ならば，$h(n) \in P$

（2）$n \in \overline{A}$ ならば，$h(n) \in R$

であり，(1)と(2)の逆を示さなければならない．

$h(n) \in P$ と仮定すると，$h(n) \notin R$ である．（なぜなら，R は P と互いに素だからである．）したがって，(2)によって，$n \in \overline{A}$ は成り立たない．すなわち，$n \in A$ である．$h(n) \in R$ ならば，$n \in \overline{A}$ であることも同様にして証明できる．

（b）　h が A を反表現するというのは，すべての n に対して，$n \in A$ iff $h(n) \in R$ であるということである．また，$h(n) \in R$ iff $h'(n) \in P$ である．そして，$h'(n) \in P$ となるのは，h' が A を表現するとき，そしてそのときに限る．逆に，h' が A を表現すると仮定する．このとき，すべての n に対して，$n \in A$ iff $h'(n) \in P$ であり，また，$h'(n) \in P$ iff $h(n) \in R$ である．したがって，h は A を反表現する．

問題2　h が A を表現するのは，$A = r_h^{-1}(P)$ であるとき，そしてそのときに限ることを示さなければならない．まず，$r_h(n) = r(h, n) = h(n)$ なので，$r_h(n) = h(n)$ であることを思い出そう．

（1）　h が A を表現すると仮定する．このとき，$n \in A$ iff $h(n) \in P$ であり，また，$h(n) \in P$ iff $r_h(n) \in P$ である．そして，$r_h(n) \in P$ iff $n \in r_h^{-1}(P)$ である．したがって，$n \in A$ iff $n \in r_h^{-1}(P)$ である．これがすべての n に対して成り立つので，$A = r_h^{-1}(P)$ である．

（2）　逆に，$A = r_h^{-1}(P)$ と仮定する．このとき，$n \in A$ iff $n \in r_h^{-1}(P)$ である．しかし，$n \in r_h^{-1}(P)$ iff $r_h(n) \in P$ であり，また，$r_h(n) \in P$ iff $h(n) \in P$ である．したがって，$n \in A$ iff $h(n) \in P$ である．これがすべての n に対して成り立つので，h は A を表現する．

h が A を反表現するのは，$A = r_h^{-1}(R)$ であるとき，そしてそのときに限ることも同様にして証明できる．

問題3　$\mathcal{S}$ が完全ならば，任意の表現可能な集合の補集合は表現可能であるという同値な命題を証明する．

それでは，$\mathcal{S}$ は完全で，h が A を表現すると仮定する．このとき，h' が $\overline{A}$ を表現することを証明する．任意の数 n を考える．

（1）$n \in \overline{A}$ と仮定する．すると，$n \notin A$ である．（h は A を表現するので）$h(n) \notin P$ である．（$\mathcal{S}$ は完全なので）$h(n) \in R$ である．したがって，$h'(n) \in P$ である．すなわち，$n \in \overline{A}$ ならば $h'(n) \in P$ である．

（2）逆に，$h'(n) \in P$ と仮定する．すると，（条件 C_1 によって）$h(n) \in R$ であり，$h(n) \notin P$ である．したがって，（h は A を表現するので）$n \notin A$ であり，$n \in \overline{A}$ である．すなわち，$h'(n) \in P$ ならば，$n \in \overline{A}$ である．

(1) と (2) によって，h' は $\overline{A}$ を表現する．

問題 4　ある数 h が $\overline{P^*}$ を表現するとしたら，次のようにして矛盾が生じる．$h(h) \in P$ iff $h \in \overline{P^*}$ である．（なぜなら，h は $\overline{P^*}$ を表現するので，すべての n に対して，$n \in \overline{P^*}$ iff $h(n) \in P$ であるからである．）しかし，$h \in \overline{P^*}$ iff $h \notin P^*$ であり，また，$h \notin P^*$ iff $h(h) \notin P$ である．こうして，$h(n) \in P$ iff $h(n) \notin P$ であるという矛盾が生じたので，$\overline{P^*}$ を表現するような数 h は存在しない．

（P の代わりに R を用いた）同様の論証によって，集合 $\overline{R^*}$ は反表現可能にはなりえない．したがって，（問題 1 (b) によって）$\overline{R^*}$ は表現可能にはなりえない．

問題 5

（a）h が R^* を表現すると仮定する．このとき，すべての n に対して，$h(n) \in P$ iff $n \in R^*$ であり，また，$n \in R^*$ iff $n(n) \in R$ である．n を h とすると，$h(h) \in P$ iff $h(h) \in R$ であることが分かる．$h(h)$ が P と R の両方に属すことはないので，$h(h)$ は P にも R にも属さない．すなわち，$h(h)$ は決定不能である．

（b）h が P^* を表現すると仮定する．このとき，すべての n に対して，$h(n) \in P$ iff $n \in P^*$ である．したがって，$h(h') \in P$ iff $h' \in P^*$ である．そして，$h' \in P^*$ iff $h'(h') \in P$ であり，また，$h'(h') \in P$ iff $h(h') \in R$ である．すなわち，$h(h') \in P$ iff $h(h') \in R$ であり，P は R と互いに素なので，$h(h')$ は P にも R にも属さない．したがって，$h(h')$ は決定不能である．

問題 6

（a）h が，R^* を部分集合とし P^* とは互いに素な集合 A を表現すると仮定する．このとき，$h(h)$ が決定不能であることを示さなければならない．

まず，$h \in P^*$ ならば，$h(h) \in P$ であり，（h は A を表現するので）$h \in A$ となるが，これは P^* が A と互いに素であるという事実に反する．したがって，$h \in P^*$ という仮定から矛盾が生じたので，$h \notin P^*$ であり，$h(h) \notin P$ である．

$h \in A$ ならば，（h は A を表現するので）$h(h) \in P$ である．すると，$h \in P^*$ となるが，これも A が P^* と互いに素であるという事実に反する．したがって，$h \in A$ という仮定から矛盾が生じたので，$h \notin A$ である．すると，（$R^* \subseteq A$ なので）$h \notin R^*$ であり，$h(h) \notin R$ である．

すなわち，$h(h) \notin P$ かつ $h(h) \notin R$ なので，$h(h)$ は決定不能である．

（b）h が，P^* を部分集合とし R^* とは互いに素な集合 A を表現すると仮定する．このとき，$h(h')$ が決定不能であることを示さなければならない．

まず，$h' \in A$ ならば，（h が A を表現するので）$h(h') \in P$ である．したがって，（条件 C_1 によって）$h'(h') \in R$ であり，$h' \in R^*$ となるが，これは R^* が A と互いに素であるという事実に反する．$h' \in A$ という仮定から矛盾が生じたので，$h' \notin A$ である．このとき，（$P^* \subseteq A$ なので）$h' \notin P^*$ であり，$h'(h') \notin P$ である．それゆえ，$h(h') \notin R$ である．

$h' \in R^*$ ならば，$h'(h') \in R$ であり，$h(h') \in P$ である．したがって，（h は A を表現するので）$h' \in A$ であるが，これは R^* が A と互いに素であるという事実に反する．$h' \in R^*$ という仮定から矛盾が生じたので，$h' \notin R^*$ である．このとき，$h'(h') \notin R$ であり，それゆえ，$h(h') \notin P$ である．

すなわち，$h(h') \notin R$ かつ $h(h') \notin P$ であり，それゆえ，$h(h')$ は決定不能である．

これらが問題 5 よりも強い結果である理由は次のとおり．まず，P は R と互いに素なので，P^* は R^* と互いに素となる．（その理由が分かるだろうか．）それゆえ，h が R^* を表現するならば，h は自動的に，R^* を部分集合とし P^* とは互いに素な集合，具体的には R^* そのものを表現する．（どのような集合もそれ自体の部分集合であり，それ自体を部分集合として含む．）同様にして，h が P^* を表現するならば，h は，P^* を部分集合とし R^* とは互いに素な集合，具体的には P^* そのものを表現する．したがって，問題 5 の結果は，問題 6 の結果の特別な場合にすぎない．

問題 7

（a）$A \subseteq B$ と仮定する．このとき，任意の n に対して，$n \in f^{-1}(A)$ ならば，$f(n) \in A$ である．したがって，（$A \subseteq B$ なので）$f(n) \in B$ であり，$n \in f^{-1}(B)$ である．すなわち，$n \in f^{-1}(A)$ ならば $n \in f^{-1}(B)$ であり，それゆえ，$f^{-1}(A) \subseteq f^{-1}(B)$ である．

（b）A は B と互いに素と仮定する．このとき，$n \in f^{-1}(A)$ ならば，$f(n) \in A$ である．したがって，$f(n) \notin B$ である．すなわち，$n \in f^{-1}(A)$ ならば，$n \notin f^{-1}(B)$ である．したがって，$f^{-1}(A)$ は $f^{-1}(B)$ と互いに素である．

（c）$n \in f^{-1}(\overline{A})$ iff $f(n) \in \overline{A}$ であり，また，$f(n) \in \overline{A}$ iff $f(n) \notin A$ である．そして，$f(n) \notin A$ iff $n \notin f^{-1}(A)$ であり，また，$n \notin f^{-1}(A)$ iff $n \in \overline{f^{-1}(A)}$ である．したがって，$n \in f^{-1}(\overline{A})$ iff $n \in \overline{f^{-1}(A)}$ である．これがすべての n に対して成り立つので，

$$f^{-1}(\overline{A}) = \overline{f^{-1}(A)}$$

が得られる．

あきらかに，(a_1), (a_2), (a_3) は，$f=d(x)$ としたときの (a), (b), (c) からそれぞれ導かれる．なぜなら，任意の集合 A に対して，$d^{-1}(A)$ は集合 A^* だからである．

問題 8　関数 $f(x)$ が許容的であると仮定する．h が与えられたときに，k をすべての n に対して $k(n)$ が $h(f(n))$ と同値になるような数とする．

（a）h が集合 A を表現するならば，k は $f^{-1}(A)$ を表現し，h が A を反表現するならば，k は $f^{-1}(A)$ を反表現することを示す．

前半を証明するために，h が A を表現すると仮定する．このとき，$n \in f^{-1}(A)$ iff $f(n) \in A$ であり，（h が A を表現するので）$f(n) \in A$ iff $h(f(n)) \in P$ である．そして，$h(f(n)) \in P$ iff $k(n) \in P$ である．すなわち，すべての n に対して，$n \in f^{-1}(A)$ iff $k(n) \in P$ である．したがって，k は $f^{-1}(A)$ を表現する．

h が A を反表現するならば，k は $f^{-1}(A)$ を反表現することも，（P を R で置き換え，「表現」を「反表現」で置き換えると）同じように証明できる．

（b）h が集合 B から集合 A を完全分離すると仮定する．このとき，h は A を表現し，B を反表現する．すると，本問の (a) によって，k は $f^{-1}(A)$ を表現し，$f^{-1}(B)$ を反表現する．すなわち，k は $f^{-1}(B)$ から $f^{-1}(A)$ を完全分離する．

問題 9　もちろん，必ずそうなる．$\mathcal{S}$ が正規体系ならば，対角関数 $d(x)$ は許容的である．したがって，A が表現可能ならば，（問題 8 によって）$d^{-1}(A)$ も表現可能であり，$d^{-1}(A)$ は集合 A^* である．

問題 10　正規体系において，$\overline{P}$ が表現可能だとすると，（問題 9 によって）$\overline{P}^*$ も表現可能になる．しかし，（問題 7 によって）$\overline{P}^* = \overline{P^*}$ なので，$\overline{P}^*$ も表現可能になり，これは問題 4 に反する．同様の論証によって，$\overline{R}$ が表現可能でないことも示せる．

問題 11　$\mathcal{S}$ を正規体系と仮定する．任意の数 h と n に対して，$h^{\#}(n)$ は $h(d(n))$ と同値である．したがって，$h^{\#}(h^{\#})$ は $h(d(h^{\#}))$ と同値である．しかし，$d(h^{\#}) = h^{\#}(h^{\#})$ であり，$h^{\#}(h^{\#})$ は $h(h^{\#}(h^{\#}))$ と同値なので，$h^{\#}(h^{\#})$ は h の不動点である．

問題 12

（a）h が R を表現し，n は h の不動点（すなわち，n は $h(n)$ と同値である）と仮定する．h は R を表現するので，$n \in R$ iff $h(n) \in P$ である．しかし，（n が h の不動点なので）$h(n) \in P$ iff $n \in P$ である．したがって，$n \in R$ iff $n \in P$ である．しかし，R と P は互いに素であると仮定しているので，h の不動点 n は P にも R にも属さない．すなわち，n は決定不能でなければならない．

（b）h が P を表現し，n は h' の不動点と仮定する．h は P を表現するので，$n \in P$ iff $h(n) \in P$ である．しかし，（条件 C_1 によって）$h(n) \in P$ iff $h'(n) \in R$ である．そして，（n が h' の不動点なので，）$h'(n) \in R$ iff $n \in R$ である．したがって，$n \in P$ iff $n \in R$ である．すなわち，h' のいかなる不動点 n も決定不能である．

問題 13　$R^* \subseteq A$ であり，h は $\mathcal{S}$ において A を定義すると仮定する．このとき，A は P^* と互いに素とはなりえないことを示す．$h \notin A$ と仮定すると，（h は A を定義するので）$h(h) \in R$ である．したがって，$h \in R^*$ となり，（$R^* \subseteq A$ なので）$h \in A$ であることを意味するが，これはありえない．すなわち，$h \notin A$ とはなりえないので，$h \in A$ である．すると，（h は A を定義し，したがって，A を表現するので）$h(h) \in P$ となる．それゆえ，$h \in P^*$ である．すなわち，$h \in A$ かつ $h \in P^*$ であり，したがって，A は P^* と互いに素ではない．

問題 14　まず，一般的な場合を考える．

（$1'$）$f(x)$ を再帰的関数とし，集合 A は再帰的に枚挙可能であると仮定する．任意の数 x に対して，$x \in f^{-1}(A)$ iff $f(x) \in A$ であり，また，$f(x) \in A$ iff $\exists y(y = f(x) \wedge y \in A)$ である．したがって，$f^{-1}(A)$ は再帰的に枚挙可能である．

（$2'$）A もまた再帰的ならば，A とその補集合 $\overline{A}$ はともに再帰的に枚挙可能であり，したがって，$f^{-1}(A)$ と $f^{-1}(\overline{A})$ は，すでに示したようにともに再帰的に枚挙可能である．しかしながら，$f^{-1}(\overline{A})$ は $f^{-1}(A)$ の補集合なので，$f^{-1}(\overline{A})$ は再帰的である．

この一般的な場合を (1) と (2) に適用する．関数 $r(x, y)$ は再帰的なので，対角関数 $d(x)$（これは $r(x, x)$ である）も再帰的である．また，$A^* = d^{-1}(A)$ なので，($1'$) と ($2'$) から，A が再帰的に枚挙可能（再帰的）ならば，A^* も再帰的に枚挙可能（再帰的）であることが導かれる．

問題 15　（a）$\mathcal{S}$ において表現可能なすべての集合は再帰的に枚挙可能であることと，（b）$\mathcal{S}$ において定義可能なすべての集合は再帰的であることを示さなければならない．

（a）h が A を表現すると仮定する．このとき，すべての n に対して，$n \in A$ iff $r(h, n) \in P$ である．$f(x) = r(h, x)$ とする．関数 $r(x, y)$ は再帰的なので，関数 $f(x)$ も再帰的である．したがって，すべての n に対して，$n \in A$ iff $f(n) \in P$ である．すなわち，$A = f^{-1}(P)$ である．P は再帰的に枚挙可能であり，$f(x)$ は再帰的関数なので，（問題 14 によって）$f^{-1}(P)$ は再帰的に枚挙可能である．すなわち，A は再帰的に枚挙可能である．

（b）A が完全表現可能（これは，問題 1 (a) によって，A が定義可能であることと同値である）ならば，A と $\overline{A}$ はともに表現可能であり，したがって，ともに再帰的に枚挙可能である．すなわち，A は再帰的である．

問題 16

（a）A は，再帰的に枚挙可能だが再帰的ではない集合で，$\mathcal{S}$ において表現可能と仮定する．A は再帰的ではないので，その補集合 $\overline{A}$ は再帰的に枚挙可能ではなく，したがって，表現可能ではない．（なぜなら，問題 15 によって，再帰的に枚挙可能な集合だけが，$\mathcal{S}$ において表現可能だからである．）したがって，A は表現可能な集合で，その補集合は表現可能ではない．すなわち，（問題 3 によって）$\mathcal{S}$ は不完全である．

（b）これは，(a)と，ポストの完全集合 K のように再帰的に枚挙可能だが再帰的でない集合が存在するという事実から導かれる．（再帰的に枚挙可能な集合がすべて $\mathcal{S}$ において表現可能だとしたら，K もまた表現可能でなければならない．）

問題 17　体系 $\mathcal{S}$ を決定不能かつ実効的と仮定する．このとき，集合 P は再帰的ではないので，その補集合 $\overline{P}$ は再帰的に枚挙可能ではない．しかし，（$\mathcal{S}$ は実効的なので）集合 R は再帰的に枚挙可能であり，したがって，R は P の補集合でなない．しかし，R は P と互いに素であり，これは，ある n が P にも R にも属さないことを意味する．したがって，n は決定不能である．すなわち，$\mathcal{S}$ は不完全である．

問題 18　再帰的な集合がすべて $\mathcal{S}$ において表現可能と仮定する．P が再帰的だとしたら，（問題 14 によって）P^* は再帰的になってしまう．したがって，$\overline{P^*}$ は再帰的であり，それゆえ，$\mathcal{S}$ において表現可能になるが，これは問題 4 に反してしまう．それゆえ，P は再帰的ではなく，（体系の決定不能性の定義によって）$\mathcal{S}$ は決定不能である．

問題 19　もちろん，そうなる．互いに素な集合の対 (A, B) が再帰的に分離不能ならば，定義によって，B と互いに素で，A を部分集合とする再帰的な集合はない．したがって，A は再帰的にはなりえない．（もし再帰的だとしたら，A そのものが，B と互いに素で，A を部分集合とする再帰的な集合になってしまうからである．）同様にして，B も再帰的にはなりえない．

したがって，(P, R) が再帰的に分離不能ならば，P は再帰的ではなく，$\mathcal{S}$ は決定不能になる．

問題 20　$f(x)$ が再帰的関数で，(A, B) は互いに素な対であるとき，$(f^{-1}(A), f^{-1}(B))$ が互いに素で再帰的に分離不能ならば，(A, B) も互いに素で再帰的に分離不能であることを示さなければならない．これと同値な，互いに素な対 (A, B) が再帰的に分離可能ならば，$(f^{-1}(A), f^{-1}(B))$ も互いに素で再帰的に分離可能であるという命題を証明する．

それでは，A は B と互いに素で，A は B から再帰的に分離可能だと仮定しよう．このとき，B と互いに素で，A を部分集合とする再帰的な集合が存在する．したがって，（問題7 (b) によって）$f^{-1}(A)$ は $f^{-1}(B)$ と互いに素である．そして，（問題14によって）$f^{-1}(A)$ は再帰的である．したがって，$f^{-1}(A')$ は，$f^{-1}(B)$ と互いに素で，$f^{-1}(A)$ を部分集合とする再帰的な集合であり，$f^{-1}(A)$ は $f^{-1}(B)$ から再帰的に分離可能である．

$(P^*, R^*) = (d^{-1}(P), d^{-1}(R))$ であり，$d(x)$ は対角関数なので，ここまでに示したことから，(P^*, R^*) が再帰的に分離不能ならば，(P, R) も再帰的に分離不能であることが導かれる．

問題 21　すべての再帰的な集合は $\mathcal{S}$ において定義可能であると仮定する．このとき，(P^*, R^*) が再帰的に分離不能であることを示し，そこから（問題20によって）対 (P, R) も再帰的に分離不能であるという結論を導くことができる．

A を P^* と互いに素で，R^* を部分集合とする任意の集合とする．問題13によって，A は $\mathcal{S}$ において定義可能とはなりえない．A が再帰的だとしたら，（この問題で仮定したように）A は $\mathcal{S}$ において定義可能になってしまう．したがって，A は再帰的にはなりえない．その結果として，P^* と互いに素で R^* を部分集合とする再帰的な集合は存在しえない．これは，(P^*, R^*) が再帰的に分離不能であるということだ．

問題 22　(A_1, A_2) は互いに素で再帰的に分離不能であり，$\mathcal{S}$ において h が A_2 から A_1 を分離する．このとき，h は，A_1 を部分集合とする集合 B_1 を表現し，A_2 を部分集合とする集合 B_2 を反表現する．この状況で，B_1 と B_2 は互いに素でなければならない．（なぜなら，$n \in B_1$ iff $h(n) \in P$ であり，$n \in B_2$ iff $h(n) \in R$ であるが，P と R は互いに素だからである．）(A_1, A_2) は再帰的に分離不能であり，$A_1 \subseteq B_1$ かつ $A_2 \subseteq B_2$ なので，対 (B_1, B_2) は再帰的に分離不能である．（これを確かめてみよ．）ここで，$r(x, y)$ を集合の表現関数とすると，問題2によって，$B_1 = r_h^{-1}(P)$ かつ $B_2 = r_h^{-1}(R)$ である．したがって，対 $(r_h^{-1}(P), r_h^{-1}(R))$ は再帰的に分離不能であり，関数 $r_h(x)$ は再帰的なので（なぜなら $r(x, y)$ が再帰的だからである），（問題20によって）対 (P, R) は再帰的に分離不能である．

ここから，系1が導かれる．なぜなら，(P, R) が再帰的に分離不能ならば，もちろん，P は再帰的ではなく，したがって，$\mathcal{S}$ は決定不能だからである．

そして，系2は，系1と定理1（$\mathcal{S}$ が実効的であるが決定不能ならば，$\mathcal{S}$ は不完全である）から導くことができる．

問題 23

（a）　命題1を証明するために，$\mathcal{S}$ において K_1 は K_2 から分離可能であると仮定し，その分離は h によってなされるとする．このとき，h は K_1 を部分集合とす

る集合 A_1 を表現し，K_2 を部分集合とする集合 A_2 を反表現する．P は R と互いに素なので，A_1 は A_2 とたがいに素である．もちろん，h は A_2 から A_1 を完全分離する．

(K_1, K_2) は実効的に分離不能なので，対 (A_1, A_2) も実効的に分離不能である．（これを確かめよ．）$\mathcal{S}$ は実効的体系なので，A_1 と A_2 はともに再帰的に枚挙可能な集合である．したがって，(A_1, A_2) は再帰的に枚挙可能な集合の実効的に分離不能な対であり，（第 6 章の定理 11 によって）二重万能対である．すなわち，h は，二重万能対 (A_1, A_2) を完全分離する．

（b）　命題 2 を証明するために，ある二重万能対 (U_1, U_2) が $\mathcal{S}$ において完全分離可能であり，1 引数の再帰的関数はすべて $\mathcal{S}$ において許容的であると仮定する．(A, B) を，$\mathcal{S}$ において完全分離させたい互いに素な再帰的に枚挙可能な集合の対とする．

(U_1, U_2) は二重万能対なので，$A = f^{-1}(U_1)$ かつ $B = f^{-1}(U_2)$ となるような再帰的関数 $f(x)$ が存在する．仮定によって，$f(x)$ は許容的である．（1 引数の再帰的関数はすべて許容的である．）したがって，問題 8 によって，$f^{-1}(U_1)$ は $f^{-1}(U_2)$ から完全分離可能，すなわち，A は B から完全分離可能である．

問題 24　$\Pi(x, y)$ が $\mathcal{S}$ のロッサー関数であると仮定する．再帰的に枚挙可能な関係 $R_1(x, y)$, $R_2(x, y)$ が与えられたとき，弱二重再帰定理（第 6 章の定理 1）によって，$M_1(x, y, z)$ を $R_1(x, \Pi(y, z))$ とし，$M_2(x, y, z)$ を $R_2(x, \Pi(y, z))$ とすると，次の式が成り立つような数 a と b が存在する．

$$\omega_a = \{x : R_1(x, \Pi(a, b))\}$$
$$\omega_b = \{x : M_2(x, \Pi(a, b))\}$$

h を数 $\Pi(a, b)$ とすると，$\omega_a = \{x : R_1(x, h)\}$ かつ $\omega_b = \{x : R_2(x, h)\}$ である．したがって，$\omega_a - \omega_b = \{x : R_1(x, h) \wedge {\sim}R_2(x, h)\}$ かつ $\omega_b - \omega_a = \{x : R_2(x, h) \wedge {\sim}R_1(x, h)\}$ である．$\Pi(x, y)$ はロッサー関数なので，h（これは $\Pi(a, b)$ である）は $\omega_b - \omega_a$ から $\omega_a - \omega_b$ を分離する．したがって，h は $\{x : R_2(x, h) \wedge {\sim}R_1(x, h)\}$ から $\{x : R_1(x, h) \wedge {\sim}R_2(x, h)\}$ を分離する．

問題 25　A と B を互いに素で再帰的に枚挙可能な集合とする．$R_1(x, y)$ を関係 $x \in A \vee y(x) \in R$ とし，$R_2(x, y)$ を関係 $x \in B \vee y(x) \in P$ とする．命題 3 を対 (R_1, R_2) に適用すると，ある数 h で，すべての n に対して

$$R_1(n, h) \wedge {\sim}R_2(n, h) \text{ならば，} \quad h(n) \in P$$
$$R_2(n, h) \wedge {\sim}R_1(n, h) \text{ならば，} \quad h(n) \in R$$

となるようなものが存在する．したがって，

(1) $[(n \in A \vee h(n) \in R) \wedge \sim(n \in B \vee h(n) \in P)] \supset h(n) \in P$

(2) $[(n \in B \vee h(n) \in P) \wedge \sim(n \in A \vee h(n) \in R)] \supset h(n) \in R$

となる．また，

(3) （A は B と互いに素なので） $\sim(n \in A \wedge n \in B)$

(4) （P は R と互いに素なので） $\sim(h(n) \in P \wedge h(n) \in R)$

が得られる．(1), (2), (3), (4) から，命題論理によって，$n \in A$ iff $h(n) \in P$ であり，$n \in B$ iff $h(n) \in R$ であることが次のようにして分かる．

次のような省略表記を用いることにする．

p_1 は $n \in A$　　　p_2 は $n \in B$

q_1 は $h(n) \in P$　　　q_2 は $h(n) \in R$

これを使うと，

(1) $[(p_1 \vee q_2) \wedge \sim(p_2 \vee q_1)] \supset q_1$

(2) $[(p_2 \vee q_1) \wedge \sim(p_1 \vee q_2)] \supset q_2$

(3) $\sim(p_1 \wedge p_2)$

(4) $\sim(q_1 \wedge q_2)$

となる．このとき，$p_1 \equiv q_1$ かつ $p_2 \equiv q_2$ を推論しなければならない．

（a） まず，$p_1 \supset q_1$ を示す．そこで，p_1 を仮定する．このとき，$p_1 \vee q_2$ は真である．したがって，式 (1) は

(1′) $\sim(p_2 \vee q_1) \supset q_1$

と同値である．（仮定によって）p_1 は真なので，（式 (3) によって）p_2 は偽であり，したがって，$p_2 \vee q_1$ は q_1 と同値であり，式 (1′) は

(1″) $\sim q_1 \supset q_1$

と同値である．これから，q_1 が導かれるので，$p_1 \supset q_1$ が証明できた．

（b） 逆を示すために，q_1 が真であると仮定する．このとき，$p_2 \vee q_1$ は真であり，したがって，式 (2) は

(2′) $\sim(p_1 \vee q_2) \supset q_2$

と同値である．（仮定によって）q_1 は真なので，（式 (4) によって）q_2 は偽であり，したがって，$p_1 \vee q_2$ は p_1 と同値であり，式 (2′) は

(2″) $\sim p_1 \supset q_2$

と同値である．q_2 は偽なので，式 (2″) から p_1 が真であることが導かれる．これで，$q_1 \supset p_1$ が証明できた．すなわち，$p_1 \equiv q_1$ である．

$p_2 \equiv q_2$ であることも，（p_1 と p_2 を交換し，q_1 と q_2 を交換するだけで）同様に証明できる．

注　この証明は，ジョン・シェファードソンが証明した結果を修正したものである．

問題 26　$\mathcal{S}$ を実効的ロッサー体系と仮定する．与えられた二つの再帰的関数 $f_1(x)$ と $f_2(x)$ に対して，$R_1(x,y)$ を関係 $y(x) \in \omega_{f_1(x)}$ とし，$R_2(x,y)$ を関係 $y(x) \in \omega_{f_2(x)}$ とする．

これら二つの関係に対して命題 3 を適用すると，ある数 h で，すべての n に対して

(1)　$h(n) \in \omega_{f_1(n)} \wedge \sim(h(n) \in \omega_{f_2(n)})$ならば，$h(n) \in P$

(2)　$h(n) \in \omega_{f_2(n)} \wedge \sim(h(n) \in \omega_{f_1(n)})$ならば，$h(n) \in R$

となるようなものが存在する．$\omega_{f_1(n)}$ が $\omega_{f_2(n)}$ と互いに素ならば，(1) と (2) はそれぞれ次の $(1')$，$(2')$ と同値である．

$(1')$　$h(n) \in \omega_{f_1(n)}$ならば，$h(n) \in P$

$(2')$　$h(n) \in \omega_{f_2(n)}$ならば，$h(n) \in R$

したがって，$\mathcal{S}$ はロッサー不動点性をもつ．

問題 27　$\mathcal{S}$ の拡大であるような体系の再帰的に枚挙可能な列 $\mathcal{S} = \mathcal{S}_1, \mathcal{S}_2, \cdots, \mathcal{S}_n, \cdots$ を考える．関係 $x \in R_y$ は，再帰的に枚挙可能である．したがって，反復定理によって，再帰的関数 $f_1(x)$ で，すべての n に対して $\omega_{f_1(n)} = \{x : x \in R_n\}$，すなわち，$\omega_{f_1(n)} = R_n$ となるようなものが存在する．同様にして，再帰的関数 $f_2(x)$ で，すべての n に対して $\omega_{f_2(n)} = P_n$ となるようなものが存在する．

ここで，$\mathcal{S}$ を実効的ロッサー体系と仮定する．このとき，$\mathcal{S}$ はロッサー不動点性をもつ．なぜなら，すべての n に対して，集合 $\omega_{f_1(n)}$ と $\omega_{f_2(n)}$ は互いに素だからである．したがって，ロッサー不動点性によって，数 h で，すべての n に対して，次の条件が成り立つようなものが存在する．

(1)　$h(n) \in \omega_{f_1(n)}$ならば，$h(n) \in P$

(2)　$h(n) \in \omega_{f_2(n)}$ならば，$h(n) \in R$

すなわち，

$(1')$　$h(n) \in R_n$ならば，$h(n) \in P$

$(2')$　$h(n) \in P_n$ならば，$h(n) \in R$

である．$P \subseteq P_n$ かつ $R \subseteq R_n$ なので，$(1')$ と $(2')$ によって，

$(1'')$　$h(n) \in R_n$ならば，$h(n) \in P_n$

$(2'')$　$h(n) \in P_n$ならば，$h(n) \in R_n$

が得られる．P_n は R_n と互いに素なので，$h(n) \notin P_n$ かつ $h(n) \notin R_n$ でなければならない．すなわち，$\mathcal{S}$ は一様完備不能である．

[第Ⅲ部]

コンビネータ論理の構成要素

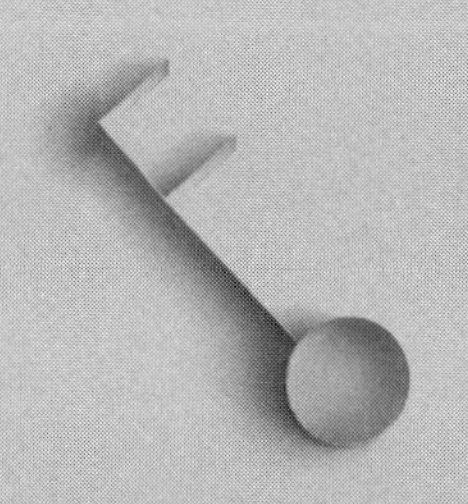

第 8 章

コンビネータ論理事始め

モーゼス・シェーンフィンケル [26] によって始められたコンビネータ論理は，このあと分かるように，とても洗練された理論である．コンビネータ論理は，計算機科学において重要な役割を演じ，再帰的関数論に対する新たなアプローチを提供する．本書では，読者のさらに知りたいという欲求を刺激するように，この主題の入門部分だけを紹介する．

適用系とは，任意の集合 $\mathcal{C}$ と，その要素 x と y（このとおりの順序）それぞれに対して (xy) と表記される要素を割り当てる演算を合わせたものである．コンビネータ論理では，左から順に括弧を復元するものと考えて，括弧を省略することが多い．したがって，xyz は，$(x(yz))$ ではなく $((xy)z)$ の省略形である．また，$xyzw$ は，$(((xy)z)w)$ の省略形である．これは，学校の算数や多くの大学の数学の授業において括弧を省略する一般的な規則とは同じではないことに注意しよう．それゆえ，慣れるのに少し時間を要する．しかし，果敢に立ち向かえば，あっという間にこれが自然になる．（しかし，変数を複合記号列で置き換えるときには，記号列を取り囲む外側の括弧をつけるのを忘れないように．たとえば，記号列 $S(Kx)K$ の変数 x を SI で置き換えた結果は $S(K(SI))K$ になる．）また，一般に，適用系では，xy は yx と同じではないし，$x(yz)$ は $(xy)z$ と同じではないことに注意しよう．（すなわち，初等算術の可換則や結合則は，ここでは一般には適用できない．）

以降では，2 個以上の要素を含む集合 $\mathcal{C}$ を任意に固定して議論する．そして，$\mathcal{C}$ の要素を**コンビネータ**と呼ぶ．

◉不動点

要素 y は，$xy = y$ となるならば，要素 x の**不動点**と呼ばれる．不動点は，コンビネータ理論において重要な役割を演じる．

◉合成条件

A, B, C を任意の要素とするとき，すべての要素 x に対して $Cx = A(Bx)$ となるならば，C は A に B を**結合させる**という．すべての A と B に対して，A に B を結合させるような C があるならば，**合成条件が成り立つ**という．

◉コンビネータ M（モッカー）

コンビネータ M は，すべての要素 x に対して

$$Mx = xx$$

が成り立つならば，**モッカー**（mocker，マネシツグミ）または**複製コンビネータ**と呼ぶことにする．ここで次のような興味深い最初の結果が得られる．

定理 1　すべての要素 A が不動点をもつためには，次の 2 条件が成り立てば十分である．

C_1:　合成条件

C_2:　モッカー M が存在する．

問題 1　定理 1 を証明せよ．

注　定理 1 は，コンビネータ論理の基本的な事実を述べている．その答えは，極めて簡単ではあるが，非常に巧妙で，突き詰めるとゲーデルの成果から得られるものである．それは，数理論理学のさまざまな分野における多くの不動点の結果と関係している．

定理 1 の証明として与えられた解答は，定理が述べている以上の情報を明らかにする．この追加の情報は重要であり，それを次のように記録しておく．

定理 1*　C が x に M を結合させるならば，CC は x の不動点である．

◉自己中心的な要素

要素 x は，それ自体の不動点，すなわち，$xx = x$ であるならば，**自己中心的**ということにする．

問題 2　定理1の前提である条件 C_1 と C_2 が成り立つならば，自己中心的な要素が少なくとも一つはあることを証明せよ．

◉同調的な要素

二つの要素 A と B は，$Ax = Bx$ となるならば，要素 x に関して**同調する**ということにする．要素 A は，すべての要素 B に対して，A と B が同調するような要素 x が少なくとも一つあるならば，**同調的**と呼ぶことにする．したがって，すべての B に対して，$Ax = Bx$ となる x が少なくとも一つあるならば，A は同調的である．

問題 3

（1）（定理1の変形）定理1の前提の条件 C_1（すなわち，すべての A と B に対して，A に B を結合させるような C が存在する）は成り立つが，モッカー M の存在の代わりに，同調的な要素 A が少なくとも一つあると仮定する．このとき，すべての要素は不動点をもつことを証明せよ．

（2）定理1は，実際には(a)の特別な場合に過ぎない．その理由は．

問題 4　肩慣らしとして，合成条件 C_1 が成り立ち，C が A に B を結合させるとき，C が同調的ならば A も同調的であることを示せ．

問題 5　再び，合成条件 C_1 を仮定して，A, B, C を任意の要素とするとき，要素 E で，すべての x に対して $Ex = A(B(Cx))$ となるようなものが存在することを示せ．

◉両立する要素

要素 A は，$Ax = y$ かつ $By = x$ となるような要素 x と y があるならば，B と**両立する**ということにする．このような要素の対 (x, y) が存在するとき，これを対 (A, B) の**交叉点**と呼ぶ．

問題 6　定理1の条件 C_1 と C_2 が成り立つならば，任意の二つの要素 A

と B は両立する，すなわち，任意の二つの要素は交叉点をもつことを証明せよ．

◉独りよがりの要素

それ自体と両立するような要素を**独りよがり**と呼ぶことにする．

問題 7　ある要素が不動点をもてば，その要素は必ず独りよがりになるだろうか．

問題 8　合成条件 C_1 が成り立ち，独りよがりの要素が少なくとも一つあるならば，不動点をもつ要素が少なくとも一つあることを証明せよ．

◉固執

すべての要素 x に対して $Ax = B$ となるならば，要素 A は B に**固執する**ということにする．

問題 9　ある要素 A が 2 個以上の要素に固執するということがありえるか．

問題 10　次の二つの主張のうち，成り立つものがあるとしたら，どちらだろうか．

（a）　y が x の不動点ならば，x は y に固執している．

（b）　x が y に固執するならば，y は x の不動点である．

◉自己陶酔的な要素

それ自身に固執する，すなわち，すべての x に対して $Ax = A$ となるならば，要素 A は**自己陶酔的**と呼ぶことにする．

問題 11　次の二つの主張のうち，成り立つものがあるとしたら，どちらだろうか．

（a）　自己陶酔的な要素はすべて自己中心的である．

（b）　自己中心的な要素は自己陶酔的である．

問題 12　次の主張が成り立つかどうかを判定せよ．A が自己陶酔的ならば，すべての要素 x と y に対して $Ax = Ay$ となる．

問題 13　A が自己陶酔的ならば，必然的に，すべての x と y に対して $Axy = A$ となるだろうか．

問題 14　A が自己陶酔的ならば，すべての x に対して Ax も自己陶酔的になる．つまり，自己陶酔性は感染しやすいことを証明せよ．

◉コンビネータ K（ケストレル）

コンビネータ K は，すべての x と y に対して

$$Kxy = x$$

となるとき，**削除コンビネータ**，または，**ケストレル**（kestrel, チョウゲンボウ）と呼ぶことにする．この K は，このあと分かるように，コンビネータ論理において重要な役割を演じる．

注　なぜ，これを「ケストレル」と呼ぶのか．[30] において，私は鳥をコンビネータとして語った．鳥 x に鳥 y の名前を呼びかけると，鳥 x はある鳥の名前を鳴き返す．そして，その鳴き返す名前の鳥を xy と呼んだ．すなわち，xy は，y の名前を聞いたときに x によって名前を呼ばれる鳥である．私は，文献中に現れる標準的なコンビネータに鳥の名前を当てはめた．通常，鳥の名前の1文字目が文献中のコンビネータの1文字目になっている．たとえば，標準的なコンビネータ K を表す鳥をケストレルという名前で呼ぶ．すぐに登場する標準的なコンビネータ B, C, W, T は，それぞれ，**ブルーバード**（bluebird, ルリツグミ），**カーディナル**（cardinal, コウカンチョウ），**ワーブラー**（warbler, ウグイス），**スラッシュ**（thrush, ツグミ）と呼ぶ．私は M をモッカー（mocker, マネシツグミ）と呼んだ．なぜなら，私の鳥のモデルでは，$Mx = xx$ は，x という呼びかけに対する M の応答が，x という呼びかけに対する x の応答に等しいことを意味するからである．

驚いたことに，私の鳥の名前の多くが，つい最近のコンビネータの文献で採用されていることに気づいた．たとえば，レジナルド・ブレイスウェイトによる『ケストレル，風変わりな鳥，救いようの無い自己中心性』[3] という題名の本がある．このことから考えると，いつの日にか，さまざまなコンビネータに対して鳥の名前を使うことが当たり前になるのではないだろうか．

以降では，K は**ケストレル**とする．

問題 15　K の任意の不動点は自己中心的であることを証明せよ．

問題 16　Kx が自己中心的ならば，x は K の不動点であることを証明せよ．

問題 17　Kx が K の不動点ならば，x は K の不動点であることを証明せよ．

問題 18　一般的には，$Ax = Ay$ であっても，x は必ずしも y ではないが，A がケストレルならば，x は必ず y に等しい．$Kx = Ky$ ならば，x は必ず y に等しいことを証明せよ．

問題 18 で表した原理（$Kx = Ky$ ならば，x は必ず y に等しい）は重要なので，**簡約則**と呼ぶことにする．

問題 19　すべての x に対して，$Kx \neq K$ であることを証明せよ．

問題 20　（a）ケストレルはけっして自己中心的にならないことを証明せよ．（b）ケストレルの不動点はすべて自己陶酔的であることを証明せよ．

つぎに，$\mathcal{C}$ がケストレルを含むならば，$\mathcal{C}$ は無限に多くの要素を含むことを示したい．（$\mathcal{C}$ は必ず複数の要素を含むことを思い出そう．）

問題 21　集合 $\{K, KK, KKK, \cdots\}$ を考える．これは無限集合だろうか．

問題 22　それでは，集合 $\{K, KK, K(KK), K(K(KK)), \cdots\}$，すなわち，$K_1 = K$ で，すべての n に対して $K_{n+1} = K(K_n)$ とするときの集合 $\{K_1, K_2, \cdots, K_n, \cdots\}$ はどうだろう．これは無限集合だろうか．

◉コンビネータ L（ラーク）

コンビネータ L は，すべての x と y に対して，次の条件が成り立つとき，**ラーク**（lark，ヒバリ）と呼ぶことにする．

$$Lxy = x(yy)$$

ラークは，[30] が発刊される以前の文献では標準的なコンビネータではなかったが，今では標準的になっている．ラークについて，何本もの論文が書かれている．私は，コンビネータ論理において，ラークが重要な役割を演じるように扱っている.

ラークに関するよい性質の一つは，条件 C_1 や C_2 を仮定することなく，ラークの存在だけからすべての要素が不動点をもつことが保証されることである.

問題 23　これを証明せよ.

問題 24　ラークでかつケストレルであるような要素はないことを証明せよ.

問題 25　ラーク L が自己陶酔的ならば，L はすべての要素の不動点でなければならないことを証明せよ.

問題 26　ケストレルはラークの不動点になりえないことを証明せよ.

しかしながら，ラークはケストレルの不動点になりうる.

問題 27　ラーク L がケストレルの不動点ならば，L はすべての要素の不動点でなければならないことを示せ.

興味深いことに，ラーク L の存在は，そのほかに情報がなくても，自己中心的な要素の存在を保証するのに十分である．実際，記号 L と括弧だけを使った記号列で，自己中心的な要素を書き表すことができる．私が見つけることのできた最短の記号列は，記号 L が 12 個出現する．これよりも短いものがあるだろうか．私は，[30] において，これを未解決問題として挙げたが，この問題が解かれたのかどうかは知らない.

問題 28　ラーク L が与えられているとき，自己中心的な要素があることを証明せよ．そして，そのような要素の名前を，記号 L と括弧だけを使って書き表せ.

◉考察

L と括弧だけを含む二つの記号列が与えられたとき，この二つが同じ要素の名前であるかどうかを決定するための純粋に機械的な手順があるだろうか．[30] において，私はこれを未解決問題として提示した，そして少なくとも 3 人がこれを肯定的に解決した．その 3 人とは，「スマリヤンのラーク・コンビネータに関する語の問題は決定可能」[38] を書いたリチャード・スタットマンと，「いかにしてラークを判定するか」[37] を書いた M. スプレンジャーと M. ワイマン=ボニである．

◉コンビネータ I （恒等コンビネータ）

恒等コンビネータとは，すべての x に対して条件 $Ix = x$ を満たすような要素 I のことである．

恒等コンビネータ I は，一見するとたいしたことはないように思えるが，重要な役割を演じることがのちほど分かる．さしあたって，I に関する自明な事実を列挙しておく．

（1） I が同調的であるのは，すべての要素が不動点をもつとき，そしてそのときに限る．

（2） すべての要素の対が両立するならば，I は同調的である．

（3） I は，自己中心的であるが，自己陶酔的にはなりえない．

問題 29　これら三つの事実を証明せよ．（合成条件を仮定する必要はない．しかし，$\mathcal{C}$ は 2 個以上の要素を含むという事実を使う必要がある．）

問題 30　$\mathcal{C}$ がラーク L と恒等要素 I を含むならば，$\mathcal{C}$ はモッカー M を含むことを証明せよ．

◉賢者

要素 θ は，その存在がすべての要素に不動点があることを保証するだけでなく，θ をどのような要素 x に適用しても x の不動点を作り出すならば，**賢者コンビネータ**（sage）と呼ぶことにする．したがって，すべての x に対して θx が x の不動点，すなわち，すべての x に対して $x(\theta x) = \theta x$ ならば，θ は賢者コンビネータである．

コンビネータ論理の古典的な文献では，賢者コンビネータは**不動点コンビネータ**と呼ばれている．[30] で，私は**賢者**という語を用い，それ以降，文献中でも賢者コンビネータという名前は標準的になった．したがって，ここでもこの名前を使うことにする．賢者コンビネータに対して多くの研究がなされてきて，このあとの章でも，ほかのさまざまなコンビネータを使って賢者コンビネータを表す多くのやり方を示す．ここでは，C がラーク L とモッカー M を含めば，C は賢者コンビネータを含むとだけ述べておく．

問題 31　C がラーク L とモッカー M を含めば，C は賢者コンビネータを含むことを証明せよ．

注　問題 31 から，C がラーク L と恒等コンビネータ I を含み，合成条件に従うならば，C は賢者コンビネータを含むことが導かれる．なぜなら，この場合には，問題 30 によって，C はモッカー M も含まなければならないからである．

問題の解答

問題 1　C は A に M を結合させる要素とする．したがって，すべての要素 x に対して，$Cx = A(Mx)$ となる．しかし，$Mx = xx$ なので，すべての x に対して $Cx = A(xx)$ である．ここで，x を C とすると，$CC = A(CC)$ となり，これは，CC が A の不動点であることを示している．（巧妙ではないか？）

問題 2　条件 C_1 と C_2 から，モッカー M が存在する．さらに，（定理 1 によって））すべての要素は不動点をもつ．したがって，M 自体も不動点 E をもつ．すなわち，$ME = E$ である．また，（M はモッカーであるから）$ME = EE$ なので，$E = EE$ となり，E は自己中心的である．すなわち，M の任意の不動点は自己中心的である．

注　E は自己中心的であり，$ME = E$ なので，ここから ME が自己中心的であることが導かれる．ME（私）という単語が自らを語っているのではないだろうか．

問題 3

（a）A を同調的と仮定する．任意の要素 x が与えられたとき，条件 C_1 によって，x に A を結合させる要素 C が存在する．すなわち，すべての要素 y に対して，$Cy = x(Ay)$ である．A は同調的なので，$Cy^* = Ay^*$ となるような y^* が存在し，したがって，$Cy^* = x(Ay^*)$ から $Ay^* = x(Ay^*)$ が導かれる．すなわち，Ay^* は x の不動点である．

（b）定理 1 は(a)の特別な場合である．なぜなら，あきらかにモッカー M は同調的だからである．すなわち，（$Mx = xx$ なので）M はすべての要素 x とある要素，具体的には x に関して同調するからである．

問題 4　合成条件 C_1 が成り立ち，C は A に B を結合させ，C は同調的であることが与えられている．このとき，A は同調的であることを示したい．そこで，任意の要素 D を考える．A は，ある要素に関して D と同調することを示したい．E は D に B を結合させる要素とする．ここで，C は同調的なので，ある要素 F に関して E と同調する．A は BF に関して D と同調することを示そう．

C は F に関して E と同調するので，$CF = EF$ である．また，E は D に B を結合させるので，$EF = D(BF)$ である．したがって，$CF = EF = D(BF)$ であり，$CF = D(BF)$ となる．しかし，C は A に B を結合させるので，$CF = A(BF)$ でもあり，$A(BF) = D(BF)$ である．すなわち，A は BF に関して D と同調する．

問題 5　合成条件 C_1 が成り立つと仮定する．A, B, C が与えられたとき，D は B に C を結合させるようなものとする．すなわち，任意の x に対して，$Dx = B(Cx)$ である．ここで，E を，A に D を結合させるようなものとする．すると，$Ex = A(Dx) = A(B(Cx))$ である．

問題 6　任意の要素 A と B に対して，A に B を結合させる C が存在することが与えられている．すなわち，すべての y に対して，$Cy = A(By)$ ということである．また，モッカー M が存在することが与えられているので，C は不動点 y をもつ．すなわち，$y = Cy$ かつ $Cy = A(By)$ であり，ここから，$y = A(By)$ が得られる．ここで，By を x とすると，$y = Ax$ かつ $x = By$ となる．すなわち，$Ax = y$ かつ $By = x$ である．

問題 7　もちろん，そうなる．x を A の不動点とすると，$Ax = x$ である．ここで，y を x そのものとすると，$Ax = y$ かつ $Ay = x$ であり，これは，A が独りよがりということである．

問題 8　合成規則 C_1 が成り立ち，独りよがりの要素 A が存在するということが与えられている．したがって，$Ax = y$ かつ $Ay = x$ となる要素 x と y が存在する．$Ax = y$ なので，式 $Ay = x$ の y に Ax を代入すると，$A(Ax) = x$ が得られる．ここで，B を，A に A 自体を結合させる要素とする．したがって，$Bx = A(Ax)$ であり，$A(Ax) = x$ なので，$Bx = x$ が得られる．すなわち，B は不動点 x をもつ．

問題 9　もちろん，ありえない．A が x に固執し，また，A が y に固執するならば，任意の要素 z に対して，$Az = x$ かつ $Az = y$ となり，したがって，$x = y$ である．

問題 10　成り立つのはあきらかに(b)である．x が y に固執すると仮定する．このとき，すべての z に対して，$xz = y$ である．したがって，z を y とすると，$xy = y$ が得られ，したがって，y は x の不動点である．

問題 11　成り立つのはあきらかに(a)である．A を自己陶酔的と仮定する．このとき，すべての x に対して，$Ax = A$ であり，もちろん，$AA = A$ である．

問題 12　問題文に述べられている主張は成り立つ．A が自己陶酔的ならば，$Ax = A$ かつ $Ay = A$ である．すなわち，Ax と Ay はともに A に等しいので，$Ax = Ay$ である．

問題 13　必ず，そうなる．A が自己陶酔的ならば，$Ax = A$ なので，$Axy = Ay$ である．しかし，また，$Ay = A$ でもあるので，$Axy = A$ である．

問題 14　A を自己陶酔的と仮定する．このとき，問題 13 によって，$Axy = A$ である．したがって，すべての y に対して，$(Ax)y = A$ であり，これは Ax が自己陶酔的ということである．

問題 15　$Kx = x$（すなわち，x は K の不動点）と仮定する．すると，$Kxx = xx$ である．しかし，また，（すべての y に対して $Kxy = x$ なので）$Kxx = x$ である．したがって，Kxx は xx にも x にも等しいので，$xx = x$ である．これは，x が自己中心的ということである．

問題 16　Kx を自己中心的と仮定する．したがって，$Kx(Kx) = Kx$ である．また，（すべての y に対して $Kxy = x$ なので）$Kx(Kx) = x$ である．すなわち，$Kx(Kx)$ は Kx にも x にも等しいので，$Kx = x$ である．

問題 17　Kx を K の不動点と仮定する．このとき，問題 15 によって，Kx は自己中心的である．したがって，問題 16 によって，x は K の不動点である．

問題 18　$Kx = Ky$ と仮定する．ところで，すべての z に対して $Kxz = x$ である．$Kx = Ky$ なので，すべての z に対して $Kyz = x$ が導かれる．しかし，また，$Kyz = y$ である．したがって，$x = y$ である．

問題 19　$Kx = K$ ならば，任意の要素 y と z に対して $y = z$ でなければならないことを示す．これは，$\mathcal{C}$ が 2 個以上の要素を含むという仮定に反する．

それでは，$Kx = K$ と仮定する．このとき，任意の y と z に対して，$Kxy = Ky$ かつ $Kxz = Kz$ である．しかし，$Kxy = x$ かつ $Kxz = x$ なので，$Ky = Kz$ である．すると，簡約則（問題 18 を参照のこと）によって，$y = z$ である．

問題 20

（a）これは，問題 19 からすぐに分かる．すべての x に対して $Kx \neq K$ なので，$KK \neq K$ であり，したがって，K は自己中心的ではない．

（b）$KA = A$（すなわち，A は K の不動点）と仮定する．このとき，すべての x に対して，$Ax = KAx$ である．しかし，また，すべての x に対して $KAx = A$ でもある．したがって，すべての x に対して $Ax = A$ であり，これは，A が自己陶酔的ということである．

問題 21　$U_1 = K, U_2 = KK, U_3 = KKK, \cdots$ とする．集合 $\{U_1, U_2, U_3, \cdots, U_n, \cdots\}$ が無限には程遠いことを示す．この集合には K と KK だけしか含まれないのである．それは，次のようにして分かる．

$U_n = K$ ならば，$U_{n+2} = KKK$ であり，これは，K である．（なぜなら，K

はケストレルだからである.）すなわち，$U_n = K$ ならば，$U_{n+2} = K$ である．$U_1 = K$ なので，すべての奇数 n に対して $U_n = K$ である．

また，$U_n = KK$ ならば $U_{n+1} = KKK$ であり，これは K である．（なぜなら，K はケストレルだからである.）すなわち，$U_n = KK$ ならば，$U_{n+2} = KK$ である．$U_2 = KK$ なので，すべての偶数 n に対して $U_n = KK$ である．それゆえ，すべての n に対して，$U_n = K$ か，または $U_n = KK$ であることが分かる．

問題 22　これは，前問とはまったく異なる結果になる．$K_1 = K$, $K_2 = KK$, $K_3 = K(KK)$（これは $K(K_2)$ である），$\cdots$，したがって，それぞれの n に対して $K_{n+1} = K(K_n)$ である．この集合 $\{K_1, K_2, \cdots, K_n, \cdots\}$ は，実際には無限集合であることが次のようにして分かる．

任意の数 n と m に対して，$n \neq m$ ならば $K_n \neq K_m$ であることを示そう．これを示すためには，$n < m$ ならば $K_n \neq K_m$ であることを示せば十分である．（なぜなら，$n \neq m$ ならば，$n < m$ であるか，または，$m < n$ であるかのいずれかであるからだ.）したがって，任意の正整数 n と b に対して，$K_n \neq K_{n+b}$ であることを示せば十分である．

問題 19 によって，$K \neq K(K_b)$ である．実際，任意の x に対して $K \neq Kx$ である．$K = K_1$ かつ $K(K_b) = K_{b+1}$ なので，

$$(1) \qquad K_1 \neq K_{1+b}$$

が得られる．つぎに，簡約則（問題 18）によって，$Kx = Ky$ ならば $x = y$ である．これは，$x \neq y$ ならば $Kx \neq Ky$ ということと同値である．すなわち，$K_n \neq K_m$ ならば $KK_n \neq KK_m$ であり，したがって，

$$(2) \qquad K_n \neq K_m \text{ならば } K_{n+1} \neq K_{m+1}$$

が得られる．すると，式 (1) によって，$K_1 \neq K_{1+b}$ となる．ここで，式 (2) を繰り返し適用すると，$K_2 \neq K_{2+b}$, $K_3 \neq K_{3+b}$, $\cdots$, $K_n \neq K_{n+b}$ であることが分かる．これで証明は完成した．

問題 23　ラーク L を考えると，任意の x と y に対して，$(Lx)y = x(yy)$ である．ここで，y を Lx とすると，$(Lx)(Lx) = x((Lx)(Lx))$ であることが分かる．したがって，$(Lx)(Lx)$ は x の不動点である．$(Lx)(Lx)$ と $Lx(Lx)$ は，括弧の使い方（あるいは括弧の省略の仕方）をこのように定義したのだから，同じ要素であることに注意しよう．

問題 24　ケストレル K を考えると，任意の x と y に対して $Kxy = x$ である．x と y をともに K とすると，

$$(1) \qquad KKK = K$$

が得られる．K がラークであったとすると，すべての x と y に対して $Kxy = x(yy)$ であり，$x = K, y = K$ とすると

$$KKK = K(KK) \tag{2}$$

が得られる．式 (1) と (2) によって，$K = K(KK)$ となるが，これは（問題 19 によって）$K = Kx$ となる x はないという事実に反する．したがって，K はラークにはなりえない．

問題 25　ラーク L が自己陶酔的と仮定する．このとき，問題 13 の答えによって，すべての x と y に対して $Lxy = L$ である．y を Lx とすると，$Lx(Lx) = L$ が得られる．しかし，（問題 23 の答えによって）$Lx(Lx)$ は x の不動点である．すなわち，L は x の不動点である．

問題 26　$LK = K$（すなわち，K は L の不動点）であると仮定する．すると，$LKK = KK$ である．しかし，（L はラークなので）$LKK = K(KK)$ であり，したがって，$K(KK) = KK$ である．すると，簡約則で x を KK とし，y を K とすると，$KK = K$ であることが分かる．これは，K が自己中心的であることになるが，これは問題 20 に反する．それゆえ，K は L の不動点にはなりえない．

問題 27　ラーク L がケストレル K の不動点ならば，$KL = L$ である．したがって，任意の x に対して，$KLx = Lx$ である．しかし，K はケストレルなので，$KLx = L$ である．したがって，すべての x に対して $Lx = L$ となり，L は自己陶酔的になる．すると，問題 25 によって，L はすべての x の不動点である．

問題 28　まず，x が LL の不動点ならば，xx は自己中心的であることを示す．

そこで，$LLx = x$ と仮定する．（L はラークなので）$LLx = L(xx)$ である．したがって，$x = L(xx)$ である．それゆえ，$xx = L(xx)x$ であり，これは $xx(xx)$ である．すなわち，xx は自己中心的である．

L だけを使って，LL の不動点を実際に求めることができる．問題 23 の答えで分かったように，任意の x に対して，$Lx(Lx)$ は x の不動点である．x を LL とすると，$L(LL)(L(LL))$ は LL の不動点であり，それゆえ，$L(LL)(L(LL))$ を繰り返した

$$L(LL)(L(LL))(L(LL)(L(LL)))$$

は自己中心的である．

問題 29

（1）I を同調的と仮定すると，任意の x に対して，$Iy = xy$ となるような y が存在する．しかし，$Iy = y$ なので，$y = xy$，すなわち，y は x の不動点になる．

逆に，すべての要素 x が不動点 y をもつと仮定すると，$xy = y$ である．しかし，$y = Iy$ なので，$xy = Iy$，すなわち，I は y に関して x と同調する．

（2） すべての要素の対は両立すると仮定する．ここで，任意の要素 A を考えると，A は I と両立する．したがって，$Ax = y$ かつ $Iy = x$ となるような要素 x と y が存在する．$Iy = x$ なので，$y = x$ である．（なぜなら，$y = Iy$ であるからだ．）したがって，$Ax = y$ かつ $y = x$ であり，これから $Ax = x$ となる．これは，x が A の不動点であるということだ．すなわち，すべての要素が不動点をもてば，その結果として，(1)によって，I は同調的である．

（3） すべての x に対して $Ix = x$ なので，$II = I$ であり，これは I が自己中心的ということである．I が自己陶酔的であるならば，それは，すべての x に対して $Ix = I$ であるということだ．しかし，$Ix = x$ でもある．したがって，I が自己陶酔的だったとしたら，すべての要素 x に対して $x = I$ となってしまうが，これは $\mathcal{C}$ が2個以上の要素をもつという事実に反する．

問題 30　M を LI とすればよい．実際，$LIx = I(xx) = xx$ である．すなわち，LI はモッカーである．

問題 31　M に L を結合させる任意の要素 θ は賢者コンビネータであることを示そう．

（問題23の答えによって）$Lx(Lx)$ が x の不動点であることがすでに分かっている．すると，$Lx(Lx) = M(Lx)$ なので，その結果として，$M(Lx)$ は x の不動点である．ここで，θ は M に L を結合させると仮定する．すると，$\theta x = M(Lx)$ であり，したがって，θx は x の不動点である．すなわち，θ は賢者コンビネータである．

第 9 章

さまざまなコンビネータ

ここでは，文献中でよく知られたいくつかのコンビネータや，私が [30] で導入したいくつかのコンビネータについて論じる．

1. B コンビネータ

◉コンビネータ B（ブルーバード）

B コンビネータは，（すべての x, y, z に対して）次の条件を満たすコンビネータである．

$$Bxyz = x(yz)$$

B コンビネータは，私が [30] で名づけたように，**ブルーバード**（bluebird, ルリツグミ）としても知られている．場合によって，この名前を使う．B コンビネータは，基本的なコンビネータの一つである．

問題 1　$\mathcal{C}$ がブルーバード B とモッカー M を含むと仮定する．このとき，合成条件が成り立たなければならない．（その理由が分かるだろうか．）したがって，第 8 章の定理 1 によって，すべての要素 x は不動点をもつ．さらに，x の不動点を，記号 B, M, x（と，もちろん括弧）だけを使って書き表すことができる．そのような記号列を書き表せ．

問題 2　B と M が（$\mathcal{C}$ の要素として）存在するならば，$\mathcal{C}$ には自己中心的な要素があることを示せ．実際には，B と M を使って自己中心的な要素の名前を書き表せ．

問題 3　B, M, K（ケストレル）を使って，自己陶酔的な要素の名前を書き表せ．

◉B から派生したコンビネータ

B だけから，次の条件によって定義されるコンビネータ $D, B_1, E, B_2, D_1, B^+, D_2, \hat{E}$ を導出することができる．

（a）$Dxyzw = xy(zw)$　（ダブ（dove，ハト））
（b）$B_1xyzw = x(yzw)$
（c）$Exyzwv = xy(zwv)$　（イーグル（eagle，ワシ））
（d）$B_2xyzwv = x(yzwv)$
（e）$D_1xyzwv = xyz(wv)$
（f）$B^+xyzw = x(y(zw))$
（g）$D_2xyzwv = x(yz)(wv)$
（h）$\hat{E}xy_1y_2y_3z_1z_2z_3 = x(y_1y_2y_3)(z_1z_2z_3)$

これらのコンビネータは，B も含めて，すべて**合成コンビネータ**と呼ばれる．なぜなら，これらのコンビネータは括弧を導入する働きをするからである．これらのうち，標準的なものは，ブルーバード B と，私がダブと呼んだ D である．また，私がイーグルと呼ぶ E もよく使われる．

問題 4

（1）これらのコンビネータを B から導き出せ．（ヒント：次の順序で導き出す．

（a）B を使って，D を表す．
（b）B と D を使って，B_1 を表す．（これは，B だけの記号列に還元することができる．）
（c）B と B_1 を使って，E を表す．
（d）B と E を使って，B_2 を表す．
（e）B と B_1 を使って，D_1 を表す．または，B と D を使って，D_1 を表す．
（f）B と D_1 を使って，B^+ を表す．

（g） 興味深いことに，D_2 は D だけで表すことができる．

（h） E だけを使って，$\hat{E}$ を表す．

（2） 数学的帰納法を用いて，それぞれの正整数 n に対して，B から導き出すことのできるコンビネータ B_n で，次の条件を満たすものがあることを示せ．

$$B_n x y_1 \cdots y_{n+2} = x(y_1 \cdots y_{n+2}), \qquad n \geq 0$$

この定義によって，ブルーバード B には B_0 という名前もあること，そして，B_1 と B_2 は前述の定義と同じである（ただし，その定義においては異なる変数が使われている）ことに注意せよ．

2. 置換コンビネータ

つぎに，**置換コンビネータ**として知られる興味深いコンビネータの族を調べよう．

◉コンビネータ T （スラッシュ）

もっとも単純な置換コンビネータは T であり，これは次のように定義される．

$$Txy = yx$$

この置換コンビネータ T は標準的である．[30] では，T を**スラッシュ** (thrush，ツグミ）と呼んだ．

二つの要素 x と y は，$xy = yx$ となるならば可換という．

問題 5　スラッシュT とラーク L を使って，すべての要素 x と可換なコンビネータ A があることを証明せよ．

◉コンビネータ R （ロビン）

[30] では，**ロビン**（robin，コマツグミ）と名づけたコンビネータ R を導入した．R は次の条件によって定義される．

$$Rxyz = yzx$$

問題 6　ロビン R は，B と T を使って書き表されることを示せ．

◉コンビネータ C （カーディナル）

コンビネータ C は，次の条件によって定義される．

$$Cxyz = xzy$$

このコンビネータ C は文献中では標準的なコンビネータであり，基本的な重要性をもつ．[30] では，C を**カーディナル**（cardinal，コウカンチョウ）と呼んだ．C は B と T を使って表すことができ，これはアロンゾ・チャーチによって発見された [4]．チャーチの構成法はきわめて巧妙である．それには 8 文字が使われていたが，それより短くはできないのではないだろうか．

B と T を使って R を表すことができれば，そこから C を表すことはきわめて簡単である．

問題 7　R を使って C を表すにはどのようにすればよいか．

問題 8　問題 7 の答えを B と T に還元すると 9 文字になる．それを簡単に 8 文字に縮めることができて，チャーチによる C の表現が得られる．これを実際に行ってみよ．

問題 9　C と恒等コンビネータ I を使って，スラッシュT を表すことができるか．

問題 10　C は R だけで表せることはすでに分かっている．R を C だけで表すことができるだろうか．

注　R を BBT とし，C を RRR とすると，任意の x に対して

$$Cx = B(Tx)R$$

となるという便利な事実が見てとれる．これは，$Cx = RRRx = RxR = BBTxR = B(Tx)R$ となるからである．

◉コンビネータ F （フィンチ）

フィンチ（finch，ヒワ）F は，次の条件によって定義される．

$$Fxyz = zyx$$

フィンチ F は，B と T を使って何通りにも表すことができる．また，B と R を使っても，B と C を使っても，T とイーグル E を使って表すこともで

きる.

問題 11　(a)　F は, B, R, C の3種類をすべて使って表すのがもっとも簡単である. それはどのようにすればよいか. (そして, もちろん, F は, B と R を使っても, B と C を使っても表すことができる. なぜなら, R と C は互いに他方を使って表すことができるからである.) (b)　F は, B と E を使って表せることを示せ.

◉コンビネータ V (ヴィレオ)

ヴィレオ (vireo, モズモドキ) は, 次の条件を満たすコンビネータ V である.

$$Vxyz = zxy$$

コンビネータ V は, ある意味でフィンチ F とちょうど逆の効果をもつ. V は, B と T を使って表すことができる. V は, C と F を使って表すのがもっとも簡単である.

問題 12　V を C と F を使って表せ.

問題 13　V は, C と F を使って表せることが分かっている. それでは, F は, C と V を使って表すことができるだろうか. それは, どのようにすればよいだろうか.

問題 14　恒等コンビネータ I は, R と K (ケストレル) を使って表せることを示せ.

◉コンビネータの間の関係

abc を xyz の置換とするとき, 与えられた条件 $Axyz = abc$ を満たす置換コンビネータ A に対して, A^* は次の条件を満たすコンビネータのことである.

$$A^*wxyz = wabc$$

したがって, C^*, R^*, F^*, V^* は, それぞれ次の条件によって定義されるコンビネータである.

$$C^*wxyz = wxzy$$

$$R^*wxyz = wyzx$$

$$F^*wxyz = wzyx$$

$$V^*wxyz = wzxy$$

これらはそれぞれ，B と T を使って表すことができる．すでに B と T によって表されたコンビネータを使ってこれらを表すのがもっとも簡単である．

問題 15

（a）　B と C を使って，C^* を表せ．

（b）　B と C を使って，R^* を表せ．

（c）　B, C^*, R^* を使って，F^* を表せ．

（d）　C^* と F^* を使って，V^* を表せ．

再び，abc を xyz の置換とするとき，条件 $Axyz = abc$ を満たす置換コンビネータ A を考える．A^{**} を，次の条件によって定義されるコンビネータとする．

$$A^{**}vwxyz = vwabc$$

したがって，$C^{**}, R^{**}, F^{**}, V^{**}$ は，それぞれ次の条件によって定義されるコンビネータである．

$$C^{**}vwxyz = vwxzy$$

$$R^{**}vwxyz = vwyzx$$

$$F^{**}vwxyz = vwzyx$$

$$V^{**}vwxyz = vwzxy$$

問題 16　$C^{**}, R^{**}, F^{**}, V^{**}$ は，すべて B と T を使って表せることを示せ．

この問題は，見かけよりもずっと単純である．この 4 種類のコンビネータを一網打尽にかたづけることができる．

◉ヴィレオ再訪

C と F を使って V を表したが，得られた記号列を B と T に還元すると 16 文字になる．C^* と T を使って V を表すことができ，得られる文字列は，B と T に還元すると 10 文字ですむ．それは，どのようにすればよいだろうか．

問題 17　C^* と T を使って V を表せ．

問題 18　条件 $Axyz = yxz$ を満たすコンビネータ A をまだ考えていなかった．このようなコンビネータ A を，B と T を使って表すことができるか．

3.　Q 族と G（ゴールドフィンチ）

次に取り組むコンビネータの族は，どれも B と T を使って表すことができ，括弧の置換と導入を伴う．その 1 番手は，次の条件によって定義される Q である．

$$Qxyz = y(xz)$$

私は，[30] において，Q を**変な鳥**（queer bird）と名づけた．

問題 19　B と T を使って，Q を表せ．（ヒント：B と，すでに B と T を使って表されたほかのコンビネータによる 2 文字の記号列で，Q を表すことができる．）

◉Q_1 と Q_2

二つのコンビネータ Q_1 と Q_2 は，次の条件によって定義される．

$$Q_1xyz = x(zy)$$

$$Q_2xyz = y(zx)$$

[30] では，コンビネータ Q_1 と Q_2 を，それぞれ，**突拍子もない鳥**（quixotic bird）と**怪しげな鳥**（quizzied bird）と呼んだ．

問題 20　B と T を使って，あるいは，すでにそれらを使って表されたほかのコンビネータを使って，Q_1 と Q_2 を表せ．

次のような古い中国の格言がある．カーディナル C が存在するならば，怪しげな鳥 Q_2 なくして突拍子もない鳥 Q_1 なく，突拍子もない鳥 Q_1 なくして怪しげな鳥 Q_2 なし．もし，このような格言がないとしたら，格言にすべきである．

問題 21　このような格言には，どんな意味が隠されているのだろうか．

◉Q_3（ひねくれ鳥），Q_4（わめき鳥），Q_5（典型鳥），Q_6（震え鳥）

ひねくれ鳥（quirky bird）Q_3，**わめき鳥**（quacky bird）Q_4，**典型鳥**（quintessential bird）Q_5，**震え鳥**（quivering bird）Q_6 は，それぞれ次の条件によって定義される．

$$Q_3xyz = z(xy)$$

$$Q_4xyz = z(yx)$$

$$Q_5xyzw = z(xyw)$$

$$Q_6xyzw = w(xyz)$$

問題 22　B と T で表すことのできるコンビネータを使って，これらの鳥を表せ．

次のような中国の格言もある．カーディナル C が存在するならば，わめき鳥 Q_4 なくしてひねくれ鳥 Q_3 なく，ひねくれ鳥 Q_3 なくしてわめき鳥 Q_4 なし．もし，このような格言がないとしたら，格言にすべきである．

問題 23　この格言には，どんな意味が隠されているのだろうか．

問題 24　T と Q_1 を使って，Q_4 をどのように表せばよいだろうか．

問題 25　Q は，B と T を使って表せることが分かっている．しかし，また，B は，Q と T を使って表すこともできる．これを証明せよ．（これは，自明とはいえない．）

問題 26　C は，B と T を使うよりも，Q と T を使うほうが簡単に表すことができる．実際，それは 4 文字だけの記号列である．その記号列は，どのようにして作ることができるだろうか．

◉コンビネータ G（ゴールドフィンチ）

[30] において，**ゴールドフィンチ**（goldfinch，オウゴンヒワ）と呼ぶコンビネータ G を導入した．それは，きわめて有用であることが分かった．G は，次の条件によって定義される．

$$Gxyzw = xw(yz)$$

このコンビネータがそれ以前に知られていたかどうかは分からない．

問題 27　B と T を使って，あるいは，すでに B と T を使って表されたコンビネータを使って，G を表せ．

4. λ-I コンビネータ

B, T, M, I を使って表すことのできるコンビネータは，きわめて重要なクラスを形成する．そのクラスの重要性は，次の章で論じる．これらのコンビネータは，λ-I コンビネータとしても知られている．

役に立つコンビネータ M_2 は，次の条件によって定義される．

$$M_2xy = xy(xy)$$

これは，M と B を使って簡単に表すことができる．

問題 28　M と B を使って，M_2 を表せ．

◉コンビネータ W（ワーブラー）と W'（逆ワーブラー）

W は標準的なコンビネータであり，次の条件によって定義される．

$$Wxy = xyy$$

W をラーク L: $Lxy = x(yy)$ と混同しないように．

アロンゾ・チャーチは B, T, M, I を使って W を表す方法を示した．チャーチのやり方は，奇抜で独創的であった．W のチャーチによる記号列は，24 文字と 14 対の括弧を含んでいた．そのすぐあとに，J. B. ロッサーは，B, T, M だけを使って，たった 10 文字で W を表す文字列を見つけた．

[30] では，W を**ワーブラー**（warbler，ウグイス）と呼んだ．B, T, M を使って W を表す前に，まず，**逆ワーブラー**とでも呼べそうな別のコンビネータ W' を考えると便利である．W' は，次の条件によって定義される．

$$W'xy = yxx$$

問題 29　B, T, M を使って W' を表すには，2 通りの興味深い方法がある．その一つの方法は，まず M_2 とロビン R を使って W' を表し，それから，その記号列を B と T に還元するものだ．これによって，5 文字からなる記号列が得られる．もう一つの方法は，まず B, T, M_2 を使って W' を表し，それから，その記号列を B, T, M に還元するもので，これにより異なる記号列が得られる．この記号列もまた 5 文字からなる．この二つの記号列を見つけてほしい．

問題 30　W' とカーディナル C を使って，簡単に W を表すことができる．そうして得られた記号列を B, T, M に還元すると 13 文字になる．しかしながら，W' の選び方によって，2 通りのやり方で 10 文字だけの記号列にまで還元することができる．この二つの記号列を求めよ．

問題 31　M はあきらかに W と T を使って表すことができ，W と I を使っても表すことができる．また，I は，W と K を使って表すこともできる．これらをすべて求めよ．

問題 32　W の役に立つ親戚として，次の条件によって定義される W_1, W_2, W_3 がある．

$$W_1xyz = xyzz$$

$$W_2xyzw = xyzww$$

$$W_3xyzwv = xyzwvv$$

これらは，すべて B, T, M を使って表せること，実際には，W と B を使って表せることを示せ．

◉コンビネータ H（ハミングバード）

コンビネータ H（[30] ではハミングバード（hummingbird，ハチドリ）と名づけた）はうまい使い方のあることが分かっている．コンビネータ H は，次の条件によって定義される．

$$Hxyz = xyzy$$

問題 33　H は，B, C, W を使って表せること，したがって，B, M, T を使って表せることを示せ．

問題 34　W は H と R を使っても表せるし，C, H, R を使うともっときれいに表すことができる．それは，どのようにすればよいか．（ヒント：まず W' を表せ．）

◉ラーク再訪

ラーク L は，条件 $Lxy = x(yy)$ によって定義されることを思い出そう．ラークは，B, T, M を使って何通りにも表すことができる．

問題 35

（a）　L は，B, R, M を使っても表せるし，B, C, M を使っても表せる．そして，後者は B, M, T を使った記号列に還元できることを示せ．

（b）　L は，B と W を使って表せることを示せ．この事実は，かなり重要である．

（c）　私のお気に入りは，M と変な鳥 Q を使って L を表す方法である．これは，もっとも単純でもある．これを，B, M, T に還元すると，(a)と同じ記号列が得られる．それを，実際にやってみよ．

◉コンビネータ S（スターリング）

コンビネータ論理の文献中でもっとも重要なコンビネータの一つは，次の条件で定義されるコンビネータ S である．

$$Sxyz = xz(yz)$$

私は，[30] において，S を**スターリング**（starling，ホシムクドリ）と呼んだ．S がそれほど重要である理由の一つは，考えうるすべてのコンビネータは S と K を使って表すことができるということだ．その意味は，あとの章で正確に定義する．

スターリングは，B, M, T を使って表すことができるし，B, C, W を使えばもっと簡単に表すことができる．B, C, W を使って表す S の標準的な記号列は 7 文字であるが，[30] で，私は 6 文字だけの別の記号列を見つけた．このために，私はゴールドフィンチ G を使った．G は，条件 $Gxyzw =$

$xw(yz)$ によって定義されることを思い出そう．

問題 36　B, W, G を使って S を表し，そして，その結果の記号列を B, C, W に還元せよ．（ヒント：問題 32 の答えで分かったように $B(BW)$ と表すことのできる W_2 を使う．）

ハミングバード H は次の条件によって定義されることを思い出そう．

$$Hxyz = xyzy$$

問題 37　S と R を使って H を表せ．

問題 38　W と M はいずれも，S と T を使って表せることを示せ．

問題 39　S と C を使って，ワーブラー W を表せ．

注　B, C, W を使って表すことのできるコンビネータのクラスは，B, C, S を使って表すことのできるコンビネータのクラスと同じであることが分かった．なぜなら，（問題 36 によって）S は B, C, W を使って表すことができ，（問題 39 によって）W は S, C を使って表すことができるからである．

◉コンビネータの位数

位数 1 のコンビネータとは，Ax が x だけを使って（すなわち，単一の変数で，コンビネータを使わず）表すことのできるコンビネータ A である．たとえば，M は，$Mx = xx$ であり，記号列 xx にはコンビネータを含まないので，位数は 1 になる．また，恒等コンビネータ I も，$Ix = x$ なので，位数は 1 になる．WL も，$WLx = Lxx = x(xx)$ なので，位数は 1 になる．

位数 2 のコンビネータとは，W や L のように，その定義式に二つだけの変数を含む（コンビネータは含まない）ようなコンビネータである．一般に，任意の正整数 n に対して，位数 n のコンビネータとは，その定義式に n 個の変数を含むコンビネータである．置換コンビネータ C, R, F, V は，いずれも B や Q と同じく位数は 3 になる．

すべてのコンビネータが位数をもつわけでない．たとえば，TI はいかなる n も位数としえない．なぜなら，$TIx_1 \cdots x_n = x_1 I x_2 \cdots x_n$ であり，これ以上還元することができない（したがって，この等式の右辺のコンビネー

タ I を取り除くことができない）からである．一方，IT は，T に等しいので，位数は2になる．

任意のコンビネータ A_1 と A_2 に対して，コンビネータ RA_1A_2 は CA_2A_1 に等しいという事実は有用なので注記しておこう．この事実が成り立つのは，$RA_1A_2x = A_2xA_1$ であり，また，$CA_2A_1x = A_2xA_1$ であるからである．

◉P 群のコンビネータ

問題 40　次の条件を満たすコンビネータ P, P_1, P_2, P_3 のうちのいくつかを活用しよう．

(a) $$Pxyz = z(xyz)$$

(b) $$P_1xyz = y(xxz)$$

(c) $$P_2xyz = x(yyz)$$

(d) $$P_3xyz = y(xzy)$$

これらは，B, M, T を使って表すことができるし，実際には，B, Q, W を使って（したがって，B, C, W を使って）表すこともできる．それはどのようにすればよいだろうか．

問題 41　M は，P と I を使って表せることを示せ．

◉Φ 群のコンビネータ

のちほど，次の条件によって定義されるコンビネータ Φ, Φ_2, Φ_3, Φ_4 が必要になる．

$$\Phi xyzw = x(yw)(zw)$$

$$\Phi_2 xyzw_1w_2 = x(yw_1w_2)(zw_1w_2)$$

$$\Phi_3 xyzw_1w_2w_3 = x(yw_1w_2w_3)(zw_1w_2w_3)$$

$$\Phi_4 xyzw_1w_2w_3w_4 = x(yw_1w_2w_3w_4)(zw_1w_2w_3w_4)$$

問題 42　（a）B と S を使って，Φ を表せ．（b）それぞれの n に対して，次の条件を満たすコンビネータ Φ_n は B と S を使って表せることを，数学的帰納法によって示せ．

$$\Phi_n xyzw_1 \cdots w_n = x(yw_1 \cdots w_n)(zw_1 \cdots w_n)$$

問題の解答

問題 1　まず，B が存在するならば，合成条件が成り立たなければならないことに注意しよう．なぜなら，任意の要素 x と y に対して，x に y を結合させる要素は Bxy だからである．($(Bxy)z$ は $Bxyz$ であり，これは $x(yz)$ である．)

第 8 章の問題 1 の答えから，C が x に M を結合させる任意の要素ならば，CC は x の不動点であること（この結果を定理 1^* として述べた）を思い出そう．BxM は x に M を結合させるので，$BxM(BxM)$ は x の不動点である．しかし，M の定義によって（それを $M(BxM)$ の先頭の M に適用すると），$BxM(BxM)$ は $M(BxM)$ にも等しい．したがって，$M(BxM)$ もまた，（すべての x に対して）x の不動点になる．本章と次章では，この結果を何度も用いる．

問題 2　B が存在するので，合成条件が成り立つ．すると，第 8 章の問題 2 の答えによって，M の任意の不動点は自己中心的である．ここで，（問題 1 において x を M とすると）$M(BMM)$ は M の不動点であり，したがって，$M(BMM)$ は自己中心的である．念のために，これをもう一度確認する．乱雑にならないように，A を BMM とする．このとき，MA が自己中心的であることを示さなければならない．$MA = M(BMM) = BMM(BMM)$ であるが，B はブルーバードなので，$BMM(BMM) = M(M(BMM))$ である．すると，$M(M(BMM)) = M(MA) = MA(MA)$ が得られる．したがって，$MA = MA(MA)$ であり，MA は自己中心的である．

問題 3　第 8 章の問題 20 (b) によって，ケストレル K の任意の不動点は自己陶酔的である．（問題 1 の答えによって）$M(BKM)$ は K の不動点なので，自己陶酔的でなければならない．（これは，$M(BKM)x = M(BKM)$ を示すことによって，簡単に確かめることができる．）

問題 4

（1）（a）D を BB とすると，うまくいくことを確かめよう．$BBxy = B(xy)$ なので，$BBxyz = B(xy)z$ である．このとき，

$$BBxyzw = B(xy)zw = xy(zw)$$

となる．したがって，$Dxyzw = xy(zw)$ である．

（b）B_1 を DB とすると，これは B だけを使って表すこともできる．なぜなら，D は B だけを使って表すことができるからである．この定義でうまくいくことは，次のようにして分かる．

$$B_1xyz = DBxyz = Bx(yz)$$

であるから，

$$B_1xyzw = Bx(yz)w = x((yz)w) = x(yzw)$$

となる．$D = BB$ なので，$DB = BBB$ である．すなわち，B だけを使って表すと $B_1 = BBB$ となる．

（c）E を BB_1 とする．これは，B だけを使って表すと $B(BBB)$ である．この定義でうまくいくことは，次のようにして分かる．$Exy = BB_1xy = B_1(xy)$ であり，したがって

$$Exyzwv = B_1(xy)zwv = xy(zwv)$$

となる．

（d）B_2 を EB（これは，B だけを使うと $B(BBB)B$ である）とすると，

$$B_2xyzw = EBxyzw = Bx(yzw)$$

である．したがって，

$$B_2xyzwv = EBxyzwv = Bx(yzw)v = x(yzwv)$$

となる．

（e）D_1 を B_1B とする．あるいは，D_1 を BD とすることもできる．実際，B_1B は BD と同じものである．なぜなら，

$$B_1B = BBBB = B(BB) = BD$$

であるからだ．D_1 を B_1B とするほうが，うまくいくことを素早く確かめられる．

$$D_1xyz = B_1Bxyz = B(xyz)$$

なので，

$$D_1xyzwv = B_1Bxyzwv = B(xyz)wv = xyz(wv)$$

となる．

（f）B^+ を D_1B とすると，

$$B^+xyzw = D_1Bxyzw = Bxy(zw) = x(y(zw))$$

となる．

（g）D_2 を DD とすると，

$$D_2xyzwv = DDxyzwv = Dx(yz)wv = x(yz)(wv)$$

となる．

（h）$\hat{E}$ を EE とすると，

$$\begin{aligned}\hat{E}xy_1y_2y_3z_1z_2z_3 &= EExy_1y_2y_3z_1z_2z_3 = Ex(y_1y_2y_3)z_1z_2z_3 \\ &= x(y_1y_2y_3)(z_1z_2z_3)\end{aligned}$$

となる．

（2） コンビネータ

$$B_n x y_1 \cdots y_{n+2} = x(y_1 \cdots y_{n+2}), \qquad (n \geq 0)$$

は，すべてコンビネータ B を使って定義できることを，数学的帰納法を用いて示そう．まず，B_0 は B そのものであることが分かっている．つぎに，B_n はコンビネータ B を使って定義できると仮定する．このとき，次のようにして，$B_{n+1} = BBB_n$ であることが分かる．

$$\begin{aligned} & B_{n+1} x y_1 y_2 \cdots y_{n+2} y_{n+3} = BBB_n x y_1 y_2 \cdots y_{n+2} y_{n+3} \\ & = B(B_n x) y_1 y_2 \cdots y_{n+2} y_{n+3} = (B_n x)(y_1 y_2) \cdots y_{n+2} y_{n+3} \\ & = x((y_1 y_2) \cdots y_{n+2} y_{n+3}) = x(y_1 y_2 \cdots y_{n+2} y_{n+3}) \end{aligned}$$

問題 5　実際，T の任意の不動点 A はすべての要素 x と可換になる．なぜなら，$TA = A$ と仮定すると，すべての要素 x に対して，$Ax = TAx = xA$ であることが分かる．したがって，A は x と可換である．

問題 6　R を BBT とすると，

$$Rxyz = BBTxyz = B(Tx)yz = Tx(yz) = yzx$$

となる．

問題 7　実際には，C は R だけで表すことができる．C を RRR とすると，

$$Cxyz = RRRxyz = RxRyz = Ryxz = xzy$$

となる．

問題 8　B と T を使うと，$C = BBT(BBT)(BBT)$ となり，これは 9 文字である．これは，チャーチの見つけた $B(T(BBT))(BBT)$ に等しい．

問題 9　簡単にできる．T を CI とすればよい．すると，$Txy = CIxy = Iyx = yx$ となる．

問題 10　できる．R を CC とすればよい．すると，$Rxyz = CCxyz = Cyxz = yzx$ となる．

問題 11

（a） BCR はフィンチである．なぜなら，

$$BCRxyz = C(Rx)yz = (Rx)zy = Rxzy = zyx$$

となるからである．B と R を使うと，$F = B(RRR)R$ と表すことができる．B と C を使うと，$F = BC(CC)$ と表すことができる．

（b）　$ETTET$ はフィンチである．なぜなら，

$$ETTETxyz = TT(ETx)yz = Tx(Tyz) = Tyzx = zyx$$

となるからである．
フィンチを表す記号列 BCR は，B と T を使うと 12 文字（C は 8 文字，R は 3 文字）で表せるが，フィンチを表す記号列 $B(RRR)R$ は，B と T を使うと 13 文字になることを付記しておく．そして，フィンチを表す記号列 $BC(CC)$ は，B と T を使うと 25 文字になる．

$F = ETTET$ に関しては，E を $B(BBB)$ で置き換えると，そのままでは 11 文字の記号列になるが，B と T を使うと次のように 8 文字だけに還元できる．

$$ETT = B(BBB)TT = BBB(TT) = B(B(TT))$$

であるから，

$$ETTET = B(B(TT))ET = B(TT)(ET) = B(TT)(B(BBB)T)$$

となる．したがって，E と T を使って F を表し，その記号列を B と T を使った記号列に還元すると，フィンチ F を表す最短の記号列が得られる．

問題 12　V を CF とすると，$CFxyz = Fyxz = zxy$ となる．

注　記号列 CF は，B と T に還元すると，16 文字になる．（なぜなら，C と F はともに 8 文字になるからである．）この 16 文字の記号列を，さらに還元することはできない．しかしながら，この後で分かるように，B と T を使って V を表す記号列で 10 文字のものがある．

問題 13　$CVxyz = Vyxz = zyx$ なので，CV はフィンチ F である．

問題 14　任意の要素 A に対して，要素 RAK は恒等コンビネータでなければならない．なぜなら，$RAKx = KxA = x$ となるからである．とくに，RKK と RRK はともに恒等コンビネータである．

問題 15　C^*, R^*, F^*, V^* は次のようにして表される．

（a）　C^* を BC とすると，$BCwxyz = C(wx)yz = wxzy$ となる．

（b）　B と C を使って C^* を表せたので，R^* は実際には C^* だけを使って表すことができる．R^* を C^*C^* とすると，$C^*C^*wxy = C^*wyx$ となる．したがって，

$$C^*C^*wxyz = C^*wyxz = wyzx = R^*wxyz$$

となるので，B と C を使うと $R^* = BC(BC)$ となる．

（c）　F^* を BC^*R^* とすると，

$$BC^*R^*wxyz = C^*(R^*w)xyz = R^*wxzy = wzyx$$

となる．

（d）V^* を C^*F^* とすると，$C^*F^*wxyz = F^*wyxz = wzxy$ となる．

問題 16　一網打尽に解決する鍵は次のとおり．A を 4 種類のコンビネータ C, R, F, V のいずれかとする．このとき，A^{**} を BA^* とすればよい．なぜなら，xyz の置換 abc に対して，$Axyz = abc$ ならば，$A^*wxyz = wabc$ であり，

$$A^{**}vwxyz = BA^*vwxyz = A^*(vw)xyz = (vw)abc = vwabc$$

となるからである．

問題 17　V を C^*T とすると，

$$C^*Txyz = Txzy = zxy$$

となる．したがって，C^*T はヴィレオである．

問題 18　もちろん，できる．コンビネータ T そのものが，そのようなコンビネータである．なぜなら，$Txy = yx$ なので，$Txyz = yxz$ となるからである．

問題 19　記号列 CB は

$$CBxyz = Byxz = y(xz) = Qxyz$$

となる．したがって，Q を CB とすればよい．

問題 20　Q_1 を C^*B とすると，$C^*Bxyz = Bxzy = x(zy)$ である．また，Q_2 を R^*B とすると，$R^*Bxyz = Byzx = y(zx)$ である．

問題 21　Q_2 は C と Q_1 を使って表すことができ，Q_1 は C と Q_2 を使って表すことができるということだ．

$$CQ_1xyz = Q_1yxz = y(zx) = Q_2xyz$$
$$CQ_2xyz = Q_2yxz = x(zy) = Q_1xyz$$

問題 22

Q_3:　Q_3 を V^*B とすると，$V^*Bxyz = Bzxy = z(xy)$ である．そのかわりに，Q_3 を $BC(CB)$ または QQC とすることもできる．B と T を使うのであれば，単純に Q_3 を BT とすればよい．

Q_4:　Q_4 を F^*B とすると，

$$F^*Bxyz = Bzyx = z(yx)$$

となる．そのかわりに，Q_4 を CQ_3 とすることもでき，

$$CQ_3xyz = Q_3yxz = z(yx)$$

となる．

Q_5:　Q_5 を BQ とすると，$BQxyzw = Q(xy)zw = z(xyw)$ となる．

Q_6:　Q_6 を $B(BC)Q_5$ とすると，

$$\begin{aligned} Q_6xyzw &= B(BC)Q_5xyzw = (BC)(Q_5x)yzw \\ &= C(Q_5xy)zw = Q_5xywz = w(xyz) \end{aligned}$$

となる．

問題 23　Q_4 は C と Q_3 を使って表すことができ，Q_3 は C と Q_4 を使って表すことができる．

$$CQ_3xyz = Q_3yxz = z(yx) = Q_4xyz$$
$$CQ_4xyz = Q_4yxz = z(xy) = Q_3xyz$$

問題 24　Q_4 は，Q_1T として表すことができる．

$$Q_1Txyz = T(yx)z = z(yx) = Q_4xyz$$

問題 25　ブルーバード B は，次のようにして $QT(QQ)$ と同じものであることが分かる．

$$QT(QQ)xyz = QQ(Tx)yz = Tx(Qy)z = Qyxz = x(yz) = Bxyz$$

問題 26　カーディナル C は，$QQ(QT)$ と表すことができる．

$$QQ(QT)xyz = QT(Qx)yz = Qx(Ty)z = Ty(xz) = xzy = Cxyz$$

問題 27　G を BBC とすると，

$$BBCxyzw = B(Cx)yzw = Cx(yz)w = xw(yz)$$

となる．

問題 28　あきらかに，M_2 を BM とすればよい．

$$BMxy = M(xy) = xy(xy) = M_2xy$$

問題 29　一つ目のやり方では，W' を M_2R とすればよい．なぜなら，

$$M_2Rxy = Rx(Rx)y = Rxyx = yxx = W'xy$$

となるからである．これを B, T, M に還元すると，M_2 は BM になり，R は BBT になるので，記号列 $BM(BBT)$ が得られる．

W' を表す二つ目のやり方は，W' を $B(M_2B)T$ とすればよい．この場合には，

$$B(M_2B)Txy = M_2B(Tx)y = B(Tx)(B(Tx))y$$
$$= Tx(B(Tx)y) = B(Tx)yx = Tx(yx) = yxx = W'xy$$

となるからである．M_2 を BM とすると，この W' は $B(BMB)T$ に還元される．したがって，B, T, M を使って W' を表す 2 通りの記号列 $BM(BBT)$ と $B(BMB)T$ が得られた．

問題 30　$CW'xy = W'yx = xyy = Wxy$ なので，CW' はワーブラーである．

任意の x に対して $Cx = B(Tx)R$ であるというすでに注意した事実（これは，この章の問題 10 の直後に示した）を使うと，$CW' = B(TW')R$ になる．すなわち，$B(TW')R$ はワーブラーである．したがって，（$R = BBT$ なので）$B(TW')BBT$ はワーブラーである．問題 29 で見たように，W' を $BM(BBT)$ か $B(BMB)T$ のいずれかとすると，W は

$$B(T(BM(BBT)))BBT \text{ または } B(T(B(BMB)T))BBT$$

のいずれかになる．後者は，ロッサーによる W の記号列である．

問題 31

$$WTx = Txx = xx = Mx$$
$$WIx = Ixx = xx = Mx$$
$$WKx = Kxx = x = Ix$$

問題 32　W_1 を BW，W_2 を BW_1，W_3 を BW_2 とすればよい．

$$BWxyz = W(xy)z = xyzz = W_1xyz$$
$$BW_1xyzw = W_1(xy)zw = (xy)zww = xyzww = W_2xyzw$$
$$BW_2xyzwv = W_2(xy)zwv = (xy)zwvv = xyzwvv = W_3xyzwv$$

注　一般に，任意の n に対して，W_{n+1} を BW_n とすると，すべての n に対して

$$W_nxy_1 \cdots y_nz = xy_1 \cdots y_nzz$$

となることが数学的帰納法によって示せる．

問題 33　H を W^*C^* とすると，これは $BW(BC)$ である．このとき，

$$Hxy = W^*C^*xy = C^*xyy$$

であり，したがって，

$$C^*xyyz = xyzy = Hxyz$$

となる．

問題 34　まず，W' を HR とする．すなわち，$HRxy = Rxyx = yxx = W'xy$ である．そして，W を CW' とすると，$CW'xy = W'yx = xyy = Wxy$ となるので，これはワーブラーである．すなわち，$C(HR)$ はワーブラーであり，C は RRR なので，ワーブラーは H と R だけを使っても表すことができる．

問題 35

（a）RMB はラークである．なぜなら，$RMBxy = BxMy = x(My) = x(yy) = Lxy$ となるからである．また，CBM もラークである．（そうなることを確かめよ．）B, M, T を使って RMB を表すために，RMB の R を BBT とすると

$$RMB = BBTMB = B(TM)B$$

となるので，$B(TM)B$ はラークである．

（b）BWB はラークである．なぜなら，

$$BWBxy = W(Bx)y = Bxyy = x(yy) = Lxy$$

となるからである．

（c）QM はラークである．なぜなら，$QMxy = x(My) = x(yy) = Lxy$ となるからである．これを B, M, T に還元するには，（問題19によって $Q = CB$ なので）$QM = CBM$ を使う．また，任意の x と y に対して，$Cxy = Ryx$ という事実を用いる．これは，（問題7によって）$Cxy = RRRxy = RxRy = Ryx$ となるからである．すると，とくに $CBM = RMB$ なので，$QM = RMB$ となる．これは，(a)で L の記号列として得られたものであり，$B(TM)B$ に還元される．

問題 36　問題32において，W_2 は条件 $W_2xyzw = xyzww$ によって定義され，問題32の答えでは，B と W を使うと W_2 は $B(BW)$ になると分かったことを思い出そう．スターリング S は W_2G とすることができる．なぜなら，$W_2Gxyz = Gxyzz = xz(yz) = Sxyz$ となるからである．問題27の答えで $G = BBC$ となることが分かっているので，S は B, C, W を使って $B(BW)(BBC)$ と表せることが分かる．

問題 37　SR はハミングバードである．なぜなら，$SRxyz = Ry(xy)z = xyzy = Hxyz$ となるからである．

問題 38

（a）ST はワーブラーである．なぜなら，$STxy = Ty(xy) = xyy = Wxy$ となるからである．

（b）STT はモッカーである．なぜなら，$STTx = Tx(Tx) = Txx = xx = Mx$ となるからである．このことは，次のようにしても分かる．（問題 31 の答えで）WT がモッカーであると分かっていることから，（$STxy = Ty(xy) = xyy = Wxy$ なので）W を ST とすることができ，STT はモッカーであると分かる．

問題 39　問題 34 によって，$C(HR)$ はワーブラー W である．問題 37 の答えによって，SR はハミングバード H である．したがって，$C(SRR)$ はワーブラーである．しかし，問題 10 の答えによって，CC はロビン R なので，W を $C(S(CC)(CC))$ とすることができる．

問題 40

（a）P を W_2Q_5 とすると，$W_2Q_5xyz = Q_5xyzz = z(xyz) = Pxyz$ となる．

（b）P_1 を LQ とすると，$LQxyz = Q(xx)yz = y(xxz) = P_1xyz$ となる．

（c）P_2 を CP_1 とすると，$CP_1xyz = P_1yxz = x(yyz) = P_2xyz$ となる．

（d）P_3 を BCP とすると，

$$BCPxyz = C(Px)yz = Pxzy = y(xzy) = P_3xyz$$

となる．

問題 41　M を PII とすると，$PIIx = x(IIx) = x(Ix) = xx = Mx$ となる．

問題 42

（a）Φ を $B(BS)B$ とすると，

$$\begin{aligned} B(BS)Bxyzw &= BS(Bx)yzw = S(Bxy)zw \\ &= Bxyw(zw) = x(yw)(zw) = \Phi xyzw \end{aligned}$$

となる．

（b）$\Phi_1 = \Phi$ とする．ここで，Φ_n は，等式

$$\Phi_n xyzw_1 \cdots w_n = x(yw_1 \cdots w_n)(zw_1 \cdots w_n)$$

で示されるように定義されると仮定する．Φ_{n+1} を $B\Phi_n\Phi$ とすれば，

$$\begin{aligned} B\Phi_n\Phi xyzw_1 \cdots w_n w_{n+1} &= \Phi_n(\Phi x)yzw_1 \cdots w_n w_{n+1} \\ &= (\Phi x)(yw_1 \cdots w_n)(zw_1 \cdots w_n)w_{n+1} \\ &= x(yw_1 \cdots w_{n+1})(zw_1 \cdots w_{n+1}) \\ &= \Phi_{n+1} xyzw_1 \cdots w_{n+1} \end{aligned}$$

となる．

第 10 章

賢者，預言者，それらの二重化

◉賢者再び

賢者コンビネータとは，すべての x に対して θx が x の不動点になること，言い換えると，$x(\theta x) = \theta x$ となるようなコンビネータ θ であったことを思い出そう．

文献中のいくつかの論文は，賢者コンビネータの構成だけに焦点をあてている．

第 8 章では，賢者コンビネータを構成することはせず，モッカー M が存在し，合成条件が成り立つならば，賢者コンビネータが存在することだけを証明した．ここでは，いくつかのやり方で賢者コンビネータを構成する．

問題 1 $Rxyz = yzx$ であることを思い出して，B, M, ロビン R を使って賢者コンビネータを構成せよ．（ヒント：第 9 章の問題 1 の答えから，$M(BxM)$ が x の不動点であることを使う．）

問題 2 つぎに，B, M, カーディナル C を使って，賢者コンビネータを構成せよ．

問題 3 M, B, ラーク L を使うと，もっと簡単に賢者コンビネータを構成できる．そのような構成の一つは，問題 1 と 2 の単純な別解になっている．それを見つけることができるだろうか．

問題 4 B, M, W を使って，賢者コンビネータを構成せよ．

B, W, C を使って賢者コンビネータを表すのは，少し難しい．そのような方法をいくつか検討しよう．

問題 5　まず，B, L, 変な鳥 Q（$Qxyz = y(xz)$）を使って，賢者コンビネータを構成せよ．

問題 6　前問の結果を用いて，B, W, C を使って賢者コンビネータを表す記号列を書き表せ．

問題 7　Q, M, L を使うと，とくに巧妙かつ単純に賢者コンビネータを構成できる．それを見つけることができるだろうか．

問題 8　実際には，Q と M だけから，賢者コンビネータを構成することができる．それは，どのようにすればよいだろうか．

条件 $Sxyz = xz(yz)$ を満たすスターリング S を思い出そう．

問題 9　L と S を使って，賢者コンビネータを構成せよ．

問題 10　それでは，B, W, S を使って，賢者コンビネータが構成できることを示せ．これには何通りかのやり方があるが，そのうちの一つは 5 文字しか使わない．（解答に示した 5 文字を使った賢者コンビネータは，カリーによるものである．）

問題 11　M と P（$Pxyz = z(xyz)$）を使って，賢者コンビネータを構成せよ．

問題 12　P と W を使って，賢者コンビネータを構成せよ．

問題 13　P と I を使って，賢者コンビネータを構成せよ．

◉チューリング・コンビネータ

1937 年に，偉大なアラン・チューリングは，注目すべきコンビネータ U を発見した．すぐこのあとで，それに驚かされることになる．U は次の条件によって定義される．

$$Uxy = y(xxy)$$

U は，突き詰めていくと，B, T, M を使って何通りかに表すことができる．（また，S, L, I を使って表すこともできる．）

問題 14　W_1 と P_1 を使って，U を表せ．

問題 15　W と P を使って，U を表せ．

問題 16　P と M を使って，U を表せ．

問題 17　S, I, L を使って，U を表せ．

そして，次の問題にはアッと驚かされる．

問題 18　U だけを使って表すことのできる賢者コンビネータが存在する．それはどのようにすればよいか．

◉預言コンビネータ O

真に驚くべきコンビネータ O は，次の条件によって定義される．

$$Oxy = y(xy)$$

O がそれほどまでに驚くべきものである理由は，すぐにわかる．[30] では，O をオウル（owl，フクロウ）と名づけたが，もっと立派な名前である**預言コンビネータ**のほうが好ましく，O にふさわしい．

問題 19　Q と W を使って，O を表せ．

問題 20　B, C, W を使って，O を表せ．

問題 21　S と I を使って，O を表せ．

問題 22　P と I を使って，O を表せ．

問題 23　O, B, M を使って，賢者コンビネータを構成せよ．

問題 24　O と L を使って，賢者コンビネータを構成せよ．

問題 25　O, B, M を使って，チューリング・コンビネータ U を表せ．

問題 26　O と L を使って，チューリング・コンビネータ U を表せ．

さて，預言コンビネータ O がそれほどまでに驚くべきものである理由は何か．問題 23 と 24 の解答において，O とほかのコンビネータを使って 2 種類の賢者を構成し，どちらの場合もその賢者は O の不動点になっていることが分かった．これは，偶然の一致だろうか．いや，そうではない．預言コンビネータ O についての一つ目の驚くべき事実は，O の不動点はすべて賢者であるということだ．

問題 27　O の不動点はすべて賢者コンビネータであることを証明せよ．

そして，O についての二つ目の驚くべき事実は，問題 27 の逆が成り立つこと，すなわち，すべての賢者は O の不動点であることだ．したがって，O のすべての不動点のクラスは，すべての賢者のクラスと同じなのである．

問題 28　すべての賢者コンビネータは O の不動点であることを証明せよ．

◉二重賢者対

対 (y_1, y_2) は，$x_1 y_1 y_2 = y_1$ かつ $x_2 y_1 y_2 = y_2$ ならば，対 (x_1, x_2) の**二重不動点**と呼ばれる．すべての対 (x_1, x_2) が二重不動点をもつならば，その体系は**弱二重不動点性**をもつという．すべての x と y に対して，対 $(\theta_1 xy, \theta_2 xy)$ が (x, y) の二重不動点になる，すなわち，

$$x(\theta_1 xy)(\theta_2 xy) = \theta_1 xy$$

かつ

$$y(\theta_1 xy)(\theta_2 xy) = \theta_2 xy$$

となるような対 (θ_1, θ_2) が存在するならば，その体系は**強二重不動点性**をもつという．このような対 (θ_1, θ_2) は，**二重賢者対**，あるいは，**二重賢者コンビネータ**と呼ばれる．

コンビネータ B, M, T から二重賢者対を構成する方法は数多くある．それらのうちのいくつかは，[33] の第 17 章にある．そして，そのうちの一つをここで検討しよう．練習問題として読者に委ねたほかのものの答えは，[33] にある．

◉コンビネータ N

私のお気に入りの二重賢者対の構成は，次の条件を満たすコンビネータ N を使う．

$$Nzxy = z(Nxxy)(Nyxy)$$

このような N が存在することは，あきらかに，この体系が弱二重不動点性をもつことを含意する．

問題 29　その理由が分かるだろうか．

二重賢者対の構成を考える前に，最終的に B, T, M を使って N を表す方法を見ておこう．そのためには，次の条件によって定義されるコンビネータ n を用いる．

$$nwzxy = z(wxxy)(wyxy)$$

問題 30

（a）　B, C, W を使って，あるいは，これらを使って表されるコンビネータを使って，n を表せ．（C, W, W^*, V^*, Φ_3 を使って直接 n を表すのがもっとも簡単である．）

（b）　つぎに，n の任意の不動点（$M(Ln)$）が N になることを示せ．

問題 31　N, C, W, W_1 を使って，(θ_1, θ_2) が二重賢者対となるような θ_1 と θ_2 を構成できることを示せ．

◉二重預言コンビネータ

対 (A_1, A_2) は，そのすべての二重不動点が二重賢者対ならば，**二重預言コンビネータ**と呼ぶことにしよう．すべての二重賢者対は，任意の二重預言コンビネータ (A_1, A_2) の不動点であることが分かる．

喜ばしいことに，B, T, M が存在すれば，二重預言コンビネータは存在する．

O_1 と O_2 を次の条件によって定義する．

$$O_1zwxy = x(zxy)(wxy)$$

$$O_2zwxy = y(zxy)(wxy)$$

問題 32　(O_1, O_2) は二重預言コンビネータであることを示せ．

問題の解答

問題 1　（第 9 章の問題 1 の答えによって）$BxM(BxM) = M(BxM)$ は x の不動点なので，$\theta x = M(BxM)$ となるコンビネータ θ を求めたい．まず，R の定義によって，$BxM = RMBx$ なので，$M(BxM) = M(RMBx)$ となる．また，B の定義によって，

$$M(RMBx) = BM(RMB)x$$

となるので，θ を $BM(RMB)$ とすればよい．

問題 2　前章の最後に述べた，任意のコンビネータ A_1 と A_2 に対して，コンビネータ RA_1A_2 は CA_2A_1 に等しいという事実を使おう．とくに，RMB は CBM に等しいので，$RMBx = CBMx$ となる．すると，$M(RMBx)$ は x の不動点なので，$M(CBMx)$ も x の不動点である．また，$M(CBMx) = BM(CBM)x$ である．したがって，θ を $BM(CBM)$ とすればよい．

問題 3　$Lx(Lx)$ は x の不動点であるという事実を使う．すなわち，$M(Lx)$ は x の不動点であり，これは $BMLx$ でもある．したがって，BML は賢者コンビネータである．

前章（の問題 35 の答え）で RMB はラークであり，RMB に等しい CBM もラークであることを証明した．BML の L を RMB または CBM で置き換えることができて，$BM(RMB)$ と $BM(CBM)$ はともに賢者コンビネータであることが示せた．

これは問題 1 と 2 の別解を示している．

問題 4　第 9 章の問題 35 の解答において分かったように，BWB もラークである．したがって，BML の L も BWB で置き換えることができて，$BM(BWB)$ もまた賢者コンビネータであることが示せた．

問題 5　ここでも，$Lx(Lx)$ は x の不動点であるという事実を用いる．このとき，

$$W(QL(QL))x = QL(QL)xx = QL(Lx)x = Lx(Lx)$$

であり，したがって，$W(QL(QL))$ は賢者コンビネータである．

問題 6　$W(QL(QL))$ が賢者コンビネータであることを前問で証明した．（第 9 章の問題 19 の答えによって）Q を CB とすると，記号列 $W(CBL(CBL))$ が得られ，これは，$W(B(CBL)L)$ に短縮できる．このとき，第 9 章の問題 35 の答えによって，L を BWB とすると，

$$W(B(CB(BWB))(BWB))$$

が賢者コンビネータとして得られる．この問題の別解は，のちほど求めよう．

問題 7　再び，$Lx(Lx)$ は x の不動点であり，したがって，$M(Lx)$ も x の不動点であるという事実を使う．しかし，$M(Lx) = QLMx$ である．したがって，QLM は賢者コンビネータである．

問題 8　前問の記号列 QLM において，（第 9 章の問題 35 によって）L を QM とすることができ，これによって，別の賢者コンビネータとして $Q(QM)M$ が得られる．

問題 9　$Lx(Lx)$ は x の不動点である．しかし，$SLLx = Lx(Lx)$ である．したがって，SLL は賢者コンビネータである．

問題 10　S, W, B を使って賢者コンビネータを構成する一つの方法は次のとおりである．（前問の解答で示したように）SLL は賢者コンビネータなので，SLL の L を BWB とすると，$S(BWB(BWB))$ が得られるが，これは $S(W(B(BWB)))$ に短縮できて 6 文字である．しかしながら，もっと賢く経済的なやり方がある．それは W の定義を使って，$SLL = WSL$ とするのである．ここで，WSL の L を BWB で置き換えると，賢者コンビネータ $WS(BWB)$ が得られ，こちらのほうが 1 文字短い．これが，カリーによる賢者コンビネータの記号列である．

（第 9 章の問題 36 によって）S は B, C, W を使って表すことができるので，B, C, W を使って 3 種類目の賢者コンビネータが得られることに注意しよう．

問題 11　$M(PM)$ は賢者コンビネータである．ならぜなら，$M(PM)x = PM(PM)x = x(M(PM)x)$ となるからである．

問題 12　$WP(WP)$ は賢者コンビネータである．なぜなら，$WP(WP)x = P(WP)(WP)x = x((WP)(WP)x)$ となるからである．

問題 13　$PII(P(PII))$ は賢者コンビネータである．なぜなら，$M(PM)$ は問題 11 の解答によって賢者コンビネータであり，第 9 章の問題 41 で見たように，M は PII と表すことができるからである．

問題 14　W_1P_1 はチューリング・コンビネータである．なぜなら，$W_1P_1xy = P_1xyy = y(xxy) = Uxy$ となるからである．

問題 15　WP もチューリング・コンビネータである．なぜなら，

$$WPxy = Pxxy = y(xxy) = Uxy$$

となるからである．

問題 16　PM もチューリング・コンビネータである．なぜなら，

$$PMxy = y(Mxy) = y(xxy) = Uxy$$

となるからである．

問題 17　$L(SI)$ もチューリング・コンビネータである．なぜなら，

$$L(SI)xy = SI(xx)y = Iy(xxy) = y(xxy) = Uxy$$

となるからである．

問題 18　式 $Uxy = y(xxy)$ において，x に U を代入すると，$UUy = y(UUy)$ が得られる．したがって，UU は賢者コンビネータである．

問題 19　QQW は預言コンビネータである．なぜなら，$QQWxy = W(Qx)y = Qxyy = y(xy) = Oxy$ となるからである．

問題 20　前問の QQW の Q を CB とすると，$CB(CB)W$ は預言コンビネータであることが分かる．

問題 21　SI は預言コンビネータである．なぜなら，$SIxy = Iy(xy) = y(xy) = Oxy$ となるからである．

問題 22　PI は預言コンビネータである．なぜなら，$PIxy = y(Ixy) = y(xy) = Oxy$ となるからである．

問題 23　問題 25 の解答を参照のこと．

問題 24　問題 26 の解答を参照のこと．

問題 25　BOM はチューリング・コンビネータである．なぜなら，

$$BOMxy = O(Mx)y = y(Mxy) = y(xxy) = Uxy$$

となるからである．

BOM はチューリング・コンビネータであり，任意のチューリング・コンビネータ U に対して（問題 18 の答えによって）UU は賢者なので，$BOM(BOM)$ は賢者である．（これは直接確かめることもできる．）これで問題 23 が解けた．

$BOM(BOM)$ は O の不動点でもあることに注意しよう．実際には，（第 9 章の問題 1 の解答で述べ，この章の問題 1 の解答でも言及したように）任意の x に対して，$BxM(BxM)$ は x の不動点である．

問題 26　LO はチューリング・コンビネータである．なぜなら，$LOxy = O(xx)y = y(xxy) = Uxy$ となるからである．ここで，LO はチューリング・コンビネータなので，$LO(LO)$ は賢者コンビネータであり，これで問題 24 が解けた．（ここで，「見ろ！見ろ！賢者だ！(Lo! Lo! A sage!!)」と言うことができる．）また，$LO(LO)$ は，賢者コンビネータであるだけでなく，O の不動点でもある．

問題 27　A を O の不動点と仮定する．すると，$OA = A$ である．したがって，

$$Ax = OAx = x(Ax)$$

となる．$Ax = x(Ax)$ なので，A は賢者である．

問題 28　任意の賢者 θ を考えると，任意の x に対して，$\theta x = x(\theta x)$ となる．また，$O\theta x = x(\theta x)$ である．したがって，$\theta x = O(\theta x)$ である．（両辺はともに $x(\theta x)$ に等しい．）すべての項 x に対して $\theta x = O\theta x$ なので，$\theta = O\theta$ が導かれる．これは，θ が O の不動点ということである．

問題 29　等式 $Nzxy = z(Nxxy)(Nyxy)$ において，z に x を代入すると，

$$Nxxy = x(Nxxy)(Nyxy) \tag{1}$$

が得られる．つぎに，等式 $Nzxy = z(Nxxy)(Nyxy)$ において，z に y を代入すると，

$$Nyxy = y(Nxxy)(Nyxy) \tag{2}$$

が得られる．式 (1) と (2) によって，対 $(Nxxy, Nyxy)$ は (x, y) の二重不動点である．

問題 30

（a）n を $C(V^*\Phi_3 W(W_2 C))$ とすると，$nwzxy = z(wxxy)(wyxy)$ となることを確かめるのは読者に委ねる．

（b）N を n の任意の不動点とすると，$N = nN$ である．したがって，

$$Nzxy = nNzxy = z(Nxxy)(Nyxy)$$

となる．

問題 31　θ_1 を WN とし，θ_2 を $W_1(CN)$ とすると，

（a）$\theta_1 xy = WNxy = Nxxy$ なので，$\theta_1 xy = Nxxy$ となる．

（b）$\theta_2 xy = W_1(CN)xy = CNxyy = Nyxy$ なので，$\theta_2 xy = Nyxy$ となる．ここで

（1）$Nxxy = x(Nxxy)N(yxy)$

（2）　$Nyxy = y(Nxxy)N(yxy)$

である．$Nxxy = \theta_1 xy$ かつ $Nyxy = \theta_2 xy$ なので，(1) と (2) によって，

（1′）　$\theta_1 xy = x(\theta_1 xy)(\theta_2 xy)$

（2′）　$\theta_2 xy = y(\theta_1 xy)(\theta_2 xy)$

が得られる．したがって，(θ_1, θ_2) は二重賢者対である．

問題 32　(A_1, A_2) が (O_1, O_2) の二重不動点だと仮定すると，$O_1 A_1 A_2 = A_1$ かつ $O_2 A_1 A_2 = A_2$ である．すると，

$$A_1 xy = O_1 A_1 A_2 xy = x(A_1 xy)(A_2 xy)$$
$$A_2 xy = O_2 A_1 A_2 xy = y(A_1 xy)(A_2 xy)$$

となる．したがって，示したかったように，(A_1, A_2) は二重賢者対であり，(O_1, O_2) は二重預言コンビネータである．

すべての二重賢者対が (O_1, O_2) の二重不動点であることを証明する前に，すべての x と y に対して $A_1 xy = A_2 xy$ ならば，$A_1 = A_2$ であることに注意しておこう．なぜなら，すべての x と y に対して $A_1 xy = A_2 xy$ であることから，すべての x に対して $A_1 x = A_2 x$ であることが導かれ，したがって，$A_1 = A_2$ となるからである．

それでは，(θ_1, θ_2) を二重賢者対と仮定する．したがって，

（1）　$\theta_1 xy = x(\theta_1 xy)(\theta_2 xy)$

（2）　$\theta_2 xy = y(\theta_1 xy)(\theta_2 xy)$

であり，また，

（1′）　$O_1 \theta_1 \theta_2 xy = x(\theta_1 xy)(\theta_2 xy)$

（2′）　$O_2 \theta_1 \theta_2 xy = y(\theta_1 xy)(\theta_2 xy)$

である．

それゆえ，$\theta_1 xy = O_1 \theta_1 \theta_2 xy$ かつ $\theta_2 xy = O_2 \theta_1 \theta_2 xy$ となる．

このとき，$\theta_1 = O_1 \theta_1 \theta_2$ かつ $\theta_2 = O_2 \theta_1 \theta_2$ である．これは，(θ_1, θ_2) が (O_1, O_2) の二重不動点であるということだ．

第 11 章

完全体系と部分体系

1. 完全体系

2 種類のコンビネータ S と K によって，考えうるすべてのコンビネータを表すことができる．このことが何を意味するかを説明しよう．

コンビネータ論理の形式的言語には，**変数**と呼ばれる記号の可算列 x_1, $x_2, \cdots, x_n, \cdots$ があり，またいくつかの記号は**定項**と呼ばれる．定項はそれぞれ適用系の要素の名前である．**項**の概念は，次の条件により再帰的に定義される．

（1） すべての変数と定項は項である．

（2） t_1 と t_2 が項ならば，(t_1t_2) も項である．

この条件(1)と(2)の結果として得られるもの以外に項となる記号列はないものとする．

問題 1 記号列が項であることの明示的な定義を与えよ．

すでに述べたように，たとえば，xyz は $((xy)z)$ と読むという慣例に従って括弧は左から順に復元されるので，曖昧さを生じないならば項の括弧は省略することにする．

ここで，第 8 章から第 10 章で紹介したコンビネータの概要を思い出してほしい．これらのコンビネータそれぞれの意味は，その「定義式」（定義条件）と呼んだものから分かる．このようなコンビネータの定義式の多くは，$Ax_1x_2\cdots x_n = t(x_1, x_2, \cdots, x_n)$ という形式をしている．ここで，x_1, x_2,

$\cdots$, x_n は項 t に現れる変数であり，項 t はこれらの変数（と括弧）だけから作り上げられている．（以降では，このような必要な括弧については，ほとんど言及しない．そのような括弧は，読みやすさのためにそれらの一部を省略したとしても，項が単一の変数や単一の定項でないときにはつねに存在する．）たとえば，定義式 $Rxyz = yzx = ((yz)x)$ によってロビンを導入し，定義式 $Cxyz = xzy = ((xz)y)$ によってカーディナルを導入した．しかしながら，それらとは異なり，ケストレルの定義式 $Kxy = x$ では，項 t に現れるすべての変数が定義しようとしているコンビネータ K の引数の並びに現れてはいるものの，コンビネータ K の引数に含まれるすべての変数が t に現れるわけではない．（ケストレルの場合，x は t に現れない．）

項に現れる変数と定義しようとしているコンビネータの引数の変数が一致するような種類のコンビネータ A は，**非簡約コンビネータ**（または λ-I コンビネータ）と呼ばれる．この種類のコンビネータについては，第 2 節でさらに論じる．定義しようとしているコンビネータの引数にあるすべての変数が項 t に現れるわけではないような種類のコンビネータ A は，**簡約コンビネータ**と呼ばれる．なぜなら，A は t に現れない変数を実質的に消去しているからである．たとえば，定義式が $Bxyz = x(yz)$ であり，その両辺にある変数が同一であるブルーバードは，非簡約コンビネータである．しかし，$Kxy = x$ や $(KI)xy = y$ では，定義式の左辺にある二つの引数の一方が右辺の項には現れないので，コンビネータ K や KI は簡約コンビネータである．（これまでに登場した簡約コンビネータはこの 2 種類だけである．）

このようにして，t が変数だけから構成され，t に現れる変数が $x_1, x_2, \cdots, x_n$ の中にあるとき，コンビネータの定義式の一般形は $Ax_1x_2\cdots x_n = t$ となる．すなわち，t が項となるためには少なくとも一つの変数を含まなければならず，t に現れるすべての変数は $x_1, x_2, \cdots, x_n$ の**いずれか**であるが，（たとえば，ケストレルの場合のように）$x_1, x_2, \cdots, x_n$ に現れるすべての変数が t に現れる必要はない．

変数 $x_1, x_2, \cdots, x_n$ の中のいくつかだけから構成される項 t に対して，$Ax_1x_2\cdots x_n = t$ の成り立つような要素 A が適用系 $\mathcal{C}$ に含まれる（$\mathcal{C}$ のいかなる要素も変数を含まない）ならば，$x_1, x_2, \cdots, x_n$ を引数とするコンビネータ A は項 t を**実現する**という．式 $Ax_1x_2\cdots x_n = t$ は，コンビネータ

A の**定義式**と呼ばれる．

どのような適用系においても，すべての定項はコンビネータであることが分かる．なぜなら，適用系において，定項の意味はつねに定義式によって規定されるからである．そして，適用系の定義において，定項だけから構成されるすべての項はその適用系のコンビネータであることを前提とする．したがって，定項だけから構成される項全体と適用系の要素は完全に一致するとしてよい．しかし，定項は要素の集合の部分集合かもしれない．

これで，考えうるすべてのコンビネータは S と K で表すことができると言ったとき，「考えうるすべてのコンビネータ」が何を意味するか分かっただろう．それは，前述のような形式をした定義式によって規定できる任意のコンビネータのことを述べていたのである．

したがって，この適用系 $\mathcal{C}$ のすべてのコンビネータが（定項）S と K で表すことができるという主張は，（t が変数だけから作り上げられ，その変数は $x_1, x_2, \cdots, x_n$ のうちのいずれかであるとき）定義式 $Ax_1x_2\cdots x_n = t$ によって規定されるすべてのコンビネータ A に対して，S と K だけで構築される（そして変数はまったくない）項 $A_{S,K}$ で，定義式の A を $A_{S,K}$ で置き換えると真な（S と K の意味するところによって真である）等式 $A_{S,K}x_1x_2\cdots x_n = t$ になるようなものが見つけられるといっているにすぎない．

その結果として，この適用系 $\mathcal{C}$ が要素（コンビネータ）S と K を含むと仮定して，この主張を証明できれば，ここまでに導入したコンビネータを定義することを見てきた定義式は，すべて S と K だけを使って表すことのできるコンビネータを規定する．したがって，この適用系でこれまでに見た（そして，さらに無限に多くの）すべてのコンビネータを得るのに必要な定項は，S と K だけということになる．

しかし，なぜ，コンビネータの引数の並びとその引数に含まれる変数だけから作り上げられる項があれば，**任意**のコンビネータを規定するのに十分なのだろうか．まず，すでに見たように，このように規定されるコンビネータには，ここまでに調べたすべてのコンビネータだけでなく，変数から作り上げられた項と項に現れる変数を含む引数の並びによって定義できるすべてのコンビネータも含めた，無限に多くのコンビネータを含んでいる．これらが

「すべてのコンビネータ」であるという主張は，コンビネータの本質が，変数から作り上げられるこれらの項とコンビネータの引数の並びに隠されていると実質的に述べている．このことは次のように考えることもできる．適用系は，（たとえば，関数，アルゴリズム，プロセスへの適用など．次章では適用をきわめて変化に富んだ解釈として見ることになる）ある種のものを同じ種類のほかのものに「適用」する順序に関与していると考えることができるので，ある時点で変数が何に置き換えられるとしても，**変数を含んだ複雑な項における括弧の構造は，その適応の順序を定義している，と見ることもできる**．たとえば，$(((rs)((tu)v))((wx)y))$ の括弧によって定義されている適用の順序を考えてみよう．（これは，たしかに，変数の名前のアルファベット順とは無関係である．） いずれの場合も，すでに主張したことが証明されたならば，少なくとも S と K を定項として含む任意の適用系において，コンビネータ A で

$$Arstuvwxy = (((rs)((tu)v))((wx)y))$$

となるものや，（簡約）コンビネータ A' で

$$A'rstuvwxy = ((wu)r)(((vx)u)s)$$

となるものが存在する．

◉コンビネータ的完全性

それでは，ここでの中心となる主張，具体的には，コンビネータの引数としてとられる変数の任意の並びと，その引数の並びに含まれる変数だけから作り上げられる任意の項 t が与えられたときに，（変数は使わずに）S と K だけを使って表されるコンビネータで，（与えられた並びの順序で）与えられた引数をとり，項 t を実現するようなものが存在することを証明したい．

最初に，恒等コンビネータ I は，S と K を使って表すことができる．$SKKx = Kx(Kx) = x = Ix$ なので，単に I を SKK とすればよい．したがって，すべてのコンビネータが S, K, I を使って表せることを示せば十分である．これが，今からやろうとしていることである．

まず，次のような帰納的原理に触れておく．変数か定項かまたはその両方を元とする集合 S を考え，S^+ を S の元（と括弧）から作り上げられるすべ

ての項の集合とする．S^+ に属するすべての項がある性質 P をもつことを示すには，S に属するすべての元がその性質 P をもつことと，任意の項 t_1 と t_2 に対して t_1 と t_2 が性質 P をもてば (t_1t_2) も性質 P をもつことを示せば十分である．この原理は，数学的帰納法と同じくらい自明であり，実際，項に現れる S の元の個数 n に関する数学的帰納法を用いて導くことができる．これを**項帰納法の原理**と呼ぶことにしよう．

項は，変数と，S, K, I だけから作り上げられるならば，**単純項**と呼ぼう．ここで提示しようとしているアルゴリズムにおいて，**変数だけから作り上げられた単純項 $\mathcal{W}$ から始めると仮定するが**，それを順次 S, K, I と変数から作り上げられた単純項に変える．最終的には，（$\mathcal{W}$ の変数をすべて含む，コンビネータの引数として指定された並びに現れる変数をすべて取り除くことによって）$\mathcal{W}$ から S, K, I だけで作り上げた項 $\mathcal{T}$ を作り上げたことになる．そして，$x_1, \cdots, x_n$ をコンビネータの引数に指定された変数の並びとするとき，問題にしている $\mathcal{W}$ が変数（それらはすべて $x_1, \cdots, x_n$ に含まれる）だけを含む項ならば，$\mathcal{T}x_1 \cdots x_n = \mathcal{W}$ となるだろう．

それでは，任意の単純項 $\mathcal{W}$ と変数 x を考える．x は $\mathcal{W}$ に含まれても含まれなくてもよい．次の 3 条件が成り立つとき，項 $\mathcal{W}_x$ は $\mathcal{W}$ の x **除去**と呼ぶことにする．

（a）　変数 x は，$\mathcal{W}_x$ に現れない．

（b）　$\mathcal{W}_x$ のすべての変数は，$\mathcal{W}$ に現れる．

（c）　等式 $\mathcal{W}_x x = \mathcal{W}$ が成り立つ．

まず，すべての単純項 $\mathcal{W}$ は，$\mathcal{W}$ の変数 x 以外の変数と S, K, I を使って表すことのできる x 除去 $\mathcal{W}_x$ をもつことを示したい．$\mathcal{W}_x$ を，次のような帰納的規則によって定義する．

（1）　$\mathcal{W}$ が x そのものならば，$\mathcal{W}_x$ は I とする．

（2）　x が現れない任意の項 $\mathcal{W}$ に対して，$\mathcal{W}_x$ は $K\mathcal{W}$ とする．

（3）　x が現れる複合項 $\mathcal{W}\mathcal{V}$ に対して，$(\mathcal{W}\mathcal{V})_x$ は $S\mathcal{W}_x\mathcal{V}_x$ とする．

どのような単純項に対しても，この三つの規則の一つそして一つだけが適用されることに注意しよう．規則 (3) が適用される場合には，複合項の二つの部分に対する x 除去を見出す必要がある．

ここまでに導入した x 除去の規則の枠組みを帰納的と呼ぶ意味は，変数 x

を除去したい単純項があるならば，すべての部分項から x が除去され最終的には単純項全体から x が除去されるまで，その単純項の外側から内側に向かってその単純項の構成要素の x 除去を見出すという作業を繰り返す，ということである．

その一例を考えてみよう．定義式 $Ax = (xx)$ をもつ 1 引数 x のコンビネータ A が，S, K, I を使って表せるかどうかを調べてみよう．（すなわち，モッカーが S, K, I を使って表せるかどうかを確かめようとしている．）この項の唯一の変数（そしてこのコンビネータが要求する引数の並びにある唯一の変数）である x を除去することで，S, K, I で表される項が得られるかどうかを見たい．(xx) は x が現れる複合項なので，規則(3)によって，(xx) の x 除去は，複合項の二つの部分（これらはともに x である）の x 除去の前にスターリング S を置いたものになる．規則(1)によって，x の x 除去は I である．したがって，(xx) の x 除去は SII である．x 除去が満たすべき 3 条件が実際に成り立つかどうかを確認しよう．（a）変数 x は SII に現れない．（b）SII のすべての変数は (xx) に現れる．（これは，SII には変数がないので，空虚に成り立つ．）（c）$SIIx = Ix(Ix) = xx$ である．（もちろん，xx は，(xx) の外側の括弧を読みやすさのために省略しただけである．）

それでは，任意の単純項に対して，ここまでに述べた x 除去の方法によって，x 除去に関する条件を満たす項が得られることを証明しよう．

命題 1　$\mathcal{W}_x$ は，$\mathcal{W}$ の x 除去である．言い換えると，

（1）　変数 x は $\mathcal{W}_x$ に現れない．

（2）　$\mathcal{W}_x$ のすべての変数は，$\mathcal{W}$ に現れる．

（3）　等式 $\mathcal{W}_x x = \mathcal{W}$ が成り立つ．

この命題は，項帰納法によって証明される．

問題 2

（i）　$\mathcal{W}$ が x ならば，$\mathcal{W}_x$ は $\mathcal{W}$ の x 除去であることを示せ．

（ii）　$\mathcal{W}$ は x が現れない任意の項ならば，$\mathcal{W}_x$ は $\mathcal{W}$ の x 除去であることを示せ．

（iii）　$\mathcal{W}_x$ と $\mathcal{V}_x$ がそれぞれ $\mathcal{W}$ と $\mathcal{V}$ の x 除去ならば，$(\mathcal{W}\mathcal{V})_x$（すなわち，$S\mathcal{W}_x\mathcal{V}_x$）は $\mathcal{W}\mathcal{V}$ の x 除去であることを示せ．

すると，項帰納法によって，すべての単純項 $\mathcal{W}$ に対して，項 $\mathcal{W}_x$ は $\mathcal{W}$ の x 除去であることが分かる．

問題 3　I は x の x 除去なので，$\mathcal{W}x$ の x 除去は $S\mathcal{W}_xI$ であることが分かる．しかしながら，x が $\mathcal{W}$ に現れなければ，$\mathcal{W}x$ のもっと単純な x 除去がある．それは，具体的には，$\mathcal{W}$ そのものである．これを証明せよ．

すでに読者は気づいているかもしれないが，変数を「除去」したい項 t が何個かの変数を含むならば，変数を含まない項（すなわち，求めるコンビネータ）に達するために，その項に現れるそれぞれの変数を順に「除去」しなければならない．実際には，項 t には現れないが，求めようとしているコンビネータの引数の並びに現れるすべての変数も「除去」しなければならない．さらに，この変数除去は特定の順序で行われなければならない．それでは，この処理を調べよう．

2 変数 x と y に対して，$\mathcal{W}_{x,y}$ は $(\mathcal{W}_x)_y$ を意味する．

項 $\mathcal{T}$ は，次の 3 条件が成り立つならば，$\mathcal{W}$ の x, y **除去**と呼ぶことにする．

（1）　変数 x, y は，いずれも $\mathcal{T}$ に現れない．

（2）　$\mathcal{T}$ のすべての変数は，$\mathcal{W}$ に現れる．

（3）　等式 $\mathcal{T}xy = \mathcal{W}$ が成り立つ．

問題 4　次の主張のうち，成り立つものがあるとしたら，どちらだろうか．

（1）　$\mathcal{W}_{x,y}$ は，$\mathcal{W}$ の x, y 除去である．

（2）　$\mathcal{W}_{x,y}$ は，$\mathcal{W}$ の y, x 除去である．

ここで，$\mathcal{W}_{x_1x_2\cdots x_n}$ を，$(\cdots((\mathcal{W}_{x_1})_{x_2})\cdots)_{x_n}$ の省略形とする．

次の 3 条件が成り立つならば，項 $\mathcal{T}$ を $\mathcal{W}$ の $x_1, x_2, \cdots, x_n$ **除去**と定義する．

（1）　変数 x_1, x_2, $\cdots$, x_n は，いずれも $\mathcal{T}$ に現れない．

（2）　$\mathcal{T}$ のすべての変数は，$\mathcal{W}$ に現れる．

（3）　等式 $\mathcal{T}x_1x_2\cdots x_n = \mathcal{W}$ が成り立つ．

問題 4 の結果と数学的帰納法によって，次の命題が得られる．

命題 2　$\mathcal{W}_{x_nx_{n-1}\cdots x_1}$ は，$\mathcal{W}$ の $x_1, x_2, \cdots, x_n$ 除去である．

ここで，$\mathcal{W}$ を $x_1, x_2, \cdots, x_n$ にある変数だけから作り上げられた項とする．引数 $x_1x_2 \cdots x_n$ をもつコンビネータ A で，（変数は使わず）S, K, I だけを使って表すことができ，条件 $Ax_1 \cdots x_n = \mathcal{W}$ を満たすようなものがほしいと仮定しよう．このとき，A を $\mathcal{W}_{x_n x_{n-1} \cdots x_1}$，すなわち，$\mathcal{W}$ の $x_1, x_2, \cdots, x_n$ 除去とすることができる．

A の変数はすべて $\mathcal{W}$ に現れるので $x_1, x_2, \cdots, x_n$ の中にあるが，変数 $x_1, x_2, \cdots, x_n$ はいずれも A に含まれない．これは，A がまったく変数を含まないことを意味する．A は，コンビネータ S, K, I だけを導入する変数除去の方法を使って構成されているので，S, K, I だけから作り上げられていなければならない．そして，条件 $Ax_1x_2 \cdots x_n = \mathcal{W}$ が成り立つ．

ここで，コンビネータのクラスは，すべての単純項 t とコンビネータのとりうるすべての引数の並び $x_1, x_2, \cdots, x_n$ に対して，項 t に含まれるすべての変数が $x_1, x_2, \cdots, x_n$ の中に現れるならば，このクラスのコンビネータ A で，$Ax_1x_2 \cdots x_n = t$ となるようなものが存在する（すなわち，任意のこのような項 t に対して，$x_1, x_2, \cdots, x_n$ を引数とするコンビネータ A で t を実現するものが存在する）とき，**コンビネータ的に完全**と定義する．

これで次の定理が証明された．

定理　S と K を使って表すことのできるコンビネータのクラスは，コンビネータ的に完全である．

指摘しておきたいのは，S, K, I で作り上げられた項 t（これは，変数がふんだんに散りばめられているような項も含む）と t のすべての変数を含む変数の並び $x_1, x_2, \cdots, x_n$ が与えられたときに，そのような任意の項 t を $\mathcal{W}$ が S, K, I だけから作り上げられたコンビネータであるような記号列 $\mathcal{W}x_1x_2 \cdots x_n$ に変換するために，望むならばここで記述した変数除去の方法が使える，ということである．（これを理解するには，この方法とそれがうまくいくという証明にもう一度目を通して，この状況においても同じようにこの方法が適用できることが分かればよい．）

つぎに，例を用いて，変数除去の方法を使って複数の変数を引数とする簡約コンビネータを見つける方法を考えてみよう．条件 $Axy = y$ を満たすコンビネータ A を求めたいと仮定する．したがって，A は 2 引数 x, y をもち，A を定義するために使おうとしている項に x は含まれない．A は y の y, x 除去，すなわち，y の y 除去の x 除去であってほしい．したがって，まず，y の y 除去を見つけなければならないが，それは単純に I である．そして，I の x 除去が必要になるが，それは KI である．すなわち，この答えは KI でなければならない．そうなることを確認してみよう．$KIx = I$ なので，$KIxy = Iy = y$ である．

つぎに，置換コンビネータを考えよう．S, K, I を使って，スラッシュT をどのように表せばよいだろうか．($Txy = yx$ である．) それには，yx の y 除去の x 除去を見つけなければならない．y の y 除去は I であり，x の y 除去は Kx なので，yx の y 除去は $SI(Kx)$ である．すると，$SI(Kx) = (SI)(Kx)$ の x 除去が必要になる．SI の x 除去は $K(SI)$ であり，Kx の x 除去は（問題 3 によって）単に K なので，$SI(Kx)$ の x 除去は $S(K(SI))K$ である．したがって，$S(K(SI))K$ が求める答えでなければならない．それを確認しよう．

$$S(K(SI))Kx = K(SI)x(Kx) = SI(Kx)$$

なので，$S(K(SI))Kxy = SI(Kx)y = Iy(Kxy) = y(Kxy) = yx$ となる．

変数除去の手続きを用いて，M, W, L, B, C のようなさまざまなコンビネータを S, K, I を使って表してみるのはよい練習問題になるだろう．この手続きは，計算機で簡単にプログラムすることができる．しかしながら，指摘しておきたいのだが，この手続きは，そのままでうまくいくが，非常に退屈で，器用さと創造力を使って見つけられるものよりもしばしばかなり長い記号列を作り出す．

本書でこれまでに遭遇したすべてのコンビネータやそのほかのコンビネータを S と K だけ（I は使わない）の記号列として表した「コンビネータの鳥たち（Combinator Birds）」と呼ばれる興味深い表がインターネット上にある．現在，この表は，`http://angelfire.com/tx4/cus/combinator/birds.html` で見ることができる．たとえば，フィンチやハミングバードを S と K だけを使って表すと，とんでもなく長くなってしまうことが分かる．この表の左端の欄には，先頭の `1` の後（そして，ピリオドの前まで）に，問題としているコンビネータの引数が並ぶ．なぜなら，これらの引数は，コンビネータを定義するのに使われている定項なしの項から単純に決定することはできないからである．たとえば，ゴールドフィンチでは，左端の欄は

`labcd.ad(bc)` であり，この表のこの行で参照しているコンビネータが引数 a, b, c, d をとり，それを定義する等式は $Gabcd = ad(bc)$ であることを示している．その行の左から 2 番目と 3 番目の欄は，それぞれ，そのコンビネータを表す一般的な記号が G であり，一般的にゴールドフィンチと呼ばれていることを示している．その次の欄は，そのコンビネータが B と C を使って BBC と表せることを示している．そして，最後の欄は，ゴールドフィンチが S と K だけを使って

$$((S(K((S(KS))K)))((S((S(K((S(KS))K)))S))(KK)))$$

と表せることを示している．

◉不動点定理

コンビネータ論理には，**第 1 不動点定理**と**第 2 不動点定理**として知られる二つの結果がある．第 2 不動点定理は，次章で扱う．ここでは，第 1 不動点定理を考えてみよう．その動機付けとして，次の練習問題に挑戦してもらいたい．

練習問題 （a） 条件 $\Gamma xy = x(\Gamma y)$ を満たすコンビネータ Γ を見つけよ．（b） 条件 $\Gamma xy = \Gamma yx$ を満たすコンビネータ Γ を見つけよ．

この (a) と (b) の答えは，第 1 不動点定理の特別な場合である．

以降では，項 $t(x, x_1, \cdots, x_n)$ の中に変数 x, x_1, $\cdots$, x_n が必ず現れるものとする．すべての実現可能な項は，変数（と括弧）だけから作り上げられることを思い出そう．

定理 $\mathbf{F}_1$（第 1 不動点定理） 実現可能な任意の項 $t(x, x_1, \cdots, x_n)$ に対して，条件 $\Gamma x_1 \cdots x_n = t(\Gamma, x_1, \cdots, x_n)$ を満たすコンビネータ Γ が存在する．

付記 この第 1 不動点定理には少し驚かされるのではないだろうか．なぜなら，Γ が満たす条件に Γ そのものが含まれているからである．これは，次章で分かるように，自己参照や再帰に関係がある．

問題 5

（1） 定理 F_1 を証明せよ．（これには 2 通りの証明がある．その一つは，

項 $t(x, x_1, \cdots, x_n)$ を実現するコンビネータの不動点を用いた証明であり，もう一つは，項 $t((xx), x_1, \cdots, x_n)$ を実現するコンビネータを使った証明である[訳注 1]．)

（2） そして，定理 F_1 の前に述べた練習問題の (a) と (b) の答えを求めよ．

◉二重不動点定理

定理 F_1 を二重化すると，次のような定理になる．

定理 $\mathbf{F}_1\mathbf{F}_1$（第 1 二重不動点定理） 実現可能な任意の項 $t_1(x, x_1, \cdots, x_n)$ と $t_2(x, x_1, \cdots, x_n)$ に対して，次の条件を満たすコンビネータ Γ_1 と Γ_2 が存在する．

（1） $\Gamma_1 x_1 \cdots x_n = t_1(\Gamma_2, x_1, \cdots, x_n)$

（2） $\Gamma_2 x_1 \cdots x_n = t_2(\Gamma_1, x_1, \cdots, x_n)$

問題 6 定理 $\mathrm{F}_1\mathrm{F}_1$ を証明せよ．

2. コンビネータ論理の部分体系

◉λ-I コンビネータ

ここで，ある条件 $Ax_1 \cdots x_n = t$ によって定義されたコンビネータ A を考えよう．ただし，t はその変数がすべて $x_1, \cdots, x_n$ の中のいずれかであるような項とする．変数 $x_1, \cdots, x_n$ すべてが t に現れるならば，A は λ-I コンビネータ，または，非簡約コンビネータと呼ばれ，それ以外の（すなわち，変数 $x_1, \cdots, x_n$ のうちの一つ以上が t に現れない）コンビネータ（たとえば，K や KI）は，変数 $x_1, \cdots, x_n$ のうち t に現れないものを消去するので，簡約コンビネータと呼ばれることを思い出そう．

任意のコンビネータのクラス $\mathcal{C}$ において，$\mathcal{C}$ の要素の集合 S は，$\mathcal{C}$ のすべての要素が S の元を使って表すことができるならば，$\mathcal{C}$ の**基底**と呼ばれる．コンビネータ全体のクラスは有限の基底をもつこと，具体的には，2 個の要素 S と K を基底とすることをすでに示した．ここでは，4 種類のコンビ

[訳注 1] 実際には，定理 F_1 の前提として，項 $t(x, x_1, \cdots, x_n)$ を実現するコンビネータに不動点が存在することか，あるいは，項 $t((xx), x_1, \cdots, x_n)$ を実現するコンビネータが存在することのいずれかが必要である．

ネータ S, B, C, I が，λ-I コンビネータのクラスの基底を成すことを示したい．（したがって，B, M, T, I もまたその基底になる．なぜなら，S, B, C, I そのものが B, M, T, I を使って表せるからである．）

そのためには，**良項**を，記号 S, B, C, I と変数から作り上げられる項と定義する．良項が変数を含まなければ，それはコンビネータであり，その結果として**良コンビネータ**と呼ばれる．すなわち，良コンビネータは，S, B, C, I だけから作り上げられるコンビネータである．

前と同じように項の x 除去を定義して，$\mathcal{W}$ が任意の良項ならば，**x が $\mathcal{W}$ に実際に現れる限り，**$\mathcal{W}$ は良 x 除去をもつことを示さなければならない．そこで，このためには，適切な x 除去 $\mathcal{W}_x$ を作り出す再帰的規則を再定義しなければならない．

（1）$\mathcal{W} = x$ ならば，$\mathcal{W}_x$ は I とする．（したがって，$xx = I$ である．）

（2）x が現れる複合項 $\mathcal{W}\mathcal{V}$ の場合，x は $\mathcal{W}$ か，$\mathcal{V}$ か，またはその両方に現れる．

（a）x が $\mathcal{W}$ と $\mathcal{V}$ の両方に現れるならば，$(\mathcal{W}\mathcal{V})_x$ は $S\mathcal{W}_x\mathcal{V}_x$ とする．

（b）x が $\mathcal{W}$ に現れるが，$\mathcal{V}$ には現れないならば，$(\mathcal{W}\mathcal{V})_x$ は $C\mathcal{W}_x\mathcal{V}$ とする．

（c）x が $\mathcal{V}$ に現れるが，$\mathcal{W}$ には現れないならば，

(c_1) $\mathcal{V}$ が単一の x である場合，$(\mathcal{W}\mathcal{V})_x$ は $\mathcal{W}$ とする．（したがって，x が $\mathcal{W}$ に現れなければ，$(\mathcal{W}x)_x = \mathcal{W}$ である．）

(c_2) $\mathcal{V} \neq x$ である（しかし，x は $\mathcal{V}$ に現れるが，$\mathcal{W}$ には現れない）場合，$(\mathcal{W}\mathcal{V})_x$ は $B\mathcal{W}\mathcal{V}_x$ とする．

この規則の集合は，これまでの x 除去の規則の集合とは異なり，x を除去しようとする項に x が現れない場合，x を除去する規則を含まないことに注意しよう．しかし，これは，今の非簡約コンビネータの状況では問題にならない．x を除去したい項に x が現れないならば，x の除去に着手する理由さえないだろう．なぜなら，求めようとしているコンビネータの引数の並びから変数を除去したいだけであり，x を除去したい項に x が含まれていないならば，その引数の並びにも x はないはずであり，したがって，x 除去を試みるまでもないからである．したがって，規則(1)が扱う x 単独の場合か，

x が $\mathcal{W}$ か $\mathcal{V}$ かまたはその両方に現れるような複合項 $\mathcal{WV}$ の場合にだけ，x 除去を気にかければよい．そのような複合項から x を除去した後に（そして，x がこれらの項のどれか一つに現れないときにどうすべきかは規則が教えてくれるので），その結果得られた複合項にはもう x がないと分かれば，x の除去に取りかかっている項（または部分項）は最終的な x 除去になっていることが分かる．

命題 3　x が現れる任意の良項 $\mathcal{W}$ に対して，項 $\mathcal{W}_x$ は，$\mathcal{W}$ の良 x 除去である．

問題 7　命題 3 を証明せよ．

良項 $\mathcal{W}$ に対して，変数 x と y が $\mathcal{W}$ に現れれば，$(\mathcal{W}_x)_y$ は $\mathcal{W}$ の良 y, x 除去であり，さらに一般的には，$x_1, \cdots, x_n$ が $\mathcal{W}$ に現れれば，$\mathcal{W}_{x_n x_{n-1} \cdots x_1}$ は $\mathcal{W}$ の良 $x_1, \cdots, x_n$ 除去であり，したがって，$x_1, \cdots, x_n$ が $\mathcal{W}$ の変数すべてであれば，$\mathcal{W}_{x_n x_{n-1} \cdots x_1}$ は条件 $Ax_1 \cdots x_n = \mathcal{W}$ を満たす良コンビネータ A であることを示すのは読者に委ねる．A は良コンビネータなので，λ-I コンビネータでもある．（なぜなら，S, B, C, I はすべて λ-I コンビネータであり，任意の λ-I コンビネータ A_1 と A_2 に対して，$A_1 A_2$ もまた λ-I コンビネータになるからである．）

今度は S, B, C, I と変数から作り上げられたすべての項（これを任意の良項と言った）に対して命題 3 を証明していることに注意しよう．以前の変数除去の方法と同じ証明が，S と K と変数から作り上げられた項に対しても使えると前に指摘した．しかし，変数だけから作り上げられた項は，変数も含みうる S, B, C, I から作り上げられた項でもあるので，命題 3 から次のような直接の帰結が得られる．

系　定項を含まないすべての項 t とコンビネータのとりうるすべての引数の並び $x_1, x_2, \cdots, x_n$ に対して，項 t に現れる変数もまた $x_1, x_2, \cdots, x_n$ であれば，変数を含まない S, B, C, I から作り上げられた項のクラスのコンビネータ A で，$Ax_1 x_2 \cdots x_n = t$ となるようなものが存在する．（すなわち，t を実現する非簡約コンビネータ A が存在する．）

これで，S, B, C, I は，λ-I コンビネータのクラスの基底になることが証明された．

$\{S, B, C, I\}$ の真部分集合は λ-I コンビネータのクラスの基底にはなりえないことが知られている．しかし，J.B. ロッサーは，λ-I コンビネータのクラスの基底になる奇妙な 2 要素を見つけた．それは，具体的には，I と，次の条件によって定義されるコンビネータ J である．

$$Jxyzw = xy(xwz)$$

ロッサーがこれをどのようにして見つけたのかは謎である．興味のある読者は，J と I を使って B, T, M をどのように表すかを，[30] や，おそらくはほかのコンビネータ論理の本に見ることができる．

◉B, T, I で表されるコンビネータ

B, T, I を使って表すことのできるコンビネータのクラスは，ロッサーによって，M, W, S, J のような変数を重ねるコンビネータの現れる余地のない一種の論理体系と関連して研究された [24]．[30] では，これら 3 種類のコンビネータを 2 種類，具体的には I とコンビネータ G（ゴールドフィンチ）だけに置き換えられることを示した．G は次の条件によって定義されたことを思い出そう．

$$Gxyzw = xw(yz)$$

これを私よりも前に見つけた人がいるかどうかは，正直なところ分からない．いずれにしろ，G と I を使って，B と T を表してみよう．

問題 8

（a） まず，G と I を使って，コンビネータ Q_3 を表せ．（Q_3 は，条件 $Q_3xyz = z(xy)$ を満たすものとして定義されることを思い出そう．）

（b） つぎに，G と I を使って，カーディナルを表せ．（$Cxyz = xzy$ である．）

（c） これで，C と I を使って，T が得られる．（そのかわりに，Q_3 と I を使って T を得ることもできる．）

（d） C を使って， ロビン R（$Rxyz = yzx$）を得ることができる．そして，C, R, Q_3 を使って，変な鳥 Q（$Qxyz = y(xz)$）が得られ，Q と C を使って，B が得られる．

問題の解答

問題 1　t が項となるのは，有限列 $t_1, \cdots, t_n = t$ で，それぞれの $i \leq n$ に対して，t_i は変数か定項であるか，または，$t_i = (t_{j_1} t_{j_2})$ となるようなともに i よりも小さい数 j_1 と j_2 があるようなものが存在するとき，そしてそのときに限る．

問題 2　単純項 $\mathcal{W}$ にどの規則が適用されたとしても，$\mathcal{W}_x$ は $\mathcal{W}$ の x 除去になることを示そう．

（i）まず，$\mathcal{W}$ が x そのものである場合を考える．このとき，規則(1)によって，$\mathcal{W}_x = I$ である．したがって，I が $\mathcal{W}$ の x 除去であることを示さなければならない．項 I は変数を含まないので，もちろん，x は I に現れず，したがって，I のすべての変数（もちろんそのような変数はない）が $\mathcal{W}$ に現れるというのは空虚に真である．また，$Ix = x$ なので，I は $\mathcal{W}$ の x 除去である．

（ii）つぎに，$\mathcal{W}$ は x が現れない任意の項ならば，規則(2)によって，$K\mathcal{W}$ が $\mathcal{W}$ の x 除去になることを示そう．あきらかに，x は $K\mathcal{W}$ に現れない．また，$K\mathcal{W}$ の変数は $\mathcal{W}$ の変数なので，$K\mathcal{W}$ のすべての変数は $\mathcal{W}$ の変数である．そして，$K\mathcal{W}x = \mathcal{W}$ である．したがって，$K\mathcal{W}$ は実際に $\mathcal{W}$ の x 除去である．

（iii）最後に，x が現れるような複合項 $\mathcal{W}\mathcal{V}$ で，規則(3)が適用されるものを考える．$\mathcal{W}_x$ を $\mathcal{W}$ の x 除去，$\mathcal{V}_x$ を $\mathcal{V}$ の x 除去と仮定する．このとき，$S\mathcal{W}_x\mathcal{V}_x$ が $\mathcal{W}\mathcal{V}$ の x 除去であることを示さなければならない．$S\mathcal{W}_x\mathcal{V}_x$ が $\mathcal{W}\mathcal{V}$ の x 除去であるかどうかを調べるために 3 条件を確認する．

（a）　x は $\mathcal{W}_x$ に現れない（なぜなら，$\mathcal{W}_x$ は $\mathcal{W}$ の x 除去だからである）し，$\mathcal{V}_x$ にも現れない．また，x は S にも現れないので，x は $S\mathcal{W}_x\mathcal{V}_x$ に現れないことが導かれる．

（b）　$S\mathcal{W}_x\mathcal{V}_x$ のすべての変数 y は $\mathcal{W}\mathcal{V}$ に現れる．なぜなら，y は $\mathcal{W}_x$ か $\mathcal{V}_x$ かまたはその両方に現れ，それは，y が $\mathcal{W}$ か $\mathcal{V}$ かまたはその両方に現れることを意味するからである．したがって，y は，複合項 $\mathcal{W}\mathcal{V}$ に現れる．

（c）　最後に，$S\mathcal{W}_x\mathcal{V}_x x = \mathcal{W}\mathcal{V}$ を示さなければならない．まず，$S\mathcal{W}_x\mathcal{V}_x x = \mathcal{W}_x x(\mathcal{V}_x x)$ である．$\mathcal{W}_x x = \mathcal{W}$ かつ $\mathcal{V}_x x = \mathcal{V}$ なので，$\mathcal{W}_x x(\mathcal{V}_x x) = \mathcal{W}\mathcal{V}$ である．すなわち，$S\mathcal{W}_x\mathcal{V}_x x = \mathcal{W}\mathcal{V}$ である．

これで，(a), (b), (c) によって，（$\mathcal{W}_x$ が $\mathcal{W}$ の x 除去であり，$\mathcal{V}_x$ が $\mathcal{V}$ の x 除去であるという仮定の下で）$S\mathcal{W}_x\mathcal{V}_x$ は $\mathcal{W}\mathcal{V}$ の x 除去である．

問題 3

（a） 変数 x は，（仮定によって）$\mathcal{W}$ には現れない．

（b） $\mathcal{W}$ のすべての変数は，$\mathcal{W}x$ に現れる．

（c） あきらかに，$\mathcal{W}x = \mathcal{W}x$ である．

問題 4　あきらかに，主張(2)が成り立つ．その理由は次のとおり．

（a） 変数 y は $(\mathcal{W}_x)_y$ に現れない．変数 x は $\mathcal{W}_x$ に現れず，したがって，$(\mathcal{W}_x)_y$ にも現れない．なぜなら，$(\mathcal{W}_x)_y$ のすべての変数は $\mathcal{W}_x$ に現れるからである．すなわち，$\mathcal{W}_{x,y}$ には x も y も現れない．

（b） $\mathcal{W}_x$ のすべての変数は $\mathcal{W}$ に現れ，$(\mathcal{W}_x)_y$ のすべての変数は $\mathcal{W}_x$ に現れる．したがって，$\mathcal{W}_{x,y}$ のすべての変数は，$\mathcal{W}$ に現れる．

（c） $(\mathcal{W}_x)_y y = \mathcal{W}_x$ なので，$(\mathcal{W}_x)_y yx = \mathcal{W}_x x = \mathcal{W}$ である．

(a), (b), (c)によって，$(\mathcal{W}_x)_y$ は $\mathcal{W}$ の y, x 除去である．

問題 5　一つ目の証明では，A は項 t を実現するコンビネータとする．すなわち，$Axx_1 \cdots x_n = t(x, x_1, \cdots, x_n)$ である．Γ を A の不動点とすると，

$$\Gamma x_1 \cdots x_n = A\Gamma x_1 \cdots x_n = t(\Gamma, x_1, \cdots, x_n)$$

となる．すなわち，$\Gamma x_1 \cdots x_n = t(\Gamma, x_1, \cdots, x_n)$ である．

二つ目の証明では，A が項 $t(xx, x_1, \cdots, x_n)$ を実現すると仮定する．すなわち，すべての $x, x_1, \cdots, x_n$ に対して $Axx_1 \cdots x_n = t(xx, x_1, \cdots, x_n)$ が成り立つ．ここで，x を A とすると $AAx_1 \cdots x_n = t(AA, x_1, \cdots, x_n)$ が得られる．したがって，AA を Γ とすればよい．

読者への注　ゲーデルによる自己参照文の構成と同様，再帰的関数論およびコンビネータ論理におけるすべての不動点定理と再帰定理は，本質的に，二つ目の証明における仕掛けの単なる精巧な変形と考えられる．すべての場合において，等式の左辺は Ax を含み，右辺は xx を含む．そして，x を A とすると，結果として等式の両辺に AA が現れる．

つぎに，練習問題の答えを示そう．

（a） $Qzxy = x(zy)$ なので，Γ を Q の不動点とすると，

$$\Gamma xy = Q\Gamma xy = x(\Gamma y)$$

が得られる．したがって，$\Gamma xy = x(\Gamma y)$ である．

（b） $Czxy = zyx$ なので，Γ を C の不動点とすると，

$$\Gamma xy = C\Gamma xy = \Gamma yx$$

が得られる．したがって，$\Gamma xy = \Gamma yx$ である．

問題 6　この問題にも 2 通りの証明があり，いずれも興味深い．

一つ目の証明では，両立する対 (A,B) の交叉点が，$Ax=y$ かつ $By=x$ となる要素の対 (x,y) のことであるのを思い出そう．ここではコンビネータ的に完全な体系を扱っているので，第 8 章の問題 6 の前提（条件 C_1 と C_2 がともに成り立つ）に合致し，したがって，項の対にはすべて交叉点が存在する．（この問題の言語では，任意の二つのコンビネータは両立する．）

ここで，A_1 は t_1 を実現し，A_2 は t_2 を実現するものとする．すなわち，

$$A_1xx_1\cdots x_n=t_1(x,x_1,\cdots,x_n) \tag{3}$$

$$A_2xx_1\cdots x_n=t_2(x,x_1,\cdots,x_n) \tag{4}$$

である．このとき，(Γ_1,Γ_2) を (A_2,A_1) の交叉点とする．((A_1,A_2) の交叉点ではなく，(A_2,A_1) の交叉点であることに注意せよ．）すなわち，$A_2\Gamma_1=\Gamma_2$ かつ $A_1\Gamma_2=\Gamma_1$ である．すると，

$$\Gamma_1x_1\cdots x_n=A_1\Gamma_2x_1\cdots x_n=t_1(\Gamma_2,x_1,\cdots,x_n) \tag{1$'$}$$

$$\Gamma_2x_1\cdots x_n=A_2\Gamma_1x_1\cdots x_n=t_2(\Gamma_1,x_1,\cdots,x_n) \tag{2$'$}$$

となる．

二つ目の証明では，与えれた項 $t_1(x,x_1,\cdots,x_n)$ と $t_2(x,x_1,\cdots,x_n)$ に対して，A_1 と A_2 を，次の条件を満たすコンビネータとする．

$$A_1xyx_1\cdots x_n=t_1(xyx,x_1,\cdots,x_n) \tag{1}$$

$$A_2xyx_1\cdots x_n=t_2(xyx,x_1,\cdots,x_n) \tag{2}$$

このとき，

$$A_1A_2A_1x_1\cdots x_n=t_1(A_2A_1A_2,x_1,\cdots,x_n) \tag{1$'$}$$

$$A_2A_1A_2x_1\cdots x_n=t_2(A_1A_2A_1,x_1,\cdots,x_n) \tag{2$'$}$$

となる．したがって，$\Gamma_1=A_1A_2A_1$, $\Gamma_2=A_2A_1A_2$ とすればよい．

問題 7　$\mathcal{W}$ は良項であり，x は $\mathcal{W}$ に現れることが与えられている．$\mathcal{W}_x$ を構成するそれぞれの段階において，S, B, C, I 以外の新たな定項が加えられることはないので，$\mathcal{W}_x$ は良項である．

項帰納法を用いて，x が $\mathcal{W}_x$ に現れないこと，そして，$\mathcal{W}_x$ のすべての変数は $\mathcal{W}$ に現れることを証明するのは，読者に委ねる．あとは，$\mathcal{W}_xx=\mathcal{W}$ を示すだけである．帰納法を用いて，これを示す．

（1）$\mathcal{W}=x$ ならば，$\mathcal{W}_x$ は I であり，$\mathcal{W}_xx=Ix=I\mathcal{W}=\mathcal{W}$ である．したがって，$\mathcal{W}_xx=\mathcal{W}$ である．あとは，複合項 $\mathcal{W}\mathcal{V}$ の場合に，主張が成り立つことを示せばよい．

（2）(a)　x が $\mathcal{W}$ と $\mathcal{V}$ の両方に現れる場合，$\mathcal{W}_xx=\mathcal{W}$ かつ $\mathcal{V}_xx=\mathcal{V}$ と仮定する．このとき，$(\mathcal{W}\mathcal{V})_xx=\mathcal{W}\mathcal{V}$ であることを示さなければならない．$(\mathcal{W}\mathcal{V})_x=$

$S\mathcal{W}_x\mathcal{V}_x$ なので，

$$(\mathcal{W}\mathcal{V})_x x = S\mathcal{W}_x\mathcal{V}_x x = \mathcal{W}_x x(\mathcal{V}_x x) = \mathcal{W}\mathcal{V}$$

となる．

（2）（b）　x が $\mathcal{W}$ には現れるが，$\mathcal{V}$ には現れない場合，帰納法の仮定によって $\mathcal{W}_x x = \mathcal{W}$ である．この場合には，$(\mathcal{W}\mathcal{V})_x = C\mathcal{W}_x\mathcal{V}$ なので，

$$(\mathcal{W}\mathcal{V})_x x = (C\mathcal{W}_x\mathcal{V})x = \mathcal{W}_x x\mathcal{V} = \mathcal{W}\mathcal{V}$$

となる．

（2）（c）　x が $\mathcal{V}$ には現れるが，$\mathcal{W}$ には現れない場合：

（c_1）　$\mathcal{V} = x$ ならば，$(\mathcal{W}\mathcal{V})_x = \mathcal{W}$ なので，

$$(\mathcal{W}\mathcal{V})_x x = \mathcal{W}_x = \mathcal{W}\mathcal{V}$$

となる．

（c_2）　$\mathcal{V} \neq x$ である（そして，x は $\mathcal{W}$ に現れない）場合，$\mathcal{V}_x x = \mathcal{V}$ と仮定して，$(\mathcal{W}\mathcal{V})_x x = \mathcal{W}\mathcal{V}$ を示さなければならない．この場合，$(\mathcal{W}\mathcal{V})_x = B\mathcal{W}\mathcal{V}_x$ なので，

$$(\mathcal{W}\mathcal{V})_x x = B\mathcal{W}\mathcal{V}_x x = \mathcal{W}(\mathcal{V}_x x) = \mathcal{W}\mathcal{V}$$

となる．

これで，証明は完成である．

問題 8

（a）　Q_3 を GI とすると，$Q_3xyz = GIxyz = Iz(xy) = z(xy)$ となる．

（b）　C を $GGII$ とすると，$GGIIx = Gx(II) = GxI$ なので，

$$Cxyz = GGIIxyz = GxIyz = xz(Iy) = xzy$$

となる．

（c）　T を CI とすると，$Txy = CIxy = Iyx = yx$ となる．このかわりに，T を Q_3I とすることもでき，

$$Txy = Q_3Ixy = y(Ix) = yx$$

となる．

（d）

$$CCxyz = Cyxz = yzx = Rxyz$$

となるので，CC はロビン R であることを思い出そう．Q を GRQ_3 とすると，

$$Qxyz = GRQ_3xyz = Ry(Q_3x)z = Q_3xzy = y(xz)$$

となる．最後に，B を CQ とすると，

$$Bxyz = CQxyz = Qyxz = x(yz)$$

となる．

第 12 章

コンビネータ，再帰的関数論，決定不能性

この章では，完全体系を扱う．すなわち，すべてのコンビネータは，S と K を使って表すことができる．それでは，コンビネータ論理が命題論理，再帰的関数論，決定不能性とどのように関わるのかを見ていこう．

◉論理コンビネータ

二つのコンビネータ t と f で，それぞれ真と偽を表すようにしたい．いくつものやり方が可能であるが，ここで採用するのは，ヘンク・バーレンドレヒトによるものである [1]．t としてケストレル K を用い，f としてコンビネータ KI を用いる．したがって，以降では，t は K の省略形であり，f は KI の省略形である． t と f を**命題コンビネータ**と呼ぶことにする．任意のコンビネータ x と y に対して，それらが命題コンビネータであるかどうかにかかわらず，$txy = x$ かつ $fxy = y$ となり，これが技術的に都合のよいことに注意しよう．

命題コンビネータは，t と f（すなわち，K と KI）の 2 種類しかない．ここでは，命題ではなく，任意の**命題コンビネータ**を表すために文字 p, q, r, s を使い，$p = t$ ならば p は**真**であるといい，$p = f$ ならば p は**偽**であるという．p の**否定** $\sim p$ は，通常の条件 $\sim t = f$ および $\sim f = t$ によって定義する．**連言** $p \wedge q$ は，真理値表の条件 $t \wedge t = t$，$t \wedge f = f$，$f \wedge t = f$，$f \wedge f = f$ によって定義される．**選言** $p \vee q$，**含意** $p \supset q$，**双条件式** $p \equiv q$ も同じように定義する．これらの演算を実現できるコンビネータを見つけたい．

問題 1　次の条件を満たすコンビネータ N（否定コンビネータ），c（連言

コンビネータ)，d（選言コンビネータ)，i（含意コンビネータ)，e（同値コンビネータまたは双条件式コンビネータ）を見つけよ．

（a）　$Np = \sim p$

（b）　$cpq = p \wedge q$

（c）　$dpq = p \vee q$

（d）　$ipq = p \supset q$

（e）　$epq = p \equiv q$

これらのコンビネータをさまざまなやり方で組み合わせることによって，複合真理値表を計算できるという意味で命題論理を実行するコンビネータが得られることが分かる．

◉算術コンビネータ

つぎに，自然数の算術がどのようにコンビネータ論理に埋め込むことができるかを見てみよう．

それぞれの自然数 n は，$\overline{n}$ と表記されるコンビネータによって表現される．（n を指示するペアノ数項と混同しないように．）これを行うやり方は何通りもあるが，そのうちの一つはチャーチによるものである [4]．ここで採用するやり方は，ヘンク・バーレンドレヒトによるものである [1]．そこでは，ヴィレオ V（$Vxyz = zxy$）が重要な役割を演じる．σ（「シグマ」と読む）を**後者コンビネータ** Vf（これは $V(KI)$ である）とする．$\overline{0}$ を恒等コンビネータ I とし，$\overline{1}$ を $\sigma\overline{0}$，$\overline{2}$ を $\sigma\overline{1}$ というように，$\overline{n+1} = \sigma\overline{n}$ とする．まず最初に示す必要があるのは，コンビネータ $\overline{0}, \overline{1}, \overline{2}, \cdots$ はすべて相異なるということだ．

問題 2　$m \neq n$ ならば，$\overline{m} \neq \overline{n}$ であることを示せ．（ヒント：まず，すべての n に対して，n^+ を $n+1$ の省略形とするとき，$\overline{0} \neq \overline{n^+}$ を示す．つぎに，$\overline{n^+} = \overline{m^+}$ ならば，$\overline{n} = \overline{m}$ となることを示す．そして，最後に，すべての m, n とすべての正の k に対して $\overline{n} \neq \overline{n+k}$ を示す．）

コンビネータ $\overline{0}, \overline{1}, \overline{2}, \cdots$ は，**数値コンビネータ**と呼ばれる．コンビネータ A は，すべての n に対して，$A\overline{n} = \overline{m}$ となる数 m が存在するならば，1 型の**算術コンビネータ**と呼ばれる．コンビネータ A は，すべての n と m に対して，$A\overline{n}\,\overline{m} = \overline{p}$ となる数 p が存在するならば，2型の算術コンビネータと呼ばれる．一般に，コンビネータ A は，すべての数 $x_1, \cdots, x_n$ に対して，$A\overline{x_1}\cdots\overline{x_n} = \overline{y}$ となる数 y が存在するならば，n 型の算術コンビネータと呼ばれる．

ここで，$\oplus$ と表記する**加法コンビネータ**で，$\oplus\overline{m}\,\overline{n} = \overline{m+n}$ となるようなものと，$\otimes$ と表記する**乗法コンビネータ**で，$\otimes\overline{m}\,\overline{n} = \overline{m\times n}$ となるようなもの，そして，**べき乗コンビネータ** Ⓔ で，Ⓔ$\overline{m}\,\overline{n} = \overline{m^n}$ となるようなものが存在することを示したい．

これらを示すために，いくつかの準備が必要になる．

任意の正数 n に対して，その**前者**とは，$n-1$ のことである．したがって，任意の数 n に対して，n^+ の前者は n である．このとき，すべての n に対して $P\overline{n^+} = \overline{n}$ になるという意味で前者を計算するコンビネータ P が必要になる．

問題3　このようなコンビネータ P を見つけよ．

◉ゼロ試験子

ゼロ試験子と呼ばれるコンビネータ Z で，$Z\overline{0} = t$ かつ任意の正数 n に対して $Z\overline{n} = f$ となるようなものがどうしても必要である．

問題4　このようなコンビネータ Z を見つけよ．

問題5　コンビネータ A で，$A\overline{0}xy = x$ であるが，n が正の場合には $A\overline{n}xy = y$ となるようなものが存在するか．

ここで，いくつかの再帰的関数性について考えよう．

問題6　任意のコンビネータ A と任意の数 k に対して，次の2条件を満たすコンビネータ Γ が存在することを証明せよ．

C_1:　$\Gamma\overline{0} = \overline{k}$

C_2:　$\Gamma\overline{n^+} = A(\Gamma\overline{n})$

（ヒント：(1)　条件 C_2 は，任意の正数 n に対して

$$\Gamma\overline{n} = A(\Gamma(P\overline{n}))$$

となることと同値である.（2）問題 5 と同じように，ゼロ試験子を使う.（3）不動点定理を使う.）

問題 7　つぎに，次の条件を満たすコンビネータ $\oplus$, $\otimes$, Ⓔ が存在することを示せ.

（1）　$\oplus \overline{m}\,\overline{n} = \overline{m+n}$

（2）　$\otimes \overline{m}\,\overline{n} = \overline{m \times n}$

（3）　Ⓔ $\overline{m}\,\overline{n} = \overline{m^n}$

コンビネータ論理の再帰的関数性のもっとも一般的な形式は，任意の項 $f(y_1, \cdots, y_n)$ と $g(x, z, y_1, \cdots, y_n)$ に対して，コンビネータ Γ で，すべての数項 $\overline{x}$, $\overline{y}_1$, $\cdots$, $\overline{y}_n$ に対して

（1）　$\Gamma \overline{0}\, \overline{y}_1 \cdots \overline{y}_n = f(\overline{y}_1, \cdots, \overline{y}_n)$

（2）　$\Gamma \overline{x}\, \overline{y}_1 \cdots \overline{y}_n = g((P\overline{x}), (\Gamma(P\overline{x})\overline{y}_1 \cdots y_n), \overline{y}_1, \cdots, \overline{y}_n)$

となるようなものが存在する，というものである.

不動点定理によって，このようなコンビネータ Γ は存在し，次の条件によって定義される.

$$\Gamma x y_1 \cdots y_n = Zxf(y_1, \cdots, y_n)g((Px), (\Gamma(Px)y_1 \cdots y_n), y_1, \cdots, y_n)$$

この見事な発想は，アラン・チューリングによるものである.

1.　大団円への準備

◉性質コンビネータ

性質コンビネータとは，すべての数 n に対して，$\Gamma\overline{n} = t$ または $\Gamma\overline{n} = f$ となるようなコンビネータ Γ のことである.

(自然) 数の集合 A は，性質コンビネータ Γ で，A に属するすべての n に対して $\Gamma\overline{n} = t$ となり，A に属さないすべての n に対して $\Gamma\overline{n} = f$ となるようなものが存在するならば，（コンビネータ的に）**計算可能**という. このようなコンビネータ Γ は，A を**計算する**という.

コンビネータ的計算可能性についての重要なこととして，集合 A がコンビネータ的に計算可能となるのは，A が再帰的であるとき，そしてそのときに限るということを注意しておこう.

問題 8　偶数の集合 E は計算可能であることを示せ．（ヒント：偶数であるという性質は，次の条件を満たすただ一つの性質である．（1）0は偶数である．（2）正整数 n に対して，n が偶数であるのは，その前者が偶数でないとき，そしてそのときに限る．ここで不動点定理を使う．）

問題 9　Γ が A を計算すると仮定する．このことから，$N\Gamma$ が A の補集合 $\overline{A}$ を計算することが導けるだろうか．（N は否定コンビネータ Vft である．）

◉関係コンビネータ

n 次の**関係コンビネータ**とは，コンビネータ A で，すべての数 $k_1, \cdots, k_n$ に対して，$A\overline{k_1}\cdots\overline{k_n} = t$ または $A\overline{k_1}\cdots\overline{k_n} = f$ となるようなもののことである．そして，そのようなコンビネータ A は，$A\overline{k_1}\cdots\overline{k_n} = t$ となるような n 個組 $(k_1, \cdots, k_n)$ すべてからなる集合を計算するという．すなわち，任意の関係 $R(x_1, \cdots, x_n)$ に対して，A が R を計算するというのは，すべての n 個組 $(k_1, \cdots, k_n)$ に対して，$R(k_1, \cdots, k_n)$ が成り立つならば $A\overline{k_1}\cdots\overline{k_n} = t$ であり，$R(k_1, \cdots, k_n)$ が成り立たないならば $A\overline{k_1}\cdots\overline{k_n} = f$ であることを意味する．

問題 10　関係 $x > y$（x は y より大きい）を計算する関係コンビネータ g が存在することを示せ．（ヒント：この関係は，次の条件によって一意に決まる．

（1）$x = 0$ ならば，$x > y$ は偽である．

（2）$x \neq 0$ かつ $y = 0$ ならば，$x > y$ は真である．

（3）$x \neq 0$ かつ $y \neq 0$ ならば，$x > y$ が真となるのは，$x - 1 > y - 1$ が真であるとき，そしてそのときに限る．）

◉関数コンビネータ

1引数の関数 $f(x)$，すなわち，それぞれの数 n に対して $f(n)$ で表される数を割り当てる演算を考える．コンビネータ A は，すべての数 n に対して，条件 $A\overline{n} = \overline{f(n)}$ が成り立つならば，関数 $f(x)$ を**実現する**という．

問題 11　関数 $f(x)$ と $g(x)$ がともに実現可能[訳注 1]ならば，関数 $f(g(x))$，すなわち，それぞれの数 n に対して数 $f(g(n))$ を割り当てる演算も実現可能であることを示せ．

問題 12　$R(x,y)$ は計算可能[訳注 2]で，$f(x)$ と $g(x)$ はともに実現可能であると仮定する．このとき，次の関係が計算可能であることを示せ．

（a）　関係 $R(f(x),y)$

（b）　関係 $R(x,g(y))$

（c）　関係 $R(f(x),g(y))$

◉最小化原理

2 次の関係コンビネータ A で，すべての数 n に対して，$A\overline{n}\,\overline{m}=t$ となる数 m が少なくとも一つ存在するようなものを考える．このようなコンビネータは，**正則**と呼ばれることもある．A が正則ならば，すべての n に対して，$A\overline{n}\,\overline{k}=t$ となるような最小の数 k がなければならない．最小化原理とは，すべての正則コンビネータ A に対して，A の**最小値**と呼ばれるコンビネータ A' が存在し，すべての数 n に対して，k を $A\overline{n}\,\overline{k}=t$ となる最小の数とすると，$A'\overline{n}=\overline{k}$ となる，というものである．

最小化原理を証明してみよう．その準備として，次の問題はとくに役立つだろう．

問題 13　A を任意の正則な 2 次の関係コンビネータとするとき，コンビネータ A_1 で，すべての数 n と m に対して次の条件が成り立つようなものが存在することを示せ．

（1）　$A\overline{n}\,\overline{m}=t$ ならば，$A_1\overline{n}\,\overline{m}=\overline{m}$

（2）　$A\overline{n}\,\overline{m}=f$ ならば，$A_1\overline{n}\,\overline{m}=A_1\overline{n}\,\overline{m+1}$

問題 14　それでは，最小化原理，すなわち，すべての正則な 2 次の関係コンビネータ A に対して，A の**最小値**と呼ばれるコンビネータ A' で，すべ

[訳注 1]　関数 $f(x)$ を実現するコンビネータが存在するならば，$f(x)$ は実現可能という．
[訳注 2]　集合の場合と同じように，コンビネータ Γ で，$R(n,m)$ が成り立つすべての数 n,m に対して $\Gamma\overline{n}\,\overline{m}=t$ となり，$R(n,m)$ が成り立たないすべての数 n,m に対して $\Gamma\overline{n}\,\overline{m}=f$ となるようなものが存在するならば，$R(x,y)$ は計算可能という．

ての n に対して $A'\overline{n} = \overline{k}$ となるようなものが存在することを証明せよ．ただし，k を $A\overline{n}\,\overline{k} = t$ となるような最小の数とする．（ヒント：問題 13 の A_1 とカーディナル C（$Cxyz = xzy$）を使う．）

◉長さ測定子

数 n の**長さ**とは，n を通常の十進法表記で表したときの桁数のことである．0 以上 9 以下の数の長さは 1 であり，10 以上 99 以下の数の長さは 2，100 以上 999 以下の数の長さは 3 というようになる．実際には，n の長さは，$10^k > n$ となるような最小の数 k である．

ここで，任意の数の長さを測定するコンビネータ L'，すなわち，k を n の長さとするとき，$L'\overline{n} = \overline{k}$ となるようなものを求めたい．

問題 15　長さ測定子 L' が存在することを証明せよ．

◉十進数表記での連結

任意の数 n と m に対して，$n * m$ は，通常の十進数表記で書いたときに，（十進数表記の）n の後に（十進数表記の）m を続けた数のこととしよう．たとえば，

$$47 * 386 = 47386$$

である．

ここで，連結の演算 $*$ を実現するコンビネータ $\circledast$ を求めたい．

問題 16　すべての n と m に対して，$\circledast\overline{n}\,\overline{m} = \overline{n * m}$ となるコンビネータ $\circledast$ が存在することを示せ．（ヒント：k を y の長さとするとき，$x * y = (x \times 10^k) + y$ である．たとえば，

$$26 * 587 = 26000 + 587 = (26 \times 10^3) + 587$$

であり，3 は 587 の長さである．）

2.　最重要問題

S, K 項とは，変数を含まず，定項 S と K からだけで作り上げられた項のことである．一般的な S, K 項を表すために，文字 X, Y, Z を使う．以降では，「項」は S, K 項を意味するものとする．

もちろん，相異なる項が同じコンビネータを指示することもある．たとえば，KKK は，KKI と同じコンビネータを指示する．なぜなら，これらのコンビネータはともにケストレル K を指示するから，あるいは，等式 $KKK = KKI$ が**成り立つ**，または**真**になるといえるからである．等式が真になるのは，その等式が，与えられた（**コンビネータ論理の公理**と呼ばれる）条件 $SXYZ = XZ(YZ)$ と $KXY = X$，等号の推論規則，具体的には，$X = X$，$X = Y$ ならば $XZ = YZ$ かつ $ZX = ZY$，そして，対称則（$X = Y$ ならば $Y = X$）や推移則（$X = Y$ かつ $Y = Z$ ならば $X = Z$）からの帰結であるとき，そしてそのときに限る．

そして，最重要問題とは，項 X と Y が与えられたときに，等式 $X = Y$ が成り立つかどうかを決定する系統的な方法があるか，というものだ．これは，与えられた数がある数の集合に属するかどうかを決定するという問題に還元できる．この問題の翻訳には，ゲーデル符号化の仕組みを使う．まず，この問題の翻訳がどのように達成されるかを考えてみよう．

すべての文（ここではしばしば等式と呼ばれる）は，次の 5 種類の記号から作り上げられる．

$$\begin{array}{ccccc} S & K & (&) & = \\ 1 & 2 & 3 & 4 & 5 \end{array}$$

この節では，すべての文は，次の形式をした等式である．

$$S, K \text{ 項} = S, K \text{ 項}$$

それぞれの記号の下には，そのゲーデル数を付記した．複合記号列（複合項，または文）のゲーデル数は，S を 1 で，K を 2 で，$\cdots$, $=$ を 5 で置き換え，その結果を十進数として読むことによって得られる数である．たとえば，$KS(=$ のゲーデル数は 2135 である．

$\mathcal{T}$ をすべての真な文からなる集合とし，$\mathcal{T}_0$ をすべての真な文のゲーデル数からなる集合とする．ここでの問題は，集合 $\mathcal{T}_0$ がコンビネータ的に計算可能であるかどうかである．すなわち，すべての n に対して，$n \in \mathcal{T}_0$ ならば $\Gamma\overline{n} = t$ であり，$n \notin \mathcal{T}_0$ ならば $\Gamma\overline{n} = f$ であるようなコンビネータ Γ が存在するだろうか．

この問題はきわめて重要である．なぜなら，いかなる形式的な数学の問題も，ある数が T_0 に属するかどうかという問題に還元できるからである．したがって，この問題は，すべての形式的な数学の問題を解決できるような万能計算機が存在するかどうかという問題と同値である．

読者はおそらく推測するように，その答えは否定的であり，それがこれから証明しようしていることである．

◉ゲーデル数項

まず，項を構成するには 2 通りの異なるやり方があることを指摘しておく．それらは，括弧を導入する 2 通りの異なるやり方を伴う．一方のやり方は，次の二つの規則に従って項を作り上げる．

（1）　S と K は項である．

（2）　X と Y が項ならば，(XY) も項である．

もう一方のやり方は，(2) を次の (2′) で置き換えたものだ．

(2′)　X と Y が項ならば，$(X)(Y)$ も項である．

ここでは，一つ目のやり方を使うことにする．

任意の数 n に対して，数項 $\overline{n}$ は，ほかの項と同じようにゲーデル数をもつ．$n^{\#}$ を数項 $\overline{n}$ のゲーデル数とする．たとえば，$\overline{0}$ はコンビネータ I で，S と K を使って表すと $((SK)K)$ になり，そのゲーデル数は 3312424 である．したがって，$0^{\#} = 3312424$ となる．

$1^{\#}$ は，数項 $\overline{1}$ のゲーデル数であり，$\overline{1} = (\sigma\overline{0})$ である．ただし，σ はコンビネータ Vf であり，Vf を S と K に還元すると恐ろしく長い記号列になり，その結果として，不愉快なほど長いゲーデル数をもつので，それを記号 s と略記する．すなわち，以降では，s は（略記すると）σ（になる項）のゲーデル数であり，$1^{\#}$ は，$(\sigma\overline{0})$ のゲーデル数で，$3 * s * 0^{\#} * 4$ である．

つぎに，$2^{\#}$ は $(\sigma\overline{1})$ のゲーデル数であり，この項のゲーデル数は $3 * s * 1^{\#} * 4$ である．同様にして，$3^{\#} = 3 * s * 2^{\#} * 4$ というようにどこまでも続く．

ここで，関数 $f(n) = n^{\#}$ がコンビネータ的に実現可能であること，すなわち，（すべての n に対して）$\delta\overline{n} = \overline{n^{\#}}$ が成り立つようなコンビネータ δ が存在することを示す必要がある．

問題 17　このようなコンビネータ δ が存在することを示せ．

◉正規化

任意の記号列 X に対して，$\ulcorner X \urcorner$ は，X のゲーデル数を指示する**数項**のことである．$\ulcorner X \urcorner$ を，X の**ゲーデル数項**と呼んでもよいだろう．X のノルムとは，$X\ulcorner X \urcorner$，すなわち，X の後ろに X のゲーデル数項を続けたもののことである．n が X のゲーデル数項ならば，$n^{\#}$ は $\ulcorner X \urcorner$ のゲーデル数であり，したがって，$n * n^{\#}$ は $X\ulcorner X \urcorner$ のゲーデル数，すなわち，X のノルムである．

ここで，正規化子と呼ばれる，すべての n に対して $\Delta\overline{n} = \overline{n * n^{\#}}$ が成り立つようなコンビネータ Δ を求めたい．

問題 18　このようなコンビネータ Δ を示せ．

問題 19　次の主張のうち，成り立つものがあるとしたら，どちらだろうか．

（a）　$\Delta\ulcorner X \urcorner = X\ulcorner X \urcorner$

（b）　$\Delta\ulcorner X \urcorner = \ulcorner X\ulcorner X \urcorner \urcorner$

このあとで分かるように，正規化子はすごいことをやってのける．

◉第 2 不動点定理

等式 $X = \overline{n}$ が成り立つならば，項 X は数 n を**指示する**という．あきらかに，n を指示する項の一つは数項 $\overline{n}$ であるが，ほかにも多くの項が n を指示する．たとえば，$n = 8$ に対して，項 $\oplus\overline{4}\overline{4}$, $\oplus\overline{5}\overline{3}$, $\oplus\overline{2}\overline{6}$ はすべて 8 を指示する．実際には，n を指示する項は無限にある．たとえば，$I\overline{n}$, $I(I\overline{n})$, $I(I(I\overline{n}))$ などである．

項は，ある数を指示するならば，**算術項**と呼ぶ．すべての数項は算術項であるが，すべての算術項が数項というわけではない．

いかなる数項もそのゲーデル数を指示することは不可能である．なぜなら，$\overline{n}$ のゲーデル数は n よりも大きい（$n^{\#} > n$）からである．しかしながら，それは，算術項がそのゲーデル数を指示しえないことを意味するものではない．実際，そのゲーデル数を指示する算術項が存在するのだ．また，そのゲーデル数の 2 倍を指示する算術項，そのゲーデル数の 8 倍に 15 を加えたものを指示する算術項が存在する．実際には，任意の実現可能な関数 $f(x)$ に対して，$f(n)$ を指示する算術項 X が存在する．ただし，n は，X

のゲーデル数である．これは，任意のコンビネータ A に対して，$A\lceil X \rceil = X$ が成り立つような項 X が存在するという第 2 不動点定理からすぐに導かれる．ここで，この第 2 不動点定理を証明したい．

問題 20　第 2 不動点定理を証明せよ．すなわち，任意のコンビネータ A に対して，$A\lceil X \rceil = X$ が成り立つような項 X が存在することを示せ．

問題 21　任意の実現可能な関数 $f(x)$ に対して，$f(n)$ を指示する（数項）X が存在することを示せ．ただし，n は X のゲーデル数である．（ヒント：第 2 不動点定理を使う．）

◉表現可能性

コンビネータ Γ は，すべての数 n に対して，$\Gamma\overline{n} = t$ が成り立つのは，$n \in A$ であるとき，そしてそのときに限るならば，数の集合 A を**表現する**ということにする．したがって，Γ は $\Gamma\overline{n} = t$ が成り立つようなすべての n からなる集合を表現する．（前に取り組んだコンビネータ Γ による数の集合 A のコンビネータ的計算可能性は，表現可能性よりも多くのことを要求することに注意しよう．$n \notin A$ ならば，コンビネータ的計算可能性の場合は $\Gamma\overline{n} = f$ でなければならないが，表現可能性の場合は $\Gamma\overline{n} \neq t$ だけが必要だからである．）

問題 22　Γ が A を計算すると仮定する．このとき，次の主張のうち，成り立つものがあるとしたら，どちらだろうか．

（1）　A は表現可能である．

（2）　A の補集合 $\overline{A}$ は表現可能である．

任意の関数 $f(x)$ と集合 A に対して，$f^{-1}(A)$ は $f(n) \in A$ となるような数 n すべてからなる集合を意味することを思い出そう．すなわち，$n \in f^{-1}(A)$ となるのは，$f(n) \in A$ であるとき，そしてそのときに限る．

問題 23　関数 $f(x)$ が実現可能であり，A が表現可能ならば，$f^{-1}(A)$ は表現可能であることを証明せよ．

◉ゲーデル文

文（等式）X は，X が真であるのは，X のゲーデル数が A に属するとき，そしてそのときに限るならば，数の集合 A の**ゲーデル文**と呼ぶことにする．ここで，A が表現可能ならば，A のゲーデル文が存在することを示すのが目標である．

問題 24　集合 A は表現可能であると仮定する．このとき，$(n * 52) \in A$ であるようなすべての n からなる集合は表現可能であることを証明せよ．（$n * 52$ の意義は，n が X のゲーデル数ならば，$n * 52$ は $X = t$ のゲーデル数であるという点にある．）

問題 25　任意の表現可能な集合 A に対して，A のゲーデル文が存在することを証明せよ．

これで，すべての真な文のゲーデル数からなる集合 $\mathcal{T}_0$ が計算可能でないことを証明するための鍵となる部品がすべて手に入った．

問題 26　$\mathcal{T}_0$ が計算可能でないことを証明せよ．

◉考察

集合 $\mathcal{T}_0$ の**補集合**は表現可能でないことが分かった．それでは，集合 $\mathcal{T}_0$ はどうか．集合 $\mathcal{T}_0$ は表現可能だろうか．そう，これは表現可能である．前にほのめかしたように，コンビネータ論理は定式化できる．コンビネータ論理の完全な公理系は次のとおりである．

記号　$S, K, (,), =$

項　前に再帰的に定義したとおり．

文（または等式）　X と Y を項としたときの，$X = Y$ という形式の記号列

公理図式　任意の項 X, Y, Z に対して，

（1）　$SXYZ = XZ(YZ)$

（2）　$KXY = X$

（3）　$X = X$

推論規則

R_1:　$X = Y$ から $Y = X$ を推論する

R_2:　$X = Y$ から $XZ = YZ$ を推論する

R_3:　$X = Y$ から $ZX = ZY$ を推論する

R_4:　$X = Y$ かつ $Y = Z$ から $X = Z$ を推論する

項の集合，文の集合，証明可能な文の集合を順次表現するような初等形式的体系を構成するのは比較的簡単である．したがって，集合 $\mathcal{T}$ は形式的に表現可能であり，そこから簡単に集合 $\mathcal{T}_0$ が再帰的に枚挙可能であることを導ける．そして，再帰的枚挙可能性がコンビネータ論理の表現可能性と同じものであることはよく知られている．したがって，集合 $\mathcal{T}_0$ は実際に表現可能である．

集合 $\mathcal{T}_0$ は，再帰的ではない再帰的に枚挙可能な集合の一つの例になっている．

前に述べたように，形式的な任意の数学の問題は，ある数が $\mathcal{T}_0$ に属しているかどうかという問題に還元できる．すなわち，それぞれの形式的な数学の問題に，数 n で，$n \in \mathcal{T}_0$ となるのは，その問題の答えが肯定的であるとき，そしてそのときに限るようなものを関連付けることができる．どの数が $\mathcal{T}_0$ に属するかを決定する純粋に機械的な方法はないので，どの形式的な数学の問題が真であり，どの問題が偽であるかを決定する純粋に機械的な方法はない．数学には，知性と創意工夫が必要なのである．数学を完全に機械化しようとするいかなる試みも，失敗する運命にある．将来を予言する言葉として，エミール・ポストは「数学は本質的に創造的であるし，そうあり続けるべきだ」と述べている [21]．あるいは，ポール・ローゼンブルームの気の利いた言葉を借りれば，「人間は自身の知性を必要とする状況を根絶させることはできない．たとえ，叡智の限りを尽くしたとしても」ということだ．

問題の解答

問題 1

（a）　条件 $Nx = xft$ を満たす否定コンビネータ N が必要である．V をヴィレオ（$Vxyz = zxy$）として，N を Vft とすると，望みどおり，$Nx = Vftx = xft$ となる．このとき，（$t = K$，または，すべての x と y に対して $txy = x$ なので）$Nt = tft = f$ であり，（$f = KI$，または，すべての x と y に対して $fxy = y$ なので）$Nf = fft = t$ となる．したがって，p が t であっても f であっても，$Np = {\sim}p$ となる．

（b）　今度は，$cxy = xyf$ となるような連言コンビネータ c を求めたい．R をロビン（$Rxyz = yzx$）として，c を Rf とすると，望みどおり，$cxy = Rfxy = xyf$ となる．このとき，（すべての x と y に対して，$txy = x$ かつ $fxy = y$ であるという事実を使うと）

（1）　$ctt = ttf = t$

（2）　$ctf = tff = f$

（3）　$cft = ftf = f$

（4）　$cff = fff = f$

となる．

（c）　つぎに，$dxy = xty$ となるような選言コンビネータ d を求めたい．このために，T をスラッシュ（$Txy = yx$）として，d を Tt とすると，$dxy = xty$ となる．（確かめよ．）そして，$dpq = p \vee q$ となる．（4 通りの場合すべてを確かめよ．）

（d）　R をロビン（$Rxyz = yzx$）として，含意コンビネータ i を Rt とする．すると，$ixy = Rtxy = xyt$ なので，$ixy = xyt$ となる．このとき，$ipq = p \supset q$ となる．（確かめよ．）

（e）　$exy = xy(Ny)$ となるような同値コンビネータ e を求めたい．このために，e を CSN とすると

$$CSNxy = SxNy = xy(Ny)$$

となる．このとき，epq は $p \equiv q$ と同じ値になる．ここまでに，$Nt = f$，$Nf = t$，そして，すべての x と y に対して $txy = x$ かつ $fxy = f$ となるのを示したことを思い出して，これを確かめよ．

問題 2　ある n に対して $\overline{0} = \overline{n^+}$ であると仮定する．したがって，$I = \sigma\overline{n} = Vf\overline{n}$ である．その結果として，$IK = Vf\overline{n}K = Kf\overline{n} = f$ が得られる．したがって，$IK = KI$ であり，$K = KI$ となるが，これは，第 8 章の問題 19 に反する．

つぎに，$\overline{n} \neq \overline{m}$ ならば $\overline{n^+} \neq \overline{m^+}$ となることを示さなければならない．これを

示すかわりに，それと同値になる，$\overline{n^+} = \overline{m^+}$ ならば $\overline{n} = \overline{m}$ を示す．

それでは，$\overline{n^+} = \overline{m^+}$ と仮定する．このとき，$\sigma\overline{n} = \sigma\overline{m}$，あるいは，$Vf\overline{n} = Vf\overline{m}$ なので，$Vf\overline{n}f = Vf\overline{m}f$ となる．ここで V を適用すると，$ff\overline{n} = ff\overline{m}$ であることが分かる．これは，$\overline{n} = \overline{m}$ を含意する．（$fxy = y$ はつねに成り立つからである．）これで，$\overline{n} \neq \overline{m}$ ならば $\overline{n+1} \neq \overline{m+1}$ が証明された．

さて，この答えの最初の部分で，任意の正数 k に対して，$\overline{0} \neq \overline{k}$ となることが分かっている．今まさに証明したことから，同じように $\overline{0} \neq \overline{k}$ から $\overline{1} \neq \overline{1+k}$, $\overline{2} \neq \overline{2+k}, \cdots, \overline{n} \neq \overline{n+k}, \cdots$ であることが導かれる．これで，$m \neq n$ ならば $\overline{m} \neq \overline{n}$ となることが証明された．（なぜなら，$m \neq n$ ならば，ある正数 k に対して $m = n+k$ または $n = m+k$ だからである．）

問題 3　$\overline{n^+} = \sigma\overline{n}$ なので，$P(\sigma\overline{n}) = \overline{n}$ となるコンビネータ P を求めたい．T をスラッシュ（$Txy = yx$）として，P を Tf とすると，

$$P(\sigma\overline{n}) = Tf(\sigma\overline{n}) = \sigma\overline{n}f = Vf\overline{n}f = ff\overline{n} = \overline{n}$$

となる．

ほら，できあがり！

問題 4　T をスラッシュ（$Txy = yx$）として，Z を Tt とする．$\overline{0} = I$ かつ $\sigma = Vf$ であることを思い出すと，

（1）　$Z\overline{0} = Tt\overline{0} = \overline{0}t = It = t$ となる．したがって，$Z\overline{0} = t$ である．

（2）　$Z\overline{n^+} = Tt\overline{n^+} = \overline{n^+}t = \sigma\overline{n}t = Vf\overline{n}t = tf\overline{n} = f$ となる．したがって，$Z\overline{n^+} = f$ である．

問題 5　ゼロ試験子 Z は，まさにそのようなコンビネータである．

$$Z\overline{0}xy = txy = x$$
$$Z\overline{n^+}xy = fxy = y$$

問題 6　条件 C_1 と C_2 は，それぞれ次の条件と同値である．

C_1':　$x = \overline{0}$ ならば，$\Gamma x = \overline{k}$

C_2':　正の n に対して $x = \overline{n}$ ならば，$\Gamma x = A(\Gamma(Px))$

ここで，問題5によって，$Zx\overline{k}(A(\Gamma(Px)))$ は，$x = \overline{0}$ ならば $\overline{k}$ であり，正の n に対して $x = \overline{n}$ ならば $A(\Gamma(Px))$ である．したがって，次の条件を満たすコンビネータ Γ を求めたい．

$$\Gamma x = Zx\overline{k}(A(\Gamma(Px)))$$

このようなコンビネータ Γ は，不動点定理によって存在する．具体的には，Γ を，条件 $\theta yx = Zx\overline{k}(A(y(Px)))$ を満たすコンビネータ θ の不動点とすればよい．すると，$\Gamma x = \theta\Gamma x = Zx\overline{k}(A(\Gamma(Px)))$ となる．

問題 7

（1） 加法演算 $+$ は，次の 2 条件によって一意に決まる．

（a） $n+0=n$

（b） $n+m^{+}=(n+m)^{+}$

それゆえ，コンビネータ $\oplus$ で

（a′） $\oplus\overline{n}\,\overline{0}=\overline{n}$

（b′） $\oplus\overline{n}\,\overline{m^{+}}=\sigma(\oplus\overline{n}\,\overline{m})$

となるものを求めたい．すなわち，任意の n と m に対して，それらが 0 であっても正であっても，$\oplus\overline{n}\,\overline{m}=Z\overline{m}\,\overline{n}(\sigma(\oplus(\overline{n}(P\overline{m}))))$ が成り立つような $\oplus$ を求めたい．

不動点定理によって，このようなコンビネータは存在する．

（2） 乗法演算 $\times$ は，次の 2 条件によって一意に決まる．

（a） $n\times 0=0$

（b） $n\times m^{+}=(n\times m)+n$

したがって，不動点定理によって，求めるコンビネータ $\otimes$ は存在し，次の条件によって定義される．

$$\otimes\overline{n}\,\overline{m}=Z\overline{m}\,\overline{0}(\oplus(\otimes\overline{n}(P\overline{m}))\overline{n})$$

（3） べき乗演算は，次の 2 条件によって一意に決まる．

（a） $n^{0}=1$

（b） $n^{m^{+}}=n^{m}\times n$

したがって，不動点定理によって，求めるコンビネータ Ⓔ は存在し，条件 Ⓔ$\,\overline{m}\,\overline{n}=Z\overline{m}\,\overline{1}(\otimes($Ⓔ$\,\overline{n}(P\overline{m}))\overline{n})$ によって定義される．

問題 8　ヒントの条件(1)と(2)によって，次の条件を満たすコンビネータ $\varGamma$ を求めたい．

$$\varGamma x=Zxt(N(\varGamma(Px)))$$

このようなコンビネータは，不動点定理を使って見つけることができる．

問題 9　$N\varGamma$ が $\overline{A}$ を計算することは導かれない．$n\in A$ と仮定する．すると，$\varGamma\overline{n}=t$ である．しかしながら，これから $N\varGamma\overline{n}=f$ であることは導かれない．導くことができるのは，$N(\varGamma\overline{n})=f$ である．したがって，$\overline{A}$ を計算するのは，$N\varGamma$ ではなく，$BN\varGamma$ である．（$Bxyz=x(yz)$）なぜなら，$\varGamma\overline{n}=t$（すなわち，$n\in A$）の場合には，$BN\varGamma\overline{n}=N(\varGamma\overline{n})=f$ であり，$\varGamma\overline{n}=f$（すなわち，$n\in\overline{A}$）の場合には，$BN\varGamma\overline{n}=N(\varGamma\overline{n})=t$ であるからだ．

問題 10　すべての数 x と y に対して次の条件が成り立つようなコンビネータ g を求めたい．

（1）　$Z\overline{x} = t$ ならば，$g\overline{x}\,\overline{y} = f$

（2）　$Z\overline{x} = f$ ならば，

（a）　$Z\overline{y} = t$ ならば，$g\overline{x}\,\overline{y} = t$

（b）　$Z\overline{y} = f$ ならば，$g\overline{x}\,\overline{y} = g(P\overline{x})(P\overline{y})$

すなわち，次の条件を満たす g を求めたい．

$$gxy = Zxf(Zyt(g(Px)(Py)))$$

不動点定理によって，このような g は存在する．

問題 11　A_1 が $f(x)$ を実現し，A_2 が $g(x)$ を実現すると仮定する．このとき，関数 $f(g(x))$ は BA_1A_2 によって実現される．なぜなら，

$$BA_1A_2\overline{n} = A_1(A_2\overline{n}) = A_1\overline{g(n)} = \overline{f(g(n))}$$

となるからである．

問題 12　Γ が関係 $R(x, y)$ を計算し，A_1 が $f(x)$ を実現し，A_2 が $g(x)$ を実現するとする．このとき，

（a）　$B\Gamma A_1$ は関係 $R(f(x), y)$ を計算する．その理由は次のとおり．

$$B\Gamma A_1\overline{n}\,\overline{m} = \Gamma(A_1\overline{n})\overline{m} = \Gamma\overline{f(n)}\,\overline{m}$$

となり，これは，$R(f(n), m)$ が成り立つならば t であり，$R(f(n), m)$ が成り立たないならば f である．したがって，$B\Gamma A_1$ は $R(f(x), y)$ を計算する．

（b）　これはかなり技巧的である．C をカーディナル（$Cxyz = xzy$）とし，D を $Dxyzw = xy(zw)$ で定義されるコンビネータとするとき，関係 $R(x, g(y))$ を計算するコンビネータは $BCD\Gamma A_2$ である．$D = BB$ であることが分かっている．

その理由は次のとおり．

$$BCD\Gamma A_2\overline{n}\,\overline{m} = C(D\Gamma)A_2\overline{n}\,\overline{m} = D\Gamma\overline{n}A_2\overline{m} = \Gamma\overline{n}(A_2\overline{m}) = \Gamma\overline{n}\overline{g(m)}$$

となり，これは，$R(n, g(m))$ が成り立てば t であり，$R(n, g(m))$ が成り立たなければ f である．したがって，$BCD\Gamma A_2$ は $R(x, g(y))$ を計算する．

（c）　$S(x, y)$ を関係 $R(x, g(y))$ とすると，これは $BCD\Gamma A_2$ によって計算される．このとき，$S(f(x), y)$ は $R(f(x), g(y))$ であり，(a)に従うと，$B(BCD\Gamma A_2)A_1$ によって計算される．

あるいは，$\delta(x, y)$ を関係 $R(f(x), y)$ とする．これは，(a)に従うと，$B\Gamma A_1$ によって計算される．このとき，$R(f(x), g(y))$ は $\delta(x, g(y))$ であり，(b)に従うと，$BCD(B\Gamma A_1)A_2$ によって計算される．

問題 13　2 次の正則な関係コンビネータが与えられたとき，不動点定理によって，次の条件を満たすコンビネータ A_1 が存在する．

$$A_1xy = (Axy)y(A_1x(\sigma y))$$

したがって，任意の数 n と m に対して，$A_1\overline{n}\,\overline{m} = (A\overline{n}\,\overline{m})\overline{m}(A_1\overline{n}\,\overline{m+1})$ となる．

$A\overline{n}\,\overline{m} = t$ ならば，$A_1\overline{n}\,\overline{m} = t\overline{m}(A_1\overline{n}\,\overline{m+1}) = \overline{m}$ である．

$A\overline{n}\,\overline{m} = f$ ならば，$A_1\overline{n}\,\overline{m} = f\overline{m}(A_1\overline{n}\,\overline{m+1}) = A_1\overline{n}\,\overline{m+1}$ である．

問題 14　C をカーディナルとし，A_1 を問題 13 のコンビネータとするとき，A' を $CA_1\overline{0}$ とする．このとき，任意の n に対して，$A'\overline{n} = CA_1\overline{0}\,\overline{n} = A_1\overline{n}\,\overline{0}$ となる．ここで，k を $A\overline{n}\,\overline{k} = t$ となる最小の数とする．$k = 3$ の場合の証明を例示する．（読者は，これを問題なく任意の k の場合の証明に一般化できるはずだ．）したがって，$A\overline{n}\,\overline{0} = f$, $A\overline{n}\,\overline{1} = f$, $A\overline{n}\,\overline{2} = f$, $A\overline{n}\,\overline{3} = t$ とならなければならない．

まず，$A'\overline{n} = A_1\overline{n}\,\overline{0}$ である．$A\overline{n}\,\overline{0} = f$ なので，$A_1\overline{n}\,\overline{0} = A_1\overline{n}\,\overline{1}$ である．$A\overline{n}\,\overline{1} = f$ なので，$A_1\overline{n}\,\overline{1} = A_1\overline{n}\,\overline{2}$ である．$A\overline{n}\,\overline{2} = f$ なので，$A_1\overline{n}\,\overline{2} = A_1\overline{n}\,\overline{3}$ である．$A\overline{n}\,\overline{3} = t$ なので，$A_1\overline{n}\,\overline{3} = \overline{3}$ である．したがって，$A'\overline{n} = A_1\overline{n}\,\overline{0} = A_1\overline{n}\,\overline{1} = A_1\overline{n}\,\overline{2} = A_1\overline{n}\,\overline{3} = \overline{3}$ である．すなわち，$A'\overline{n} = \overline{3}$ である．

問題 15　$R(x,y)$ を関係 $10^y > x$ とする．まず，関係 $10^y > x$ を計算するコンビネータ A を見つけなければならない．

$R_1(x,y)$ を関係 $R(y,x)$，すなわち，関係 $10^x > y$ とする．関係 $R_1(x,y)$ を計算するコンビネータ A_1 が見つかれば，CA_1 は関係 $R(x,y)$ を計算する．（その理由が分かるだろうか．）

関係 $10^x > y$ を計算するためには，g が関係 $x > y$ を計算し，Ⓔ$\overline{10}$ が関数 10^x を実現することが分かっている．すると，問題 11 によって，関係 $10^x > y$ は Bg(Ⓔ$\overline{10}$) によって計算される．したがって，$C(Bg$(Ⓔ$\overline{10}$)) は関係 $10^y > x$ を計算する．すなわち，長さ測定子 L' を，$C(Bg$(Ⓔ$\overline{10}$)) の最小値とすればよい．

問題 16　⊛ を，⊛xy = ⊕(⊗x(Ⓔ$\overline{10}(L'y)$))y とすればよい．

問題 17　A を，等式 $A\overline{n} = \overline{3 * s * n * 4}$ を満たすコンビネータとする．（具体的には，B をブルーバード，C をカーディナルとするとき，A を $B(C$ ⊛ $\overline{4})$(⊛ $\overline{3 * s}$) とすればよい．これを確かめることは読者に委ねる．）このとき，（$A\overline{n^{\#}} = \overline{3 * s * n^{\#} * 4} = \overline{(n+1)^{\#}}$ なので）$A\overline{n^{\#}} = \overline{(n+1)^{\#}}$ である．すると，再帰的関数性によって，あるいは，より直接的には問題 6 によって，コンビネータ δ で，

（1）　$\delta\overline{0} = \overline{0^{\#}}$

（2）　$\delta\overline{n+1} = A(\delta\overline{n})$

となるものが存在する．数学的帰納法を用いた次のような論証によって，$\delta\overline{n} = \overline{n^{\#}}$ が導かれる．

（a）　(1) によって，$\delta\overline{0} = \overline{0^{\#}}$ である．

（b）　つぎに，n に対して $\delta\overline{n} = \overline{n^{\#}}$ であると仮定する．
このとき，$\delta\overline{n+1} = \overline{(n+1)^{\#}}$ を示さなければならない．
(2) によって，$\delta\overline{n+1} = A(\delta\overline{n})$ である．そして，もちろん，数学的帰納法の仮定によって，$\delta\overline{n} = \overline{n^{\#}}$ である．それゆえ，

$$A(\delta\overline{n}) = A\overline{n^{\#}} = \overline{(n+1)^{\#}}$$

であり，

$$\delta\overline{n+1} = \overline{(n+1)^{\#}}$$

となる．

これで，数学的帰納法が完成した．

問題 18　S をスターリング（$Sxyz = xz(yz)$）として，Δ を $S \circledast \delta$ とする．このとき，$\delta\overline{n} = \overline{n^{\#}}$ であることを思い出すと，

$$\Delta\overline{n} = S \circledast \delta\overline{n} = \circledast\,\overline{n}(\delta\overline{n}) = \circledast\,\overline{n}\,\overline{n^{\#}} = \overline{n * n^{\#}}$$

が得られる．

注　[30] では，Δ を $W(DC \circledast \delta)$ とした．これでもうまくいくのは，何も驚くことではない．なぜなら，任意の x, y, z に対して，$Sxyz = W(DCxy)z$ となるからである．これを確かめるのは読者に委ねる．

問題 19　成り立つのは (b) である．n を，X のゲーデル数とする．このとき，$\overline{n} = \ulcorner X \urcorner$ なので，$\Delta\overline{n} = \Delta\ulcorner X \urcorner$ となる．$\Delta\overline{n} = \overline{n * n^{\#}}$ なので，

(1)
$$\Delta\ulcorner X \urcorner = \overline{n * n^{\#}}$$

が得られる．n は X のゲーデル数なので，n のゲーデル数と定義した $n^{\#}$ は $\ulcorner X \urcorner$ のゲーデル数でもなければならない．なぜなら，$\overline{n} = \ulcorner X \urcorner$ だからである．したがって，$n * n^{\#}$ は $X\ulcorner X \urcorner$ のゲーデル数であり，

(2)
$$\overline{n * n^{\#}} = \ulcorner X\ulcorner X \urcorner\urcorner$$

となる．(1) と (2) を組み合わせると，(b)，すなわち，$\Delta\ulcorner X \urcorner = \ulcorner X\ulcorner X \urcorner\urcorner$ であることが分かる．

問題 20　Δ を正規化子として，X を $BA\Delta\ulcorner BA\Delta \urcorner$ とする．ブルーバード B の定義によって，$BA\Delta\ulcorner BA\Delta \urcorner = A(\Delta\ulcorner BA\Delta \urcorner)$ が得られる．その結果として，

（1）　$X = A(\Delta\ulcorner BA\Delta \urcorner)$

（2）　$A(\Delta\ulcorner BA\Delta \urcorner) = A\ulcorner X \urcorner$

となる．(2) が成り立つ理由は次のとおり．問題 19 によって，任意の Y に対して $\Delta\ulcorner Y \urcorner = \ulcorner Y\ulcorner Y \urcorner\urcorner$ となる．したがって，

$$\Delta\lceil BA\Delta\rceil = \lceil BA\Delta\lceil BA\Delta\rceil\rceil$$

であるが，これは $\lceil X\rceil$ である．$\Delta\lceil BA\Delta\rceil = \lceil X\rceil$ なので，$A(\Delta\lceil BA\Delta\rceil) = A\lceil X\rceil$ となる．これで，(2)が証明された．

(1)と(2)によって，$X = A\lceil X\rceil$，そして $A\lceil X\rceil = X$ が得られる．

問題 21　関数 $f(x)$ が実現可能であると仮定する．A が $f(x)$ を実現するとき，証明したばかりの第 2 不動点定理によって，$X = A\lceil X\rceil$ となるような項 X が存在する．n を X のゲーデル数とすると，$\overline{n} = \lceil X\rceil$ であり，それゆえ，$A\lceil X\rceil = A\overline{n}$ かつ $X = A\overline{n}$ となる．また，A は $f(x)$ を実現するので，$A\overline{n} = \overline{f(n)}$ である．これは，n を X のゲーデル数として，X が $f(n)$ を指示するということである．

問題 22　(1)も(2)も成り立つ．Γ が A を計算すると仮定する．これは，すべての n に対して，

（a）$n \in A$ ならば，$\Gamma\overline{n} = t$

（b）$n \notin A$ ならば，$\Gamma\overline{n} = f$

ということである．

（1）A が表現可能であることを示さなければならない．A を表現するのは，Γ そのものである．これを分かるためには，(a)の逆，すなわち，$\Gamma\overline{n} = t$ ならば $n \in A$ となることが分かれば十分である．そこで，$\Gamma\overline{n} = t$ と仮定する．n が A に属さないならば，(b)によって $\Gamma\overline{n} = f$ となり，したがって，$t = f$ となってしまうが，これはありえない．したがって，$n \in A$ である．

（2）つぎに，$\overline{A}$ が表現可能であることを示さなければならない．Γ が A を計算するので，（問題 9 の答えによって）$BN\Gamma$ は A の補集合 $\overline{A}$ を計算する．したがって，((1)によって）$BN\Gamma$ は $\overline{A}$ を表現する．

問題 23　Γ_1 が $f(x)$ を実現し，Γ_2 が A を表現すると仮定する．$\Gamma = B\Gamma_2\Gamma_1$ とすると，Γ が $f^{-1}(A)$ を表現することを示す．（$Bxyz = x(yz)$ である．）

$$\Gamma\overline{n} = B\Gamma_2\Gamma_1\overline{n} = \Gamma_2(\Gamma_1\overline{n}) = \Gamma_2\overline{f(n)}$$

が成り立つ．したがって，$\Gamma\overline{n} = \Gamma_2\overline{f(n)}$ であり，$\Gamma\overline{n} = t$ iff $\Gamma_2\overline{f(n)} = t$ であり，（Γ_2 は A を表現するので）また，$\Gamma_2\overline{f(n)} = t$ iff $f(n) \in A$ である．そして，$f(n) \in A$ iff $n \in f^{-1}(A)$ である．したがって，$\Gamma\overline{n} = t$ iff $n \in f^{-1}(A)$ である．これは，Γ が $f^{-1}(A)$ を表現するということである．

問題 24　これは，問題 23 の特別な場合である．$f(x) = x * 52$ とする．問題 16 によって，$f(x)$ はコンビネータ $\circledast\overline{x}\,\overline{52}$ によって実現可能である．A が表現可能ならば，（問題 23 によって）$f^{-1}(A)$ も表現可能であり，$f^{-1}(A)$ は $f(n) \in A$

となるすべての n からなる集合，すなわち，$(n*52) \in A$ となるすべての n からなる集合である．

問題 25　集合 A は表現可能であると仮定する．A' を $n*52$ が A に属するようなすべての n からなる集合とする．このとき，（問題 24 によって）A' は表現可能である．Γ が集合 A' を表現するとする．このとき，不動点定理によって，$\Gamma\lceil X\rceil = X$ となるような X が存在する．文 $X = t$ が A のゲーデル文であることを示そう．

n を X のゲーデル数とすると，$\overline{n} = \lceil X\rceil$ である．したがって，$\Gamma\overline{n} = \Gamma\lceil X\rceil$ である．それゆえ，$\Gamma\lceil X\rceil = t$ iff $\Gamma\overline{n} = t$ であり，（Γ が A' を表現するので）$\Gamma\overline{n} = t$ iff $n \in A'$ である．そして，$n \in A'$ iff $(n*52) \in A$ である．したがって，$\Gamma\lceil X\rceil = t$ iff $(n*52) \in A$ である．しかし，$n*52$ は文 $X = t$ のゲーデル数である．すなわち，文 $X = t$ は A のゲーデル文である．

問題 26　$\mathcal{T}_0$ の補集合のゲーデル文は存在しえない．なぜなら，そのようなゲーデル文 X があったとすると，X が真になるのは，そのゲーデル数 n が $\mathcal{T}_0$ に属さないとき，そしてそのときに限る．これは，X が真となるのは，そのゲーデル数が真な文のゲーデル数ではないとき，そしてそのときに限ることを意味するが，それは不可能である．（別の見方をすると，すべての文は集合 $\mathcal{T}_0$ のゲーデル文であり，ひとつの文が集合 A とその補集合の両方のゲーデル文にはなりえない．（その理由が分かるか.）したがって，$\mathcal{T}_0$ の補集合のゲーデル文は存在しえない.）

$\mathcal{T}_0$ の補集合のゲーデル文は存在しないので，（問題 25 によって）$\mathcal{T}_0$ の補集合は表現可能ではなく，それゆえ，（問題 22 によって）集合 $\mathcal{T}_0$ は計算可能ではない．

本書を終えるにあたって

◉ここから向かう先は

この2巻本では，「数理論理学」という名称の下にまとめられたいくつかの主題の上っ面をなでたにすぎない．再帰的関数論とコンビネータ論理という領域の初歩を紹介しただけであり，モデル理論，証明論，そして様相論理，直観主義論理，関連論理などのそのほかの論理については実質的に何も紹介していない．

読者には，つぎに集合論と連続体問題に目を向けることを強く勧める．読者が興味をそそられることを期待して，これについて少し述べてみよう．

公理的集合論として知られる分野の一つの目的は，論理学の概念（論理結合子と量化子）と要素が要素の集合に属するという概念を合わせたところから出発し，すべての数学を展開することである．これまで，「属する」に記号 $\in$ を用いて，「x が集合 A に属する」を $x \in A$ と表してきた．

公理的集合論の発展の先駆者は，ゴットロープ・フレーゲである [11]．フレーゲの体系には，一階述語論理の公理に加えて，集合論の公理が一つだけあった．それは，任意の性質 P に対して，性質 P をもつもの，そして，それらだけからなる一意な集合が存在するという公理であった．そのような集合を $\{x : P(x)\}$ と書き，「性質 P をもつすべての x からなる集合」と読む．

フレーゲのこの公理は，**内包公理**と呼ばれることもある．$x = y$ という同一性の関係は，集合の内包関係を使って「x と y は同じ集合に属する」（すなわち，$\forall z(x \in z \equiv y \in z)$）と定義することができる．フレーゲの内包公理には，そこから数学に必要なすべての集合が得られるというはかりしれない利点がある．その集合の一例として次のものがある．

P_1:　空集合 $\emptyset$：これは，$\{x : \sim(x = x)\}$ である．

P_2:　任意の元 a と b に対して，元が a と b だけであるような集合 $\{a, b\}$：この集合は，$\{x : x = a \vee x = b\}$ である．

P_3:　任意の集合 a に対して，そのべき集合 $\mathcal{P}(a)$，すなわち，$\{y : y \subseteq$

$a\}$：これは，

$$\{y : \forall z(z \in y \supset z \in a)\}$$

と書くことができる．

P_4:　任意の集合 a に対して，その和集合 $\cup a$，すなわち，a の元の元すべてからなる集合：これは，$\cup a = \{x : \exists y(y \in a \wedge x \in y)\}$ である．

フレーゲの体系は，価値あることができるものの，きわめて深刻な問題点があった．それは，矛盾しているのである．このことは，バートランド・ラッセルによるフレーゲへの手紙で指摘された [25]．ラッセルは，フレーゲの内包公理に従うと，それ自身の元ではないようなすべての集合からなる集合 A（$A = \{x : x \notin x\}$）が存在することに気づいた．したがって，任意の集合 x に対して，$x \in A$ iff $x \notin x$ になる．ここで，x を A とすると，$A \in A$ iff $A \notin A$ になり，これは矛盾である．すなわち，フレーゲの体系は矛盾している．

ラッセルの発見によってフレーゲは心を打ち砕かれ，彼の生涯をかけた研究成果が水泡に帰したと感じた．これはフレーゲが間違っていた．フレーゲの研究成果はツェルメロやほかの論理学者によって救い出され，実際にはツェルメロ-フレンケルの集合論（しばしば ZF と省略される）の基礎となった．ツェルメロ-フレンケルの集合論は，既存の集合論の中でもっとも重要な体系の一つである．それと同じくらい重要なのは，ホワイトヘッドとラッセルによる『プリンキピア・マテマティカ』[41] の体系である．

ツェルメロが行ったのは，集合の任意の性質 P と任意の集合 a に対して，性質 P をもつ a の元すべてからなる集合が存在するという，**分出公理**として知られる公理でフレーゲの内包公理を置き換えることだった [42]．したがって，任意の集合 a に対して，集合 $\{x : P(x) \wedge x \in a\}$ が存在する．この公理は，考えうるいかなる矛盾からも逃れているようにみえる．しかしながら，ツェルメロは，集合 $\emptyset$, $\{a, b\}$, $\mathcal{P}(a)$, $\cup a$ の存在を個別の公理とした．また，ツェルメロは，無限公理として知られる公理を追加した．これについては，後ほど論じる．

ツェルメロの公理を基礎として手元におくと，今度は正整数を導出することができる．まず，a と b が同じ元であるとしても，集合 $\{a, b\}$ は矛盾なく定義され，このとき，$\{a,a\}$ は集合 $\{a\}$ にすぎないことに注意する．そこで，ツェルメロは，空集合 $\emptyset$ を 0 とし，元が 0 だけの集合を 1 とし，元が 1 だけの集合を 2 とし，というように続けた．したがって，ツェルメロの自然数は，$\emptyset$, $\{\emptyset\}$, $\{\{\emptyset\}\}$, $\cdots$ である．すなわち，それぞれの自然数 n に対して，$n+1$ は $\{n\}$ になる．

のちに，ジョン・フォン・ノイマンは，これとは異なるやり方を示した [40]．フォン・ノイマンのやり方では，それぞれの自然数は，それよりも小さい自然数すべてからなる集合である．したがって，ツェルメロと同じく，0 は $\emptyset$ であり，1 は $\{\emptyset\}$ であるが，2 は $\{1\}$ ではなく集合 $\{0,1\}$ である．3 は集合 $\{0,1,2\}$, $\cdots$, $n+1$ は集合 $\{0,1,\cdots,n\}$ である．これが，今では一般的に採用されているやり方である．なぜなら，これは，無限の場合として，順序数と呼ばれる重要な集合にまで一般化されるからである．順序数については，このあとすぐに論じる．ツェルメロのやり方では，0 以外のそれぞれの自然数は一つだけの元をもつが，フォン・ノイマンのやり方では，それぞれの数 n はちょうど n 個の元をもつことに注意しよう．

これで自然数が得られたが，自然数であるということはどのように定義すればよいだろうか．すなわち，論理結合子と量化子と唯一の述語記号 $\in$ だけを使った論理式 $N(x)$ で，任意の集合 a に対して，$N(a)$ が真となるのは，a が自然数であるとき，そしてそのときに限るようなものを求めたい．そこで，任意の集合 a に対して，a^+ を $a\cup\{a\}$，すなわち，a の元に a そのものを合わせたものを元とする集合と定義する．したがって，

$$
\begin{aligned}
&1 = 0^+ = \{0\}\\
&2 = 1^+ = 1\cup\{1\}\\
&3 = 2^+ = 2\cup\{2\} \quad （これは \{0,1,2\} である）\\
&\vdots
\end{aligned}
$$

となる．

ここで，集合 a は，$0\in a$ であり，すべての集合 b に対して $b\in a$ ならば $b^+\in a$ となるとき，**帰納的**と定義する．そして，集合 x は，それがすべての帰納的集合に属するならば，自然数であると定義する．数学的帰納法の原理は，まさに自然数の定義から直接導かれる．実際には，「自然数」の定義

から，ペアノの5個の公準が導かれる．

しかしながら，すべての自然数からなる集合のようなものが存在するという保証はなにも得られていない．ツェルメロは，これを追加の公理としなければならず，これが**無限の公理**として知られている．すべての自然数からなる集合は，ω と表記される．

ペアノの公準を思い出してみよう．

（1）　0は自然数である．

（2）　n が自然数ならば，n^+ も自然数である．

（3）　$n^+ = 0$ となるような自然数 n は存在しない．

（4）　$n^+ = m^+$ ならば，$n = m$ である．

（5）　（数学的帰納法の原理）すべての帰納的な集合は，すべての自然数を含む．

これら5個の公準は，自然数の定義からの簡単な帰結である．無限の公理は，ペアノの公準を証明するためには必要ではない．この事実がそれほどよく知られているようには思えない．私がかつて講義でこの事実を紹介したとき，あとで非常に著名な論理学者が大きなショックを受けたと言ってきた．

それでは，順序数について調べよう．まず，集合 x は，それに属する元 y それぞれについて，y の元もすべて x に属するならば，言い換えると，x のそれぞれの元は x の部分集合になるならば，**推移的**と定義する．任意の集合 a に対して，a^+ は集合 $a \cup \{a\}$ とし，a^+ を a の**後者**と呼ぶことを思い出そう．大雑把にいえば，順序数とは，$\emptyset$ から始めて，すでに得られている順序数の後者をとることと，すでに得られている順序数の推移的集合をとることによって得ることができるような集合である．すなわち，0は順序数であり，順序数の後者はすべて順序数であり，順序数の推移的集合はすべて順序数であるように，順序数を定義したい．このようにうまくいく一つの定義は次のとおりである．x が推移的で，x の推移的な真部分集合がすべて x に属するならば，x を**順序数**と定義する．（x の**真**部分集合とは，x そのものではない x の部分集合であることを思い出そう．）この定義から，$\emptyset$ は順序数であり，任意の順序数の後者は順序数であり，順序数の任意の推移的集合は順序数であることが分かる．

あきらかに，すべての自然数は順序数である．（数学的帰納法を使う．）また，すべての自然数からなる集合 ω は推移的であり（確かめよ），したがって，ω は順序数である．いったん，ω が得られれば，順序数 ω^+ も得られる．これは，$\omega+1$ と表記することもある．これに続けて，$\omega+2$ (ω^{++}), $\omega+3, \cdots, \omega+n, \cdots$ が得られる．しかしながら，これらの順序数すべてを元とする集合はまだ得られておらず，そのような集合の存在はツェルメロの公理からは導出できない．しかし，アブラハム・フレンケルは，そのような集合の存在を保証する，**置換公理**として知られている別の公理を追加した [10]．この集合は，$\omega \times 2$ または $\omega \cdot 2$ と表記される．

大雑把にいえば，置換公理は，それぞれの集合 x に集合 $F(x)$ を割り当てる任意の演算 F と，任意の集合 a が与えられたとき，$F(x) \in a$ となるような集合 x すべて，そしてそれらだけからなる集合（$F^{-1}(a)$ と表記する）が存在するというものである．

したがって，n を任意の自然数とするとき，$\omega+n$ をすべて元とする集合が存在する．この集合は，$\omega \cdot 2$ と表記される．そして，順序数

$$\omega \cdot 2+1, \omega \cdot 2+2, \omega \cdot 2+3, \cdots, \omega \cdot 2+n, \cdots, \omega \cdot 3$$

が得られる．このあとには，$\omega \cdot 4, \omega \cdot 5, \cdots, \omega \cdot \omega, \cdots, \omega^\omega, \cdots$ がくる．こうして，どこまでも続けることができる．

ここまでに考えた順序数は，すべて枚挙可能である．しかし，枚挙可能でない順序数も存在する．実際には，（ツェルメロ-フレンケルの集合論の）置換公理によって，すべての集合 x に対して，x と同じ大きさの順序数 α が存在する．（すなわち，α は x と 1 対 1 対応させることができる．）

順序数は，ある順序数 α に対する α^+（$\alpha \cup \{\alpha\}$）であるならば，**後続順序数**と呼ばれる．0 と後続順序数以外の順序数は，**極限順序数**と呼ばれる．0 以外の自然数はすべて後続順序数である．最初の極限順序数は ω である．順序数 $\omega+1, \omega+2, \cdots, \omega+n$ はすべて後続順序数であり，（これらをすべて元とする）$\omega \cdot 2$ は，二つ目の極限順序数である．順序数 $\omega \cdot 3, \omega \cdot 4, \cdots$, $\omega \cdot n$ はすべて極限順序数であり，$\omega \cdot \omega$ も極限順序数である．実際，無限順序数が後続順序数となるのは，それがある極限順序数 α と正整数 n に対して $\alpha+n$ という形式であるとき，そしてそのときに限る．

$\alpha \in \beta$ であるとき，順序数 α は順序数 β よりも**小さい**（$\alpha < \beta$）という．

したがって，それぞれの順序数は，それよりも小さいすべての順序数を集めたものである．

◉集合の階数

それぞれの順序数 α に対して S_α と表記される集合を割り当てるやり方が与えられたとき，任意の順序数 λ に対して，$\bigcup_{\alpha<\lambda} S_\alpha$ とは，$\alpha < \lambda$ であるようなすべての S_α の和集合のことである．**超限再帰定理**として知られる重要な結果によって，それぞれの α に集合 R_α を割り当て，すべての順序数 α とすべての**極限順序数** λ に対して，次の 3 条件が成り立つようにできる．

（1）　$R_0 = \emptyset$

（2）　$R_{\alpha^+} = \mathcal{P}(R_\alpha)$ （R_α のすべての部分集合からなる集合）

（3）　$R_\lambda = \bigcup_{\alpha<\lambda} R_\alpha$

集合は，ある R_α の元となるならば，**階数**をもつといい，そのような集合の**階数**とは，$x \in R_\alpha$ となる最小の α のことである．

すべての集合は階数をもつだろうか．これが成り立つのは，関係 $\in$ が**整礎**，すなわち，集合 $x_1, x_2, \cdots, x_n, \cdots$ で，それぞれの n に対して，x_{n+1} が x_n の元であるようなの無限列は存在しないとき，そしてそのときに限る．この条件は，**基礎の公理**として知られる，集合論の別の公理になっている．これによって，階数をもたない集合が生じることはない．

◉選択公理と一般連続体仮説

選択公理（しばしば AC と省略される）のひとつの形式は，空でない集合を元とする任意の空でない集合 a に対して，関数 C（いわゆる a の**選択関数**）で，a のそれぞれの元 x に x の元を割り当てるようなものが存在するというものだ．（選択関数は，いってみれば，a のそれぞれの元から元を一つずつ選択する．）

AC と同値な形式として，空でない集合を元とする任意の空でない集合 a に対して，a のそれぞれの元から一つずつ選んだ元を元とする集合 b が存在するということもできる．

AC はどのような立場にあるのだろうか．世界中のほとんどの数学の専門家は，これが真であると受け入れている．しかしながら，そうでない専門家もわずかながらいる．AC は，ZF（ツェルメロ-フレンケルの集合論）からみると，どのような立場にあるのだろうか．ゲーデルは，（以降でもそう仮定し続けるように，ZF そのものが無矛盾であるという仮定の下で）AC は ZF と矛盾しないことを示した [14]．したがって，ZF では AC を反証することはできない．そのしばらくあとに，ポール・コーエンは，AC の否定が ZF と矛盾しないことを証明した [5, 6]．したがって，AC は ZF において決定不能である．

任意の集合 a に対して，そのべき集合 $\mathcal{P}(a)$ は a よりも大きいというカントルの定理を思い出してほしい．カントルは，**無限集合** a に対して，a と $\mathcal{P}(a)$ の中間の大きさをもつ集合 b は存在しない（すなわち，a よりも大きく，$\mathcal{P}(a)$ よりも小さい集合 b は存在しない）と予想した．そして，この結果は**一般連続体仮説**（しばしば GCH と省略される）として知られている．

GCH はどのような立場にあるのだろうか．こちらは，はるかに悩ましい．ほとんどの論理学者が真だと信じている選択公理とは異なり，ほとんどの数学者や，集合論を専門とするほとんどの論理学者は，GCH が真か偽のどちらであるかについて少しも気にしていないのだ．ゲーデルは，GCH が ZF の公理と矛盾しないことを証明したにもかかわらず，GCH は偽だと**予想した**．GCH が ZF と矛盾しないというゲーデルの証明は，数理論理学におけるもっとも注目に値する結果のひとつにちがいない．同じくらい注目に値するのは，AC を ZF の公理に追加したとしても，GCH の**否定**が ZF と矛盾しないというポール・コーエンの証明である．したがって，GCH は，ZF において決定不能である．

ゲーデルによる AC と GCH の無矛盾性の証明は，**構成可能集合**の概念を使っている．その構成可能集合をつぎに説明しよう．

◉構成可能集合

文 X で，その定数がすべて集合 a に属するようなものを考える．X は，その量化子が a の元全体の上と動くと解釈したときに真となる，すなわち，$\forall x$ を「a に属するすべての x に対して」と読み，$\exists x$ を「a に属するある x に対して」と読むときに真となるならば，a 上で真という．論理式 $\varphi(x)$ で，その定数がすべて a に属するようなものは，$\varphi(k)$ が a 上で真となるような

元 k すべてからなる集合を a 上で**定義する**といい，a の部分集合 b は，ある論理式でその定数がすべて a に属するようなものによって a 上で定義されるならば，a 上で**定義可能**（より正確には，a 上で**一階述語で定義可能**）という．

$\mathcal{F}(a)$ を a 上で定義可能なすべての集合からなる集合とする．

ゲーデルは，**構成可能集合**を次のようにして導入した．ここでも，超限再帰定理によって，すべての順序数 α とすべての極限順序数 λ に対して，次の 3 条件が成り立つように，それぞれの順序数 α に対して集合 M_α を割り当てることができる．

（1）　$M_0 = \emptyset$

（2）　$M_{\alpha^+} = \mathcal{F}(M_\alpha)$

（3）　$M_\lambda = \bigcup_{\alpha<\lambda} M_\alpha$

M_α の定義で，R_α の定義と異なるのは条件(2)だけである．$R_{\alpha+1}$ は R_α のすべての部分集合を元とするのに対して，集合 $M_{\alpha+1}$ は M_α の部分集合で M_α 上で定義可能なものだけを元とする．

集合は，ある M_α の元となるならば，**構成可能**と呼ばれる．

すべての集合は構成可能だろうか．これは，未解決の大問題である．ゲーデルは，これが ZF の公理と矛盾しないことを証明したにもかかわらず，すべての集合が構成可能になることはないと予想した．構成可能集合の重要性は，すべての集合が構成可能であることから一般連続体仮説が含意されることである．さらに，この含意は ZF において証明可能である．したがって，すべての集合が構成可能であるという公理（これは構成可能性の公理として知られている）を ZF の公理に追加すると，（選択公理と同じく）連続体仮説も証明可能になるのである．そして，ゲーデルが示したように，構成可能性の公理は ZF と矛盾しないので，（選択公理と同じく）一般連続体仮説も ZF と矛盾しない．これが，ZF と GCH の無矛盾性についてゲーデルが示したことである．

何年かのちに，ポール・コーエンは，AC を追加したとしても，GCH の否定が ZF と矛盾しないことを，まったく別の方法で示した [5, 6]．したがって，GCH は，ZF において決定不能である．

ZF において GCH が決定不能であるにもかかわらず，GCH が実際に真なのかどうかは，問題として残されたままである．多くのいわゆる「形式主義者」にとっては，この問題は意味がない．彼らは，ある公理系ではGCHが証明可能であり，ほかの公理系では証明可能ではないという．ゲーデルのようないわゆる「プラトン主義者」にとっては，この立場はおおよそ満足できるものではない．私はこれを次のようになぞらえる．橋が掛けられて，その翌日，軍隊がそこを行進しようとしていると仮定する．橋はそれに耐えられるだろうか．「そうだね，ある公理系では，橋は耐えられることが証明できるが，ほかの公理系では，橋は耐えられないことが証明できる」と言われても，よいことは何もない．橋が**実際**に耐えられるかどうかを知りたいのだ．そして，一般連続体仮説についても同様である．それがZFにおいて決定不能というだけでは十分ではない．事実は，すべての無限集合 a に対して，a と $\mathcal{P}(a)$ の中間の大きさの集合 b が存在するか，あるいは，存在しないかのいずれかであり，そのどちらであるかを知りたいのだ．すでに述べたように，ゲーデルは，ある無限集合 a に対してこのような集合 b が存在し，そして，集合についてさらに分かってくると，カントルの予想が間違っていることが分かるだろうと予想した．（2個以上の元をもつ任意の**有限**集合 a に対しては，元の個数が a よりも多く，$\mathcal{P}(a)$ よりも少ないような集合 b がつねに存在することを理解しておこう．）

ZFにおけるGCHの独立性の研究は，どこをとっても信じられないほど魅力的であり，これを研究する読者を暖かくもてなしてくれる．

監訳者解説

1. はじめに

本書は，2017年2月に97歳で亡くなられたレイモンド・スマリヤン博士（1919年米国生）の絶筆となる数理論理学の入門書（下巻）の全訳である．博士は，自らの死期が近いことを察して，先に書き上がった前半（上巻）を *A Beginner's Guide to Mathematical Logic*（2014）として公刊し，亡くなるわずか数か月前にこの下巻 *A Beginner's Further Guide to Mathematical Logic*（2017）を完成させた（著者の序文を参照）．

ユーモラスな随筆や頭を捻る論理パズルの作家として日本でも人気の高いスマリヤン氏だが，本業の大学教授として数理論理学の学術論文や専門書も多数執筆している．とくに，入門書と研究書を兼ねた *First-Order Logic* [34]（一階論理，1969）は，（狭義の）述語論理の深層に新たな光を当てた金字塔とされ，この本の影響で「一階論理」という名称が「述語論理」に代わって広く使われるようになったのである．だが，彼の専門書は未だほとんどが翻訳されておらず，すでに原書も入手しにくくなっている．このような状況において，スマリヤン博士が自らの研究のエッセンスを初心者向けに書き下ろした本書が完成したことは真に幸いであり，その日本語版の作成をお手伝いできることを大変光栄に思う．

本書は数理論理学の正統な教科書であるが，彼のパズル本のファンにとって見逃せないポイントがいくつかある．第一に，各章に散りばめられた大量の問題群はたんなる演習問題というよりも本文の一部であり，章末に詳しい解答が付けられている．このスタイルは，考える楽しみを読者と分かち合いたいという，パズル作家のこだわりに違いない．第二に，彼のパズルの元ネタである不完全性定理やコンビネータ論理に対する数理論理学者スマリヤンの考え方がよくわかる．とくに，『数学パズル ものまね鳥をまねる――愉快なパズルと結合子論理の夢の鳥物語』（阿部剛久・黒沢俊雄・福島修身・山

口裕 訳，森北出版 1985，原著 [30]）の背景にあるコンビネータ論理を解説する手頃な教科書はこれまでなかったと思うので，本書はこの分野への貴重な手引きになるだろう[注 1]．この本はスマリヤン博士が最後の力を振り絞って遺作として完成させた作品であるから，彼の研究成果や考え方ばかりでなく，その魂が宿っていると言っても大袈裟ではないだろう．

本書と間違えそうなスマリヤンの別の本に『論理の迷宮（ロジカル・ラビリンス）』[35]（2009）がある．日本語訳は分冊になって『スマリヤン記号論理学——一般化と記号化』（高橋昌一郎監訳，川辺治之訳，丸善 2013）と『スマリヤン数理論理学——述語論理と完全性定理』（高橋昌一郎監訳，村上祐子訳，丸善 2014）という書名が付けられているのでなお混乱を招きそうだ．しかし，あちらはその序文にある通り「パズル本から専門書への架け橋」であり，本書の役割はその橋を渡った後の研究世界の案内である．だから，もし本書を読んで難しく感じるところがあれば，同書を参照いただくと迷宮を抜けるヒントが得られるかもしれない．

ここで，上巻の内容を簡単におさらいしておく．さらに詳しい各章の説明や，スマリヤンの業績や人となりについては，上巻の監訳者解説をご覧いただきたい．

2. 上巻の概要

上巻は，以下のように 4 部で構成されていた．

◉第 I 部　一般的な予備知識

第 1 章「数理論理学の起源」，第 2 章「無限集合」，第 3 章「問題，発生！」では，集合論の基礎知識を解説しながら，古代ギリシャのアリストテレスから，ラッセルのパラドックスを経て公理的集合論の誕生に至るまでの論理学史を，パズルを交えながら楽しく語る．第 4 章の「数学の基礎知識」では，数学的帰納法のバリエーションやケーニヒの補題など，数理論理学の議論において有用な数学的原理が簡明に説明される．

[注 1]　専門書としては，スマリヤンの本 *Diagonalization and Self-Reference* [33]（対角化と自己参照，1994）もある．

◉第 II 部　命題論理

第 5 章「命題論理事始め」では，真理値表をベースにして命題論理の基本が説明される．第 6 章「命題論理のタブロー法」では，タブローによる証明法が導入される．ある論理式 X に対して，否定 $\sim X$ から始まる閉タブローが見つかれば，X が恒真であることが示されたことになり，それをもって X は証明されたという．第 7 章「公理論的命題論理」では，「証明」の概念が改めて定義され，タブロー法を介して，公理系の完全性（証明可能性と恒真性の同値性）が証明される．

◉第 III 部　一階述語論理

第 8 章「一階述語論理事始め」では，パズルを使って一階論理の考え方を説明し，最後に公理系が与えられる．第 9 章の「重要な結果」では，タブロー法による証明法を与えて，彼の名著 *First-Order Logic* の中で「基本定理」と呼ばれていた次の主張を示す．

一階論理の恒真性 = トートロジー + 正則集合（量化公理）

つまり，量化に関する推論規則は不要になり，この事実から一階論理の完全性は命題論理のそれに還元される．

◉第 IV 部　体系の不完全性

第 10 章「一般的状況での不完全性」は，不完全性定理とその証明の概略である．第 11 章「一階算術」では，算術の真理は一階論理上の算術では定義できないというタルスキの定理を証明する．ゲーデル数化のためにクワインの二値法という特殊な二進表記が導入される．第 12 章「形式体系」は文字列の体系を扱い，ゲーデルの第一不完全性定理の一種が導かれる．第 13 章「ペアノ算術」では，演繹理論 PA が前章の形式体系に適合することを示し，PA に対する不完全性定理を導く．第 14 章「進んだ話題」では，第二不完全性定理およびその関連の定理を扱う．

3.　下巻の概要と読み方

下巻は本文 3 部と「本書を終えるにあたって」で構成され，それぞれ独立に読むことができる．どのパートもかなり豊富な内容をコンパクトに説明しているため，それらをさらに要約して紹介するのは難しく，ここは補足的なコメントにとどめる．

◉第 I 部　命題論理と一階述語論理の進んだ話題

第 1 章「命題論理の進んだ話題」は，命題論理について集合ブール代数との関係や，コンパクト性など数学的な話題を扱う．現代では標準的な議論展開であり，読み易い．第 2 章「一階述語論理の進んだ話題」は，マジック集合，タブロー法とシーケント計算の関係，クレイグの補間定理などが解説される．彼の本 *First-Order Logic* の後半部を駆け足で説明している感じで，部分的に大変難しい[注 2]．

◉第 II 部　再帰的関数論とメタ数学

数についての性質を判定するレジスタをたくさん持った，やや特殊な計算モデルを導入し，これを土台に再帰的関数を展開する．まず，第 3 章「再帰的関数論，決定不能性，不完全性」，第 4 章「初等形式体系と再帰的枚挙可能性」，第 5 章「再帰的関数論」は標準的な内容であるが，この分野の中心的なテーマであったはずの「ポストの問題」の解決（1950 年代後半）やその後の発展については，残念ながら何も書かれていない[注 3]．

第 6 章「二重化による一般化」では，2 つの集合ペア $(A_1, A_2), (B_1, B_2)$ に対して，A_1 を B_1 に，A_2 を B_2 に同時に計算的な還元をすることを考える．このようなことを考える主な理由は，第 7 章「メタ数学とのつながり」で説明されるように，ある理論で肯定的に証明される命題の集合と否定的に証明される命題の集合のペアを考えて，ペア同士を比較すれば，理論同士の比較が効果的にできるようになるからである．この話題は，スマリヤンの著書 *Theory of Formal Systems* [28]（形式体系の理論，1961）で最初に論じられ，その後の彼の専門書でもたびたび取り上げられている．しかし，さらに発展した結果として，プールエルとクリプキが（再帰的に分離できない）

[注 2]　手前味噌で恐縮だが，拙著「述語論理入門」（田中編『ゲーデルと 20 世紀の論理学 第 2 巻』（東大出版会 2006）所収）をご参照いただければ理解のお役に立つと思う．

[注 3]　その後の再帰的関数論に関する参考文献には，Robert I. Soare, *Turing Computability — Theory and Applications*（Springer 2016）や田中一之著『数理論理学と計算可能性理論』（共立出版，近刊）などがある．

どんな2つの理論の定理の間にも命題演算を保存する同型写像があることを示したことなどには触れられていない[注4].

◉第III部　コンビネータ論理の構成要素

集合論ではあらゆる対象が集合で表されているように，コンビネータ論理ではあらゆる対象が（一変数）関数であり，関数に関数を適用する操作だけが基本演算として与えられている．つまり，コンビネータ論理は，結合律を満たさない半群（亜群ともいう）のような代数構造$\mathcal{C}$であって，いくつかの定項によって指示される特徴的なコンビネータを有する．とくに重要なコンビネータはKとSで，それぞれ$Kxy = x$と$Sxyz = (xz)(yz)$で定義される．Kの機能を$x \to (y \to x)$と表し，Sを$(x \to (y \to z)) \to ((x \to z) \to (y \to z))$と表すと，どちらも命題論理の基本公理であることに注意されたい．

さて，第8章「コンビネータ論理事始め」，第9章「さまざまなコンビネータ」，第10章「賢者子，預言子，それらの二重化」においては，いろいろな鳥の名をもつコンビネータが導入され，各々の特長やそれらの間の関係をアドホックに調べるので，まるで野鳥観察のようである．しかし，第11章「完全体系と部分体系」は突然に議論が理論的になり，KとSの組合せですべてのコンビネータが表せるという定理が示される．あまりにも急な切り替えで，そもそもコンビネータとは何か，適用系$\mathcal{C}$をどう定めるのかといった根本事項の理解が揺らいでしまう感もあるのだが，駆け足の入門書としては仕方のないことかもしれない．第12章「コンビネータ，再帰的関数論，決定不能性」では，まず数をコンビネータとして定義した上で，再帰的枚挙可能性がコンビネータによる表現可能性と一致することが示される．

◉本書を終えるにあたって

本書で扱えなかった数理論理学の話題は多いが，なかでも集合論と連続体問題がとくに魅力的であるとスマリヤンはいう．だが，ここでは1930年代のゲーデルの構成可能集合の簡単な紹介で終わっている．スマリヤ

[注4]　プールエル-クリプキの定理に関する参考書としては，Per Lindström, *Aspects of Incompleteness, 2nd ed.*（A K Peters 2003）がよい．

ンは弟子のフィッテングとの共著で，集合論の専門書 *Set Theory and the Continuum Problem*（集合論と連続体問題，1996）も出版しているので，もう少し新しい結果にも触れてほしかった[注 5]．

4. 翻訳について

本書の翻訳は，上巻に引き続き川辺治之氏が担当された．監訳者の私は訳文全体に目を通しながら，原書から引き継いだ誤植の修正や専門的な言い回しの補正を行った．訳者と監訳者との連絡は，日本評論社の担当編集者である飯野玲氏が間に入ってスムーズに行われた．私が気持ち良く作業を進められたのは，川辺氏と飯野氏のご配慮によるところが大きく，お二人には心より感謝を申し上げる．また，本書の内容を題材にした私の臨時セミナーに参加してくれた東北大学の学生たち（鈴木悠大君，五十里大将君，本田真之君）にもお礼を述べたい．彼らのお陰で専門的な視点での手直しがかなりできた．最後に，私の多忙により下巻の出版が予定より遅れてしまい，上巻の続きを待たれていた方々にお詫びを申し上げるとともに，こうして読んでいただいていることを本当に有り難く思う．

本書は数理論理学の広い分野をカバーするものではないが，本書で学んだ読者はさらに「進んだ話題に取り組むのに十分な準備ができるいるはずだ」とスマリヤンは言っている．その言葉を信じて，皆さんが数理論理学のいろいろな分野にチャレンジしてくださることを願っている．

2018 年 8 月
田中一之

[注 5] 最近の集合論の発展については，田中一之編『ゲーデルと 20 世紀の論理学 第 4 巻』（東大出版会 2007）を参照いただければ幸いである．

文献

[1] Barendregt, Henk, *The Lambda Calculus — Its Syntax and Semantics*, Studies in Logic and the Foundations of Mathematics Vol. 103, North-Holland, 1985.

[2] Beth, Evert, *The Foundations of Mathematics. A Study in the Philosophy of Science*, North-Holland, 1959.

[3] Braithwaite, Reginald, *Kestrels, Quirky Birds and Hopeless Egocentricity*, ebook published by `http://leanpub.com`, 2013.

[4] Church, Alonzo, *The Calculi of Lambda Conversion*, Princeton Univ. Press, 1941.

[5] Cohen, Paul J., "The independence of the continuum hypothesis," *Proceedings of the National Academy of Sciences of the United States of America* 50(6): 1143-1148, 1963.

[6] Cohen, Paul J., "The independence of the continuum hypothesis, II," *Proceedings of the National Academy of Sciences of the United States of America* 51(1): 105-110, 1964.

[7] Craig, William, "Three uses of the Herbrand–Gentzen theorem in relating model theory and proof theory," *The Journal of Symbolic Logic* 22(3): 269-285, 1957.

[8] Davis, Martin, *Computability and Unsolvability*, McGraw-Hill, 1958; Dover, 1982.（邦訳：渡辺茂・赤攝也訳『計算の理論』岩波書店，1966）

[9] Ehrenfeucht, Andrzej and Feferman, Solomon, "Representability of recursively enumerable sets in formal theories," *Arch. Fur Math. Logick und Grundlagenforschung* 5: 37-41, 1960.

[10] Fraenkel, Abraham Bar-Hillel, Yehoshua and Levy Azriel, *Foundations of Set Theory*, North-Holland, 1973 (originally published in 1958). (Fraenkel's final word on ZF and ZFC, according to Wikipedia.)

[11] Frege, Gottlob, *Grundgesetze der Arithmetic*, Verlag Hermann Pohle, Vol. I/II, 1893. Partial translation of volume I, The Basic Laws of Arithmetic, by M. Furth, Univ. of California Press, 1964.（邦訳：野本和幸編『フレーゲ著作集 3 算術の基本法則』勁草書房，2000）

[12] Gentzen, Gerhard, "Untersuchungen über das logische Schliessen I," *Mathematische Zeitschrift* 39(2): 176-210, 1934.

[13] Gentzen, Gerhard, "Untersuchungen über das logische Schliessen II," *Mathematische Zeitschrift* 39(3): 405-431, 1935.

[14] Gödel, Kurt, *The Consistency of the Axiom of Choice and of the Generalized Continuum Hypothesis with the Axioms of Set Theory*, Princeton Univ. Press, 1940.（邦訳：近藤洋逸訳『數學基礎論：撰出公理及び一般連續假説の集合論公理との無矛盾性』伊藤書店，1946）

[15] Henkin, Leon, "The completeness of the first-order functional calculus," *The Journal of Symbolic Logic*, 14: 159-166, 1949.

[16] Hintikka, Jaakko, "Form and content in quantification theory," *Acta Philosophic Fennica*, 8: 7-55. 1955.

[17] Kleene, Stephen Cole, "Recursive predicates and quantifiers," *Trans. Amer. Math. Soc.* 53: 41-73, 1943.

[18] Kleene, Stephen Cole, *Introduction to Metamathematics*, North-Holland, 1952.

[19] Myhill, John, "Creative sets," *Z. Math. Logik Grundlagen Math.* 1: 97-108, 1955.

[20] Post, Emil Leon, "Formal reductions of the general combinatorial decision problem," *American Journal of Mathematics* 65: 197-215, 1943.

[21] Post, Emil Leon, "Recursively enumerable sets of positive integers and their decision problems," *Bull. Amer. Math. Soc.* 50(5): 284-316, 1944.

[22] Putnam, Hilary and Smullyan, Raymond, "Exact separation of recursively enumerable sets within theories," *Journal of the American Mathematical Society*, 11(4): 574-577, 1960.

[23] Rice, H. Gordon, "Classes of recursively enumerable sets and their decision problems," *Trans. Amer. Math. Soc.* 74(2): 358-366, 1953.

[24] Rosser, John Barkley, "Extensions of some theorems of Gödel and Church," *The Journal of Symbolic Logic*, 1(3): 87-91, 1936.

[25] Russell, Bertrand, "Letter to Frege," 1902. This very interesting letter can be found (translated from the German) in Van Heigenoort, Jean, *From Frege to Gödel, A Source Book in Mathematical Logic*, 1879-1931, Harvard Univ. Press, 1967. It is also available online at a Harvard website: `http://isites.harvard.edu/fs/docs/icb.topic1219929.files/FregeRussellCorr.pdf`

[26] Schönfinkel, Moses, "Über die Bausteine der mathematischen Logik", Mathematische nnalen 92, 1924; translated as "On the building blocks of mathematical logic" and included in Van Heigenoort, Jean, *From Frege to Gödel, A Source Book in Mathematical Logic*, 1879-1931, Harvard Univ. Press, 1967.

[27] Shepherdson, John, "Representability of recursively enumerable sets in formal theories," *Archiv für Mathematische Logik und Grundlagenforschung*, 119-127, 1961.

[28] Smullyan, Raymond, *Theory of Formal Systems*, Princeton Univ. Press, 1961.

[29] Smullyan, Raymond, "A unifying principle in quantification theory", *Proceedings of the National Academy of Sciences*, 49(6): 828-832, 1963.

[30] Smullyan, Raymond, *To Mock a Mockingbird*, Alfred A. Knopf, 1985.（邦訳：阿部剛久・黒沢俊雄・福島修身・山口裕訳『ものまね鳥をまねる』森北出版，1998）

[31] Smullyan, Raymond, *Gödel's Incompleteness Theorems*, Oxford Univ. Press, 1992.（邦訳：高橋昌一郎訳『ゲーデルの不完全性定理』丸善，1996）

[32] Smullyan, Raymond, *Recursion Theory for Metamathematics*, Oxford Univ. Press, 1993.

[33] Smullyan, Raymond, *Diagonalization and Self-Reference*, Oxford Univ. Press, 1994.

[34] Smullyan, Raymond, *First-Order Logic*, Springer-Verlag, 1968; Dover, 1995.

[35] Smullyan, Raymond, *Logical Labyrinths*, A. K. Peters, 2008; CRC Press, 2009.（邦訳：川辺治之訳『スマリヤン記号論理学――一般化と記号化』丸善，2013，村上祐子訳『スマリヤン数理論理学――述語論理と完全性定理』丸善，2014）

[36] Smullyan, Raymond, *The Beginner's Guide to Mathematical Logic*, Dover, 2014.（邦訳：川辺治之訳『スマリヤン数理論理学講義 上巻』日本評論社，2017）

[37] Sprenger, M. and Wymann-Böni, M., "How to decide the lark," *Theoretical Computer Science*, 110: 419-432, 1993.

[38] Statman, Richard, "The word problem for Smullyan's lark combinator is decidable," *Journal of Symbolic Computation*, 7(2): 103-112, 1989.

[39] Tarski, Alfred, *Undecidable Theories*, North-Holland, 1953.

[40] Von Neumann, John, "On the introduction of transfinite numbers," in Jean van Heijenoort, *From Frege to Gödel: A Source Book in Mathematical Logic*, 1879-1931 (3rd ed.), Harvard Univ. Press, 1923, pp. 346-354 (English translation of von Neumann 1923), 1973.

[41] Whitehead, Alfred North and Russell, Bertrand, *Principia Mathematica*, Cambridge Univ. Press, 1910, Vol. 1. Reprinted by Rough Draft Printing, 2011.（邦訳（Preface と Introduction のみ）：岡本賢吾・戸田山和久・加地大介訳『プリンキピア・マテマティカ序論』哲学書房，1988）

[42] Zermelo, Ernst, "Untersuchungen über die Grundlagen der Mengenlehre I," *Mathematische Annalen* 65(2): 261-281, 1908. English translation: Heijenoort, Jean van (1967), "Investigations in the foundations of set theory," *From Frege to Gödel: A Source Book in Mathematical Logic*, 1879-1931, Source Books in the History of the Sciences, Harvard Univ. Press, 1967, pp. 199-215.

索引

著●レイモンド・M・スマリヤン
Raymond M. Smullyan
1919 年，ニューヨーク生まれ．1959 年，プリンストン大学にて Ph.D. を取得．
数学者，専門は数理論理学．
著書 *What is the Name of This Book?*
（邦訳『この本の名は？――嘘つきと正直者をめぐる不思議な論理パズル』，日本評論社）
が斬新な論理パズルの本としてマーチン・ガードナーに紹介され，
一躍有名となる．その後もパズルの書籍を多数執筆．ピアニスト，奇術師としての顔も持つ．
邦訳著書に『パズルランドのアリス（1, 2)』（早川書房），
『スマリヤンの決定不能の論理パズル』（白揚社），
『シャーロック・ホームズのチェスミステリー』（毎日コミュニケーションズ），
『スマリヤンのゲーデル・パズル』（日本評論社）など多数．
2017 年，97 歳で逝去．

監訳●田中一之
たなか・かずゆき
1955 年生まれ．カリフォルニア大学バークレー校で Ph.D. を取得．
現在，東北大学大学院理学研究科数学専攻教授．専門は数学基礎論．
著書に『ゲーデルに挑む』（東京大学出版会），
『ゲーデルと 20 世紀の論理学』（全 4 巻，編著，東京大学出版会），
『数学のロジックと集合論』（共著，培風館），
『数の体系と超準モデル』（裳華房）などがある．

訳●川辺治之
かわべ・はるゆき
1985 年，東京大学理学部数学科卒業．現在，日本ユニシス株式会社上席研究員．
訳書に『スマリヤン先生のブール代数入門』『哲学の奇妙な書棚』（共立出版），
『記号論理学』（丸善出版），『この本の名は？』（日本評論社），
『スマリヤンのゲーデル・パズル』（日本評論社）など．

スマリヤン 数理論理学講義（すうりろんりがくこうぎ） 下巻
不完全性定理の先へ

2018 年 9 月 25 日 第 1 版第 1 刷発行

著者――――レイモンド・M・スマリヤン
監訳者―――田中一之
訳者――――川辺治之
発行者―――串崎 浩
発行所―――株式会社 日本評論社
〒170-8474 東京都豊島区南大塚 3-12-4
電話 (03) 3987-8621［販売］
(03) 3987-8599［編集］
印刷――――藤原印刷株式会社
製本――――株式会社 松岳社
装丁――――図工ファイブ

ISBN978-4-535-78851-0